測量士補 問題集

直前突破！

この1冊で短期決戦合格！

國澤 正和　編著

作業規程の準則
法規に完全対応

弘文社

はじめに

　最近の測量の動向として，平成13年には測量法が改正され，日本測地系から世界測地系へ移行し，平成20年には施行令が改正されて測量士・測量士補の試験科目が変更されました。変更によって「測量に関する法規」が新たに加わり，従来の三角測量が多角測量に統合され，「GNSS測量を含む多角測量」となって実施されています。

　また平成20年には，測量計画機関が実施する公共測量の規範となる「作業規程の準則」が改正されました。**作業規程の準則**は，公共測量の規格の統一及び必要な精度の確保と効率的な作業の実施等について技術基準を定めたものです。主な改正のポイントは，次のとおり。

① 新技術を反映した多様な測量方法の対応（RTK法，ネットワーク型RTK法，デジタルカメラによる空中写真測量，写真地図，航空レーザ測量）
② 測量成果の電子化（アナログからデジタル化への徹底）
③ 地理情報標準への対応（国際標準化機構ISOに対応した測量成果の作成）
④ 基盤地図情報への整備

　これに伴い，平板測量が標準的な作業方法から除外，及び空中写真測量のアナログのみの図化・修正測量も除外されました。また，用地測量の面積計算は，三斜法が削除され，原則として座標法により行うこととなりました。

　平成23年には衛星測位システムの進展に伴い，次の改正がなされました。
① GLONASS（グロナス）に対応（GPS測量からGNSS測量へ）
② キネマティック法の利用の拡大
③ ネットワーク型RTK法の利用の拡大
④ セミ・ダイナミック補正の導入（地殻変動に伴う基準点の位置誤差補正）
⑤ 用語と名称の変更

　測量士・測量士補の国家試験は，作業規程の準則に基づいて出題されます。本書は，これらの新しい流れに対応した内容にまとめています。

　いかに準備万全な受験者でも，試験直前の知識の再確認は不可欠と考え，本書「直前突破！測量士補問題集」及び姉妹本「はじめて学ぶ測量士補受験テキストQ＆A」（弘文社）を作成しました。これらを有効に活用され，多くの皆様が測量士補の国家試験に合格されることを願っております。

著者 しるす

本書の特徴

1. **短期決戦:持ち歩き目を通し続けることが必勝法!**
   いかに準備万全な受験者でも,試験直前の知識の再確認は不可欠です。特に,追い込みに懸命な受験者にとっては,試験までの残された時間,たとえどこにいようと目を通し続けることが,合格につながる最も確かな方法です。

2. **100項目に厳選:それぞれをすべて見開きに構成!**
   ともすれば複雑で学習しにくい試験内容を,それぞれの項目ごとに分類・整理し,受験に必要な知識だけをピックアップ,苦手な科目も確実に身につけられるように工夫しました。

3. **出題問題の分類・整理:100項目の内容!**
   毎年出題される問題を分類・整理すると,新しい技術に関するもの,類似問題,計算問題などで,約100項目となります。

4. **解説 ⇌ 直前突破問題:繰り返しで実力が大幅アップ!**
   各項目はすべて,左ページの解説と右ページの直前突破問題にレイアウトされています。この明快な構成に加え,解答に添えた解説と〈突破のポイント〉で,受験者自身の状況に応じた様々な使い方ができるようにしました。

5. **出題傾向に対応:作業規程の準則に則した内容!**
   測量法,公共測量の作業規程の準則の改正及びデジタル化の進展に伴い,出題傾向が大きく変化しています。この流れに則し,新しい内容及び毎年のように繰り返し出題される重要問題には☆☆印を付けています。数が多いほど重要度がアップしますので,まずは☆☆の問題,次に☆の問題とマスターして下さい。

6. **出題問題の整理:消去法と基礎知識のまとめ!**
   出題問題は,5肢択一であり,正答でないと判断できるものから順に消去していくことが正答率を高めます。文章題では,設問に対し,「適当なもの」については,正答以外の記述は何が不適当なのか明確にしておくこと。「間違っているもの」に対しては,正答以外は,正しい内容であるので基礎知識として整理しておくこと。計算問題は,過去問から数値を変えたものが多く,基本的な出題パターンを整理しています。

7. **知識の確認:数学公式一覧表,測量用語のまとめ!**
   付録として,測量に必要な数学公式の一覧表及び測量用語を載せています。不明な点があれば辞書代わりに活用することにより,より一層の理解を深めることができます。

「直前突破！測量士補問題集」の使い方

～限られた時間だけで合格するためのポイント～

◎ 直前突破問題は，最新の出題問題約200問ほどを厳選し，1問5分以内で解けるよう想定して編集しています。
　試験問題は，5肢択一（マークシート）形式です。
◎ 実際の試験では，1問6分程度ですが，余裕をもって試験に臨む為には，短時間で確実に正解を出せるよう，日ごろから訓練しておくことが大切です。
◎ 合格の基準は65点以上（28問中18問以上の正解）です。

準備万全の人・時間のない人・この科目に自信のある人

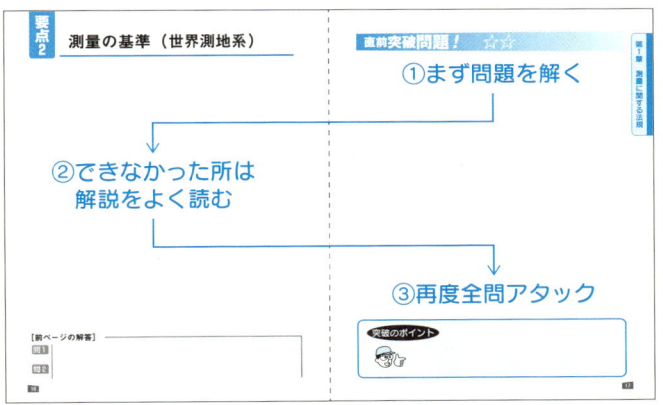

準備不足の人・時間のある人・この科目に自信のない人

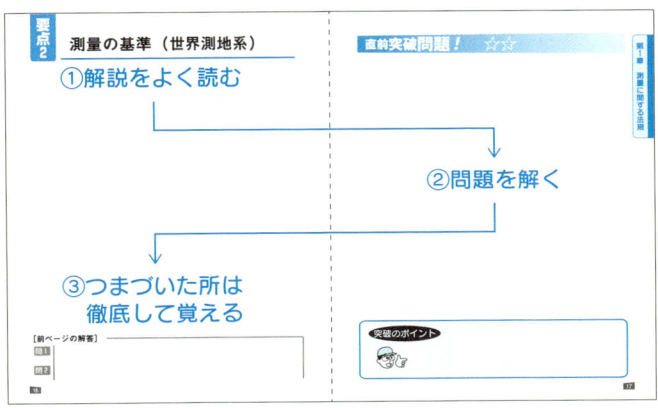

1 測量士補の試験

測量士補国家試験は，測量士補となるのに必要な専門的技術を有するかどうかを判定するための試験です。毎年5月中旬〜下旬（日曜日）に行われており，年令，性別，学歴，実務経験などに関係なく受験することができます。受験申込みは1月上旬ですので，早めに確認をし準備を始めて下さい。

2 測量士補の試験科目

平成21年度から測量士補の試験科目の区分が表1に示す8科目（28題）に変更となりました。試験科目の変更は，新たに加わった**「測量に関する法規」**及び従来の三角測量・多角測量が統合され**「GNSS測量を含む多角測量」**となった他は，従前と変わりません。出題傾向としては，作業規程の準則に準拠したもの，測量技術の応用，デジタル技術に関するものが多く出題されています。

表1　測量士補の試験科目の区分

科目区分	出題数	備　考	本書の構成
1．測量に関する法規	3題 (No.1〜No.3)	新規 （測量法，地理空間情報活用推進基本法等）	第1章 要点1〜要点8
2．多角測量 3．GNSS測量	5題 (No.4〜No.8)	GNSS測量（汎地球航法衛星システム）を含む多角測量 旧区分の三角・多角測量	第2章 要点9〜要点31
4．水準測量	4題 (No.9〜No.12)		第3章 要点32〜要点42
5．地形測量	4題 (No.13〜No.16)	GIS（地理情報システム）を含む地形測量	第4章 要点43〜要点56
6．写真測量	4題 (No.17〜No.20)	航空レーザ測量を含む空中写真測量	第5章 要点57〜要点71
7．地図編集	4題 (No.21〜No.24)	GIS（地理情報システム）を含む地図編集	第6章 要点72〜要点86
8．応用測量	4題 (No.25〜No.28)	路線測量，河川測量，用地測量	第7章 要点87〜要点100

① 平成23年「作業規程の準則」の改定により，GPS測量の名称がGNSS測量となりました。
GNSS（Global Navigation Satellite Systems：汎地球航法衛星システム）とは，人工衛星からの信号を用いて位置を決定する衛星測位システムの総称で，GPS（米国），GLONASS（ロシア），Galileo（ヨーロッパ）及び準天頂衛星（日本）等の衛星測位システムがある。このうち，「GNSS測量においては，GPS及びGLONASSを適用する」となっています。

② 応用測量とは，基準点測量，水準測量，地形測量及び写真測量などの基本となる測量方法を活用し，目的に応じて組み合せて行う測量をいいます。

3 GNSS測量の各種測量への活用

作業規程の改正により，GNSS測量機を用いる観測方法のうち，キネマティック法，ネットワーク型RTK法の利用が表2に示すように拡大されました。したがって，試験問題もこれに対応したものとなっています。

表2 GNSS測量の各種測量への活用
（○新たに利用可，●従来から利用可）

測量区分	章	作業項目	ネットワーク型RTK法		キネマティック法	RTK法
			間接観測法	単点観測法		
基準点（多角）測量	第2章 基準点測量	3級基準点測量	●	−	○	●
	第3章 水準測量	永久標識の設置	○	●	○	○
地形測量及び写真測量	第4章 現地測量	TS点の設置	○	●	○	●
		地形，地物等の測定	○	●	○	●
	第5章 空中写真測量	標定点の設置	●	○	●	●
	第5章 修正測量	TS点の設置	○	●	○	●
		地形，地物等の測定	○	●	○	●
	第5章 航空レーザ測量	調整用基準点の設置	●	○	●	●
応用測量	第7章 路線測量	条件点の観測	●	●	○	●
		IPの観測	●	●	○	●
		中心点の観測	●	●	○	●
		横断測量	○	●	○	●
		用地幅杭設置測量	●	●	○	●
	第7章 河川測量	距離標の設置	○	●	○	○
	第7章 用地測量	境界点の観測	●	●	○	●
		用地境界仮杭設置	●	●	○	●

4 受験に関する問い合わせ

国土地理院総務部総務課（受験願書受付場所）

〒305−0811　茨城県つくば市北郷1番
　　　TEL　029(864)8214，8248

= 目　　次 =

本書の特徴 ………………………… 4
「直前突破！測量士補問題集」の使い方 ………………………… 5
　1　測量士補の試験 ………………………… 6
　2　測量士補の試験科目 ………………………… 6
　3　GNSS測量の各種測量への活用 ………………………… 7
　4　受験に関する問い合わせ ………………………… 7

第1章　測量に関する法規

要点1	測量法の概要（用語等）	……………14
要点2	測量の基準（世界測地系）	……………16
要点3	世界測地系と測地成果2000	……………18
要点4	日本経緯度原点・日本水準原点	……………20
要点5	基本測量・公共測量	……………22
要点6	測量士・測量士補，測量業者	……………24
要点7	公共測量の作業規程の準則（総則）	……………26
要点8	地理空間情報活用推進基本法	……………28

第2章　多角測量（GNSS測量を含む）

要点9	多角（基準点）測量の概要	……………32
要点10	基準点測量の作業工程	……………34
要点11	TS等観測とGNSS観測	……………36
要点12	セオドライト1（誤差の種類）	……………38
要点13	セオドライト2（器械誤差と消去法）	……………40
要点14	光波測距儀・トータルステーション1（気象補正）	……………42
要点15	光波測距儀・トータルステーション2（誤差）	……………44
要点16	水平角の観測（方向観測法）	……………46
要点17	最確値と標準偏差	……………48
要点18	鉛直角の観測（高度定数）	……………50
要点19	高低計算（間接水準測量）	……………52
要点20	ラジアン単位	……………54
要点21	偏心計算1（観測点の偏心）	……………56
要点22	偏心計算2（視準点の偏心）	……………58

要点23	結合トラバース（単路線方式）	60
要点24	GNSS測量（汎地球航法衛星システム）	62
要点25	干渉測位方式（相対測位）	64
要点26	整数値バイアスの確定と干渉測位方式	66
要点27	GNSS観測方法と使用衛星数	68
要点28	GNSS測量の誤差要因及び楕円体高	70
要点29	座標計算	72
要点30	測量成果（方向角，縮尺係数）	74
要点31	基準点成果表	76

第3章　水準測量

要点32	水準測量の概要	80
要点33	観測作業の留意事項	82
要点34	水準儀の種類，機器の点検・調整	84
要点35	円形気泡管の調整	86
要点36	杭打ち調整法	88
要点37	気泡管の感度	90
要点38	標尺の補正，球差・気差・両差	92
要点39	水準測量の誤差と消去法	94
要点40	標高の最確値（計算）	96
要点41	往復観測の較差の許容範囲（点検計算）	98
要点42	環閉合差・閉合差の許容範囲（点検計算）	100

第4章　地形測量（GISを含む）

要点43	地形測量の概要	104
要点44	現地測量の工程別作業区分	106
要点45	TS点の設置	108
要点46	TS等を用いる細部測量	110
要点47	GNSS等を用いる細部測量	112
要点48	数値地形測量の特徴	114
要点49	数値地形測量のデータファイルの作成	116
要点50	数値地形測量のデータ形式	118
要点51	等高線の測定	120
要点52	航空レーザ測量と数値標高モデル	122

要点53	数値標高モデル（DEM）	124
要点54	地理情報システム（GIS）の構築	126
要点55	トポロジー情報，位相構造化	128
要点56	基盤地図情報（位置情報）	130

第5章 空中写真測量

要点57	空中写真測量の概要	134
要点58	航空カメラ	136
要点59	対空標識	138
要点60	鉛直写真の縮尺	140
要点61	空中写真の撮影計画（撮影縮尺・地上画素寸法）	142
要点62	空中写真の撮影（オーバーラップ）	144
要点63	単写真の性質（ひずみ・ぶれ）	146
要点64	実体鏡による比高の測定（視差差）	148
要点65	空中三角測量	150
要点66	相互標定（パスポイント・タイポイント）	152
要点67	数値図化	154
要点68	既成図数値化・修正測量	156
要点69	写真地図	158
要点70	航空レーザ測量	160
要点71	写真の判読	162

第6章 地図編集（GISを含む）

要点72	地図投影法	166
要点73	地図投影法，メルカトル図法	168
要点74	横メルカトル図法（ガウス・クリューゲル図法）	170
要点75	平面直角座標とUTM図法1（定義）	172
要点76	平面直角座標とUTM図法2（比較）	174
要点77	1/2.5万地形図の図郭	176
要点78	地図編集作業	178
要点79	編集描画	180
要点80	地形図の図式記号	182
要点81	地形図の読図1（道路・鉄道）	184
要点82	地形図の読図2（建物等・建物記号）	186

要点83	地形図の読図 3 （水部・陸部の地形）	188
要点84	地形図の図上計測（経緯度）	190
要点85	GIS（地図情報システム）	192
要点86	GIS（データ形式）・電子国土基本図	194

第7章　応用測量

要点87	路線測量の概要	198
要点88	路線測量の作業工程	200
要点89	円曲線の公式	202
要点90	偏角法による曲線の設置	204
要点91	路線変更計画	206
要点92	障害物がある場合の曲線設置	208
要点93	用地測量の概要（作業工程）	210
要点94	多角形の面積（座標法）	212
要点95	境界線の整正	214
要点96	体積の計算	216
要点97	河川測量の概要	218
要点98	河川測量の内容（距離標等）	220
要点99	深浅測量・法線測量等	222
要点100	平均流速公式及び流量測定	224

付　録
　1．関数表（試験時配布資料） …… 227
　2．ギリシア文字・接頭語 …… 228
　3．測量用語 …… 229
　4．測量のための数学公式 …… 239

索　引 …… 248

測量に関する法規

第1章

○ 測量に関する法規は，出題問題28問中，No.1〜No.3までの3問出題されます。
○ 出題内容は，測量法の規定（用語，測量の基準等），作業規程の準則（標準的な作業方法等）などです。なお，ここで測量の新しい流れに関連する地理空間情報活用推進基本法についても説明します。

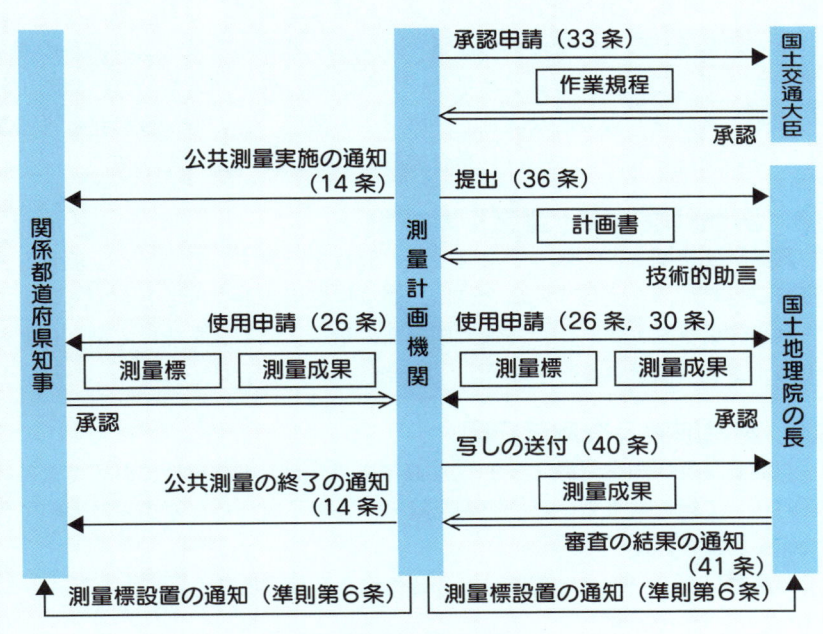

公共測量の手続（測量法）

測量法の概要（用語等）

❶ 測量法の目的と用語

測量法は，第1章 総則（目的及び用語，測量の基準），第2章 基本測量（計画及び実施，測量成果），第3章 公共測量（計画及び実施，測量成果），第4章 基本測量及び公共測量以外の測量，第5章 測量士及び測量士補，第6章 測量業者（登録，監督等）など，66条から成る。

1. **目的**（第1条）：国若しくは公共団体が費用の全部若しくは一部を負担・補助して実施する土地の測量について，その実施の基準及び実施に必要な権能（権限と資格）を定め，測量の重複を除き，測量の正確さを確保するとともに，測量業者の登録・業務の規制により測量業の適正な運営と発達を図る。
2. **測量**（第3条）：測量とは，土地の測量をいい，地図の調製（作成）及び測量用写真の撮影を含むものとする。
3. **基本測量**（第4条）：基本測量とは，すべての測量の基礎となる測量で，国土地理院の行うものをいう。
4. **公共測量**（第5条）：公共測量とは，基本測量以外の測量で，国又は公共団体が費用を負担・補助するものをいう。但し，建物に関する測量その他の局地的測量，小縮尺図の調製その他の高度の精度を必要としない測量を除く。
5. **基本測量及び公共測量以外の測量**（第6条）：基本測量又は公共測量の測量成果を使用して実施する基本測量及び公共測量以外の測量をいう。但し，建物に関する測量，局地的な測量，小縮尺図の調製，その他高度の精度を必要としない測量を除く。6条は，私費で行われる民間の測量である。

❷ 測量計画機関と測量作業機関

1. **測量計画機関**（第7条）：公共測量等の測量を計画する者をいう。測量計画機関が自ら計画を実施する場合には，測量作業機関となることができる。
2. **測量作業機関**（第8条）：測量計画機関の指示又は委託を受けて測量作業を実施する者（測量業者）をいう。

❸ 測量成果及び測量記録

1. **測量成果及び測量記録**（第9条）：測量成果とは，当該測量において最終の目的として得た結果をいい，測量記録とは，測量成果を得る過程において得た作業記録をいう。
2. **測量標**（第10条）：永久標識，一時標識及び仮設標識をいう。

直前突破問題の解答は，次の項目の下にあります。

直前突破問題！ ☆☆

第1章 測量に関する法規

問1 ア～オに入る語句の組合せとして適当なものはどれか。

a．測量法は，国，公共団体が費用の全部又は一部を負担・補助して実施する土地の測量について，実施の基準及び権能を定め，測量の ア を除き，測量の イ を確保すること等を目的とする。

b．「測量」とは，土地の測量をいい， ウ 及び測量用写真の撮影を含む。

c．「測量作業機関」とは， エ の指示又は委託を受けて測量作業を実施する者をいう。

d．基本測量以外の測量を実施しようとする者は， オ の承認を得て，基本測量の測量標を使用することができる。

	ア	イ	ウ	エ	オ
1.	重複	実施期間	地図の複製	元請負人	都道府県知事
2.	重複	正確さ	地図の調製	測量計画機関	国土地理院の長
3.	重複	正確さ	地図の調製	測量計画機関	国土地理院の長
4.	障害	実施期間	地図の複製	測量計画機関	都道府県知事
5.	障害	正確さ	地図の調製	元請負人	都道府県知事

問2 ア～オに入る語句の組合せとして適当なものはどれか。

a．「基本測量」とは，すべての測量の基礎となる測量で， ア の行うものをいう。

b．「公共測量」とは，基本測量以外の測量で，建物に関する測量，局地的測量， イ の調製，その他の高度の精度を必要としないものを除く。

c．何人も， ウ の承諾を得ないで，基本測量の測量標を移転し，汚損し，その他その効用を害する行為をしてはならない。

d．公共測量は，基本測量又は公共測量の エ に基いて実施しなければならない。

e．公共測量を実施する者は，当該測量において設置する測量標に，公共測量の測量標であること及び オ の名称を表示する。

	ア	イ	ウ	エ	オ
1.	国土地理院	小縮尺図	国土地理院の長	測量成果	測量計画機関
2.	国土交通省	大縮尺図	国土地理院の長	測量計画	測量計画機関
3.	国土地理院	小縮尺図	国土地理院の長	測量計画	測量計画機関
4.	国土地理院	大縮尺図	都道府県知事	測量成果	測量作業機関
5.	国土交通省	小縮尺図	都道府県知事	測量成果	測量作業機関

要点2 測量の基準（世界測地系）

1 測量の基準

1. **測量の基準**（第11条）：基本測量及び公共測量は，次の基準に従って行う。
   ① 位置は，地理学的経緯度及び平均海面からの高さで表示する。但し，場合により，直角座標及び平均海面からの高さ，極座標及び平均海面からの高さ又は地心直交座標で表示することができる。
   ② 距離及び面積は，GRS80回転楕円体の表面上の値で表示する。
   ③ 測量の原点は，日本経緯度原点及び日本水準原点とする。
2. 地理学的経緯度は，世界測地系（GRS80楕円体，地心直交座標のITRF94座標系）に従って測定する。

2 世界測地系（ITRF94座標系）

1. **世界測地系**（ITRF94座標系）は，次の条件を満たす座標系をいう。
   ① **GRS80回転楕円体**：地球の形状（長半径及び偏平率）が最も地球に近似した回転楕円体。
   ② **三次元直交座標**：地球重心を原点とし，地球の短軸をZ軸，グリニッジ天文台を通る子午線と赤道の交点と重心を結ぶ軸をX軸，X軸とZ軸に直交する軸をY軸とする地心直交座標。

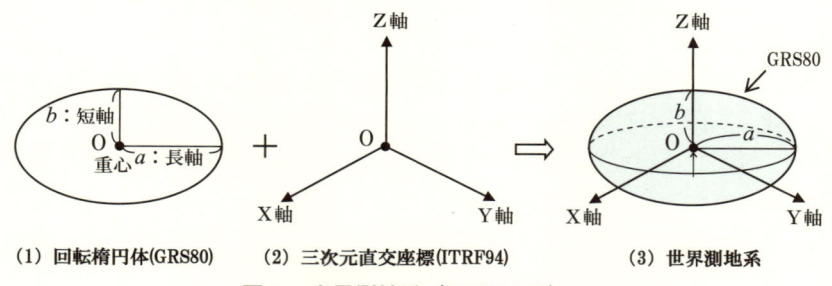

(1) 回転楕円体(GRS80)　(2) 三次元直交座標(ITRF94)　(3) 世界測地系

図1　世界測地系（ITRF94系）

2. 平成13年（2001年）に測量法が改正され，日本測地系（ベッセルの回転楕円体）から世界測地系（GRS80楕円体）に変更された。

［15ページの解答］

問1　③　aは第1条（目的）の規定。bは第3条（測量）の規定。cは第8条（測量作業機関）の規定。dは第26条（測量標の使用，P22）の規定。

問2　①　aは第4条の規定。bは第5条の規定。cは第22条（測量標の保全，P22）の規定。dは第32条（公共測量の基準，P22）の規定。eは第37条（公共測量の表示等，P22）の規定。

直前突破問題！ ☆☆

第1章 測量に関する法規

問1 次の文は，地球の形状と地球上の位置について述べたものである。間違っているものはどれか。

1．楕円体高と標高から，ジオイド高を計算することができる。
2．ジオイド面は，重力の方向に平行であり，地球楕円体面に対して凹凸がある。
3．地球上の位置は，地球の形に近似した回転楕円体の表面上における地理学的経緯度及び平均海面からの高さで表すことができる。
4．地心直交座標系の座標値から，当該座標の地点における緯度，経度及び楕円体高が計算できる。
5．測量法に規定する世界測地系では，地心直交座標系としてITRF94系に準拠し，回転楕円体としてGRS80を採用している。

問2 国土地理院は，世界測地系の導入に当たり，地球の基準座標系に係る国際機関が構築したITRF系を採用している。

次の文は，ITRF系について述べたものである。間違っているものだけの組合せはどれか。

a．ITRF系は，GNSSを含む複数の宇宙測地技術により構築されている。
b．ITRF系は，地球の重心を原点とした三次元直交座標系である。
c．ITRF系のX軸は，地球の自転軸と一致している。
d．我が国の現在の測地成果は，経度，緯度及び標高で表示，ITRF系で表示する場合は，X，Y，Zで表示する。
e．我が国の現在の測地成果は，ITRF系が更新されると連動して変更される。

1．a，c 2．a，d 3．b，d 4．b，e 5．c，e

突破のポイント

・GNSS測量で得られる位置基準は，地心直交座標です。これを次の平面直角座標に変換する。

　地心直交座標 ⇒ ① 地理学的経緯度と平均海面からの高さ
　　　　　　　　② 平面直交座標と平均海面からの高さ
　　　　　　　　③ 極座標と平均海面からの高さ

・高さの基準面は，東京湾平均海面を通る水準面であり，標高0mとする。

要点3 世界測地系と測地成果 2000

1 世界測地系

1. 測量の成果は，基準となる地心直交座標及び地球の形状を GRS80 楕円体とする**世界測地系**により，地球上の位置を緯度・経度・高さで表す。
2. 世界測地系に従った基本測量の成果を**測地成果 2000** という。測地成果 2000 は，地心直交座標として ITRF 座標，準拠楕円体として GRS80 を基準とする。
3. **ITRF94 座標系**は，三次元直交座標で地球の重心に原点を置き，X 軸をグリニッジ子午線と赤道との交点の方向に，Y 軸を東経 90°の方向に，Z 軸を自転軸の方向にとって，空間上の位置を X, Y, Z 値で表す。

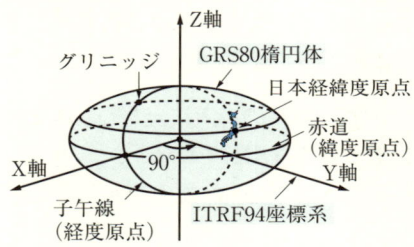

図1　世界測地系（ITRF94・GRS80）

2 地理学的経緯度及び平均海面からの高さ（標高）

1. 地球上の任意の地点の水平位置は，測地経緯度により一義的に決まり，これを**地理学的経緯度**という。
2. **標高**は，東京湾平均海面（ジオイド）からの高さ（H）で表す。地心直交座標で表す準拠楕円体（GRS80）から観測点までの**楕円体高**（h）と準拠楕円体からジオイド面までの高さ**ジオイド高**（N）との関係は，$H=h-N$ となる。
3. 水準測量によって求められる地表点の**標高**は，平均海面（ジオイド）からの鉛直距離である。一方，GNSS では地表点（楕円体）からの**楕円体高**となる。平均海面と楕円体の地表面は一致しない。水準測量と GNSS 測量とでは，高さの定義が異なるので注意を要する。

[17 ページの解答]

問1　② ジオイドは，地球の重力の等ポテンシャル面で，重力の方向に<u>直交</u>している。ジオイドは，地殻密度の不均一により凹凸がある。

問2　⑤ 地球の自転軸は <u>X 軸</u>である。GNSS 測量で求められる高さ（楕円体高）と平均海面からの高さは異なる。標高 $H=$ 楕円体高 $h-$ ジオイド高 N。測量成果 2000 の原点は，ITRF 系の原点に固定されていないため，<u>法令の改正</u>が必要。

直前突破問題！ ☆☆

問1 次の文は，測量法における測量の基準について述べたものである。 ア ～ オ に入る語句の組合せとして適当なものはどれか。

　平成14年4月1日の改正測量法施行以後，基本測量及び公共測量においては，位置は， ア 及び平均海面からの高さで表示するが，場合により，直角座標及び平均海面からの高さ，極座標及び平均海面からの高さ又は地心直交座標で表示することができる，と規定され， ア は， イ に従って測定しなければならないことになった。 イ とは，長半径及び ウ が， ア の測定に関する国際的な決定に基づき政令で定める値であるものであること，中心が地球の重心と一致するものであること及び エ が地球の自転軸と一致するものであることの要件を満たす扁平な オ であると想定して行う ア の測定に関する測量の基準をいう。なお，距離及び面積は， オ の表面上の値で表示する。

	ア	イ	ウ	エ	オ
1.	地心経緯度	日本測地系	短半径	長軸	ジオイド
2.	地理学的経緯度	世界測地系	短半径	短軸	ジオイド
3.	地理学的経緯度	世界測地系	扁平率	短軸	回転楕円体
4.	地理学的経緯度	日本測地系	短半径	長軸	回転楕円体
5.	地心経緯度	世界測地系	扁平率	短軸	ジオイド

問2 次の文は，測量法に基づく測量の基準について述べたものである。間違っているものはどれか。

1. 世界測地系とは，地球を規定された要件を満たした扁平な回転楕円体であると想定して行う，地理学的経緯度の測定に関する測量の基準をいう。
2. 世界測地系で想定した回転楕円体は，その中心が地球の重心と一致するものである。
3. 位置は，地理学的経緯度及び規定された回転楕円体の表面からの高さで表示する。
4. 距離及び面積は，規定された回転楕円体の表面上の値で表示する。
5. 世界測地系では，回転楕円体はGRS80楕円体を使用し，座標系はITRF94系を採用している。

・世界測地系の定義及び高さの定義（標高と楕円体高）を理解しておくこと。

第1章 測量に関する法規

要点4 日本経緯度原点・日本水準原点

1 日本経緯度原点,日本水準原点（施行令第2条）

1. **日本経緯度原点**（世界測地系に基づく原点）：
   - 地点：東京都港区麻布台2丁目18番1号（国土地理院構内）
   - 経度：東経 139°44′28″.886 9
   - 緯度：北緯　35°39′29″.157 2
   - 原点方位角：32°20′46″.209（原点において，真北を基準として右回りに観測したつくば超長基線電波干渉計観測点までの方位角）
   - （注）**方位角**：ある方向を表す場合に，真北（北極の方向）方向を基準にして時計回りに測定した水平角をいう。一方，平面直角座標のX軸方向を基準とした場合を**方向角**という。

2. **日本水準原点**：
   - 地点：東京都千代田区永田町1丁目1番地内
   - 原点数値：東京湾平均海面（ジオイド）上 +24.390 0m

   なお，標高 H ＝ 楕円体高 h － ジオイド高 N ……式（1）

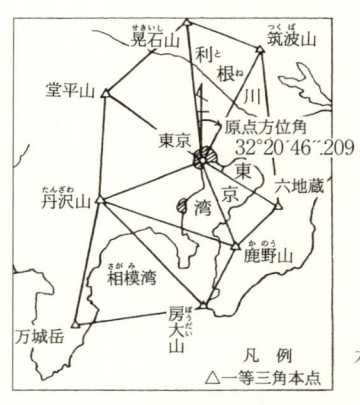

図1　三角網と原点方位角

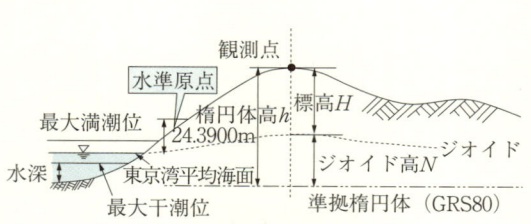

すべての測量は，経緯度原点，平面直角座標，水準原点に基づいて行う！

図2　高さの基準（ジオイド）

[19 ページの解答]

問1　③　測量法の改正に伴い，測量の基準が日本測地系から世界測地系に変更となった。地理学的経緯度は，世界測地系に従って表示する。

問2　③　平均海面（ジオイド）からの高さで表示する。地心直交座標（世界測地系）では楕円体表面からの高さ（楕円体高）である。

直前突破問題！ ☆☆

問1 次の文は，測量で用いられる高さの関係について述べたものである。 ア ～ オ に入る語句の組合せとして，適当なものはどれか。

a. 図に示すとおり， ア は，平均海面に相当する面を陸地内部まで延長したときにできる仮想の面として定められたものである。 イ は， ア を基準として測定される。

b. ア には，地球内部の質量分布の不均質などによって凹凸があるため，地球の形状に近似した ウ を想定する。我が国においては ウ のうち，地理学的経緯度の測定に関する国際的な決定に基づいたものを エ として採用している。

c. GNSS測量で イ を求めるためには， エ から地表までの距離である楕円体高に， エ から ア までの距離である オ を補正する必要がある。

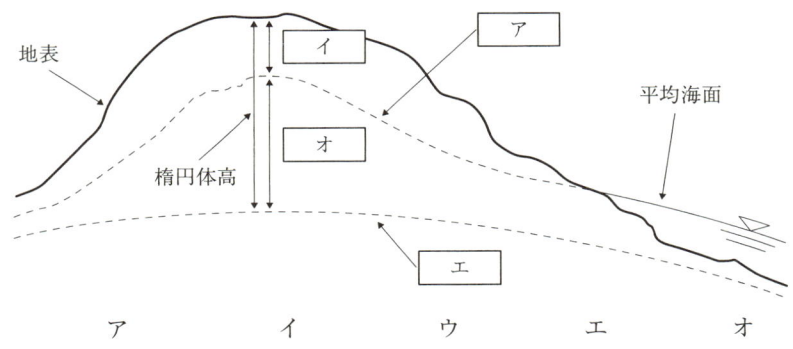

	ア	イ	ウ	エ	オ
1.	ジオイド	標高	回転楕円体	準拠楕円体	地盤高
2.	等ポテンシャル面	地盤高	準拠楕円体	回転楕円体	ジオイド高
3.	等ポテンシャル面	ジオイド高	回転楕円体	準拠楕円体	地盤高
4.	ジオイド	標高	回転楕円体	準拠楕円体	ジオイド高
5.	等ポテンシャル面	ジオイド高	準拠楕円体	回転楕円体	標高

突破のポイント
・水準測量とGNSS測量では，高さの定義が異なる。準拠楕円体とジオイドは一致しない。準拠楕円体からの高さを楕円体高 h，ジオイドからの高さを標高 H，その差をジオイド高 N とするとき，式（1）の関係がある。

要点5 基本測量・公共測量

① 基本測量の計画・実施・測量成果

1. **長期計画**（第12条）：国土交通大臣は，基本測量に関する長期計画を定めなければならない。
2. **土地の立入及び通知**（第15条）：国土地理院の長又はその命を受けた者若しくは委任を受けた者は，基本測量を実施するために必要があるときは，国有，公有又は私有の土地に立ち入ることができる。
3. **障害物の除去**（第16条）：基本測量を実施するためにやむを得ない必要があるときは，あらかじめ所有者又は占有者の承諾を得て，障害となる植物又はかき，さく等を伐除することができる。
4. **測量標の保全**（第22条）：何人も，国土地理院の承諾を得ないで，基本測量の測量標を移転し，汚損し，その効用を害する行為をしてはならない。
5. **測量標の使用**（第26条）：基本測量以外の測量を実施しようとする者は，国土地理院の長の承諾を得て，基本測量の測量標を使用することができる。
6. **測量成果の使用**（第30条）：基本測量の測量成果を使用して基本測量以外の測量を実施しようとする者は，あらかじめ国土地理院の長の承諾を得なければならない。

② 公共測量の計画・実施・測量成果

1. **公共測量の基準**（第32条）：公共測量は，基本測量又は公共測量の測量成果に基いて実施しなければならない。
2. **作業規程**（第33条）：測量計画機関は，公共測量を実施しようとするときは，当該公共測量に関し観測機械の種類，観測法，計算法等の作業規程を定め，あらかじめ国土交通大臣の承諾を得なければならない。
3. **作業規程の準則**（第34条）：国土交通大臣は，作業規程の準則を定めることができる。なお，作業規程の準則は，平成20年に大幅に改正され，測量作業機関が実施する公共測量の規範となっている。
4. **公共測量の表示等**（第37条）：公共測量を実施する者は，当該測量において設置する測量標に，公共測量の測量標であること及び測量計画機関の名称を表示しなければならない。
5. **基本測量に関する規定の準用**（第39条）：基本測量に関する第14条から第26条までの規定は，公共測量に準用する。

[21ページの解答]

問1　　④　標高は東京湾の平均海面（ジオイド）からの高さ，ジオイド高は準拠楕円体（GRS80楕円体）からジオイドまでの高さをいう。

直前突破問題！ ☆☆

問1 次の文は，公共測量における現地での作業について述べたものである。間違っているものはどれか。

1. 永久標識を設置した際，成果表，点の記を作成し，写真等により記録した。
2. 山頂に埋設してある測量標の調査を行ったが，標石を発見できなかったため，掘り起こした土を埋め戻し，周囲を清掃した。
3. 基準点測量において，周囲を柵で囲まれた土地に在る三角点を使用するため，作業開始前にその占有者に土地の立入りを通知した。
4. 基準点測量において，既知点の現況調査を効率的に行うため，山頂に放置されている既知点については，その調査を観測時に行った。
5. 局地的な大雨による増水事故が増えていることから，気象情報に注意しながら作業を進めた。

問2 次の文は，公共測量における測量作業機関の現地での作業について述べたものである。間違っているものはどれか。

1. A県が発注する基準点測量において，A県が設置した基準点を使用する際に，当該測量標の使用承認申請を行わず作業を実施した。
2. B村が発注する空中写真測量において，対空標識設置の作業中に樹木の伐採が必要となったので，あらかじめ支障となる樹木の所有者又は占有者の承諾を得て，当該樹木を伐採した。
3. C市が発注する水準測量において，すべてC市の市道上での作業となることから，道路使用許可申請を行わず作業を実施した。
4. D市が発注する基準点測量において，公園内に新点を設置することになったが，利用者の安全を考慮し，新点を地下埋設として設置した。
5. E町が発注する写真地図作成において，E町から貸与された図書や関係資料を利用する際に，損傷しないように注意しながら作業を実施した。

- 公共測量は，国土交通大臣が定めた「作業規程の準則」に則って作成される作業規程に基づいて実施する。
- 準則は，公共測量における作業方法等を定める作業規程の規範となるものであり，測量士補試験は準則の規定に基づいて出題される。

要点6 測量士・測量士補，測量業者

1 測量士・測量士補

1. **測量士及び測量士補**（第48条）：技術者として基本測量又は公共測量に従事する者は，登録された測量士又は測量士補でなければならない。
   ① 測量士は，測量に関する計画を作製し，又は実施する。
   ② 測量士補は，測量士の作製した計画に従い測量に従事する。
2. **測量士及び測量士補の登録**（第49条）：測量士又は測量士補となる資格を有する者は，国土地理院の長に対して測量士名簿又は測量士補名簿に登録の申請をしなければならない。

2 測量業者

1. **測量士の設置**（第55条の13）：測量業者は，その営業所ごとに測量士を一人以上置かなければならない。
2. **業務処理の原則**（第56条）：測量業者は，その業務を誠実に行ない，常に測量成果の正確さの確保に努めなければならない。
3. **一括下請負の禁止**（第56条の2）：測量業者は，いかなる方法をもってするかを問わず，その請け負った測量を一括して他人に請け負わせ，又は他の測量業者から一括して請け負ってはならない。

3 測量と測量法

1. **測量**とは，地表面の地点の相互関係及び位置を確立する技術であり，数値・図によって表された相対的位置を地上に再現する技術をいう。
2. 我が国の国土の開発・利用・保全等に重要な役割を担うのが「土地の測量」であり，この土地について定められた基本的な法律が「測量法」である。
3. 法第33条（作業規程）「測量計画機関は，国土交通大臣が定めた作業規程を定め，あらかじめ国土交通大臣の承認を得る」の規定は，平成20年に**公共測量の作業規程の準則**（P26）が改正されたことにより，この準則の規定を準用する。準則は，すべての公共測量に共通して使用できるように構成されている。

[23ページの解答]

問1　④　基準点測量の既知点現地調査は，新点の測量標設置や観測に先立ち，新点の選定時に行わなければならない（準則第27条，既知点現況調査）。

問2　③　道路において工事若しくは作業をしようとする者は，道路管理者の**道路占用許可**（道路法）及び所轄警察署長の**道路の使用許可**を受けなければならない（道路交通法）。

直前突破問題！ ☆☆

問1 測量法に関して，ア～オに入る語句で適当なものはどれか。

a. 技術者として基本測量又は公共測量に従事する者は，登録された ア 又は イ でなければならない。
b. ア は，測量に関する計画を作製し又は実施する。イ は，ア の作製した計画に従い測量に従事する。
c. 測量作業機関とは，ウ の指示又は委託を受けて測量作業を実施する者をいう。
d. 測量士又は測量士補となる資格を有する者は，測量士又は測量士補になろうとする場合においては，エ に対してその資格を証する書類を添えて，測量士名簿又は測量士補名簿に登録の申請をしなければならない。
e. 測量業者は，その営業所ごとに オ を一人以上置かなければならない。

	ア	イ	ウ	エ	オ
1.	測量士	測量士補	測量計画機関	国土交通大臣	測量士
2.	測量士補	測量士	測量計画機関	国土交通大臣	測量士
3.	測量士	測量士補	測量士	国土地理院の長	測量士補
4.	測量士補	測量士	測量士	国土地理院の長	測量士補
5.	測量士	測量士補	測量計画機関	国土地理院の長	測量士

突破のポイント

- 公共測量として実施される測量は，高精度を必要とする測量，利用度（汎用性）の高い測量である。その実施にあたっては，技術管理（品質管理）が必要である。
- 測量士，測量士補の役割については理解しておくこと。
- 基本測量，公共測量は，専門的知識・技術及び経験を有する測量士・測量士補に限定される。実施体制として，主任技術者（測量士）による作業計画の立案，工程管理及び精度管理が行われる。

要点7 公共測量の作業規程の準則（総則）

１ 公共測量の作業規程の準則

1. **目的及び適用範囲**（第1条）：作業規程の準則は，測量法第34条に基づき，公共測量の標準的な作業方法を定め，その規格を統一するとともに，必要な精度を確保すること等を目的とする。この準則は公共測量に適用する。

   準則は，総則（第1条～第17条），基準点測量（第18条～第77条），地形測量及び写真測量（第78条～第338条），応用測量（第339条～第426条）から成る。準則は，公共測量の作業方法等を定める作業規程の規範となる。

2. **測量の基準**（第2条）：公共測量において，位置は平面直角座標系に規定する世界測地系に従う直角座標及び日本水準原点を基準とする高さ（標高）により表示する。

3. **測量法の遵守等**（第3条）：測量計画機関及び測量作業機関並びに作業に従事する者は，作業の実施に当たり，法を遵守しなければならない。

4. **関係法令等の遵守等**（第4条）：計画機関及び作業機関並びに作業者は，作業の実施に当たり，財産権，労働，安全，交通，土地利用規制，環境保全，個人情報の保護等に関する法令を遵守し，かつ，これらに関する社会的慣行を尊重しなければならない。

２ 公共測量の計画・実施体制

1. **測量の計画**（第5条）：計画機関は，公共測量を実施しようとするときは，目的，地域，作業量，期間，精度，方法等について適切な計画を策定しなければならない。

2. **実施体制**（第9条）：作業機関は，測量作業を円滑に実行するため，適切な実施体制を整えなければならない。作業計画の立案，工程管理及び精度管理を総括する者として，主任技術者（測量士）を選任しなければならない。

3. **作業計画**（第11条）：作業機関は，測量作業着手前に，測量作業の方法，使用する主要な機器，要員，日程等について適切な作業計画を立案し，これを計画機関に提出して，その承認を得なければならない。

4. **測量成果等の提出**（第16条）：作業機関は，作業が終了したときは，遅滞なく，測量成果等を整理し，計画機関に提出しなければならない。

[25ページの解答]

問1　⑤　cは第8条（測量作業機関）の規定。dは第49条（測量士及び測量士補の登録）の規定。eは第55条の13（測量士の設置）の規定。

直前突破問題！ ☆☆

第1章 測量に関する法規

問1 次の文は，測量作業機関が，公共測量を行う場合に留意しなければならないことを述べたものである。間違っているものはどれか。

1. 測量作業機関は，測量作業着手前に，測量作業の方法，使用する主要な機器，要員，日程などについて適切な作業計画を立案し，これを測量計画機関に提出してその承認を得る。作業計画を変更するときも同様とする。
2. 測量作業機関は，測量作業を円滑かつ確実に実行するため，適切な実施体制を整えなければならない。そのため，作業計画の立案，工程管理及び測量成果の検定を実施する者として，監理技術者を選任する。
3. 測量作業機関は，作業計画に基づき，適切な工程管理を行い，測量作業の進捗状況を適宜測量計画機関に報告する。
4. 測量作業機関は，作業実施に当たり，測量法及び関係法令を遵守し，かつ，これらに関する社会的慣行を尊重する。
5. 測量作業機関は，作業が終了したときは，原則として製品仕様書などであらかじめ測量計画機関が定める様式に従って測量成果などを電磁的記録媒体に格納し，遅滞なく測量計画機関に提出する。

問2 次の文は，公共測量における現地での作業について述べたものである。間違っているものはどれか。

1. 道路上で水準測量を実施するときに，交通量が少なく交通の妨害となるおそれはないと思われたが，あらかじめ所轄警察署長に道路使用許可申請書を提出し，許可を受けて水準測量を行った。
2. 基準点の設置完了後に，使用しなかった材料を撤去するとともに，作業区域の清掃を行った。
3. 測量計画機関から個人が特定できる情報を記載した資料を貸与されたことから，紛失しないよう厳重な管理体制の下で作業を行った。
4. 地形図作成のために設置した対空標識は，空中写真の撮影完了後，作業地周辺の住民や周辺環境に影響がないため，そのまま残しておいた。
5. 地形測量の現地調査で公有又は私有の土地に立ち入る必要があったので，測量計画機関が発行する身分を示す証明書を携帯した。

> **突破のポイント**
> ・準則では，基準点測量，地形測量及び写真測量，応用測量等の公共測量の標準的な作業方法を定めている。
> ・各測量作業は，準則の規定に基づいて実施する。

要点8 地理空間情報活用推進基本法

1 地理空間情報活用推進基本法

1. 地理空間情報を高度に活用することを目的とする。公共測量の測量成果は，多くが電子地図（P194）の位置の基準となる基盤地図情報に該当する。
2. 「**地理空間情報**」とは，次の情報をいう。
   ① 空間上の特定の地点又は区域の位置を示す情報（**位置情報**）
   ② 位置情報に関連付けられた情報
3. 「**地理情報システム（GIS）**」とは，地理空間情報の地理的な把握又は分析を可能とするため，電磁的方式により記録された地理空間情報を電子計算機を使用して電子地図（電磁的方式により記録された地図）上で一体的に処理する情報システムをいう。
4. 「**基盤地図情報**」とは，地理空間情報のうち，電子地図上における地理空間情報の位置を定めるための基準となる測量の基準点，海岸線，公共施設の境界線，行政区画その他の国土交通省令で定めるものの位置情報であって電磁的方式により記録されたものをいう（P130 表1参照）。
5. 「**衛星測位**」とは，人工衛星から発射される信号を用いて位置の決定及び当該位置に係る時刻に関する情報の取得並びにこれらに関連付けられた移動の経路等の情報の取得をいう。

2 地理情報システム（GIS）

1. GIS（地理情報システム）は，空間の位置に関連づけられた自然，社会，経済などの地理情報を総合的に処理・管理・分析するシステムをいう。
2. 電子化されたデータの相互利用を促進するため，一定の基準によるデータ作成が必要となる。JPGIS（地理情報標準プロファイル）は，日本国内における地理情報の標準で，地理空間情報に関する国際標準化機構（ISO191）及び日本工業規格（JIS X 71）に準拠している。
3. 地理情報標準への対応として，測量成果の作成機関，作成時期等を記載するメタデータを作成する。**メタデータ**は，データの概要，データの整備範囲，データの品質等，データの利用に関する情報を記述したものである。

[27ページの解答]

問1 ② 準則第9条の規定。測量士で高度な技術と十分な実務経験を有する主任技術者を選任する。1は準則第11条（作業計画）。3は準則第12条（工程管理）作業機関は，適切な工程管理を行わなければならない。5は準則第16条（測量成果等の提出）。

問2 ④ 準則第115条（P138），撮影作業完了後，速やかに現状を回復する。

直前突破問題！ ☆

問1 地理情報に関する国際標準化の動向に関して，間違っているものはどれか。

1. 地理情報標準プロファイル（JPGIS）は，地理情報に関する国際規格及び日本工業規格の地図の図式部分を体系化したものである。
2. JPGIS の基礎になっている地理情報に関する国際規格は，国際標準化機構により定められている。
3. JPGIS の基礎となっている地理情報に関する日本工業規格は，国際標準化機構が定めた地理情報に関する国際規格と整合している。
4. 測量計画機関は，測量成果の種類，内容，構造，品質などを示す JPGIS に準拠した製品仕様書を定めなければならない。
5. 地理空間情報活用推進基本法に定める基盤地図情報を提供する場合の適合すべき規格には，国際標準化機関の地理情報規格が含まれる。

問2 我が国における地理情報標準に関して，間違っているものはどれか。

1. 地理情報標準プロファイル（JPGIS）は，地理情報の分野における様々な標準規格をひとまとめにし，データの作成や使用の際に最低限守るべきルールを整理したものである。
2. 製品仕様書は，得ようとする測量成果の種類，内容，構造，品質などについて，地理情報標準に準拠して記述しなければならない。
3. 地理情報標準に準拠して整備されたデータを GIS で利用する場合は，それぞれのシステムの内部形式に変換して使用することができる。
4. 地理情報標準に準拠した製品仕様書は，データ作成時の発注仕様書として使用することはできるが，データ交換時の説明書としては使用することができない。
5. 地理情報標準の利用が進むことで，データの相互利用がしやすい環境が整備され，異なる整備主体のデータ共用が可能となる。

突破のポイント

- 地理空間情報活用推進基本法は，地理情報システム（GIS），衛星測位の進展の中で，地理空間情報を高度に活用できる社会の実現を目指している。
- 基盤地図情報の特徴は，電子地図上における全国の地物の位置基準が定められ，対象項目は P130 の表1の13項目（白地図データ）で，全国を継目なく結合できる。

第1章 測量に関する法規

[29 ページの解答]

問1　①　JPGISでは，空間データの設計の考え方，位置の表し方，空間データの品質の考え方，仕様書の作り方，空間データの交換のルール等を規定している。図式を規定しているものではない。

問2　④　データ交換時には，説明書として使用することができる。

多角測量
(GNSS 測量を含む)

第2章

- ○ 多角測量（基準点測量）は，出題問題 28 問中，No.4〜No.8 までの 5 問出題されます。
- ○ 多角測量は，準則に規定する基準点測量に該当し，TS 測量と GNSS 測量から出題されます。
- ○ 出題傾向として，基準点測量（一般的事項，偏心計算等）から 3 問，GNSS 測量から 2 問出題されています。

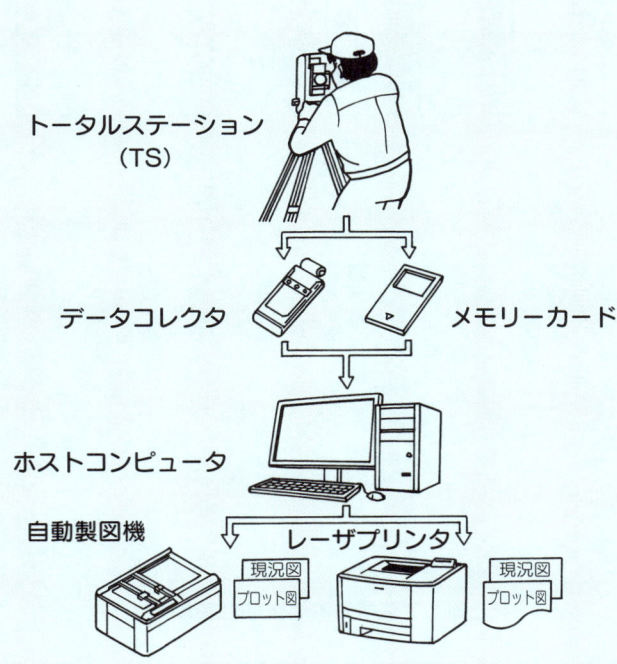

要点 9 多角（基準点）測量の概要

1 基準点測量

1. **基準点測量**は，既知点に基づき，新点である基準点の位置又は水準点の標高を定める作業をいう。**基準点**は，測量の基準とするために設置された測量標で位置に関する数値的な成果を有する。

    既知点は，基準点測量の実施に際してその成果が与件として用いられるもの，**新点**は新設される基準点をいう（準則第18条 要旨）。

2. 基準点測量は，水準測量を除く狭義の**基準点測量**と**水準測量**とに区分する。基準点は，基準点測量によって設置される**基準点**と水準測量によって設置される**水準点**とに区分する（準則第19条 基準点の区分）。

3. **GNSS**とは，人工衛星からの信号を用いて位置を決定する衛星測位システムの総称で，GPS，GLONASS（グロナス），Galileo（ガリレオ）及び準天頂衛星等の衛星測位システムがある。**GNSS測量**においては，GPS及びGLONASSを適用する。

2 基準点測量の工程別作業区分

1. 基準点測量の作業の流れは，次のとおり（第24条）。

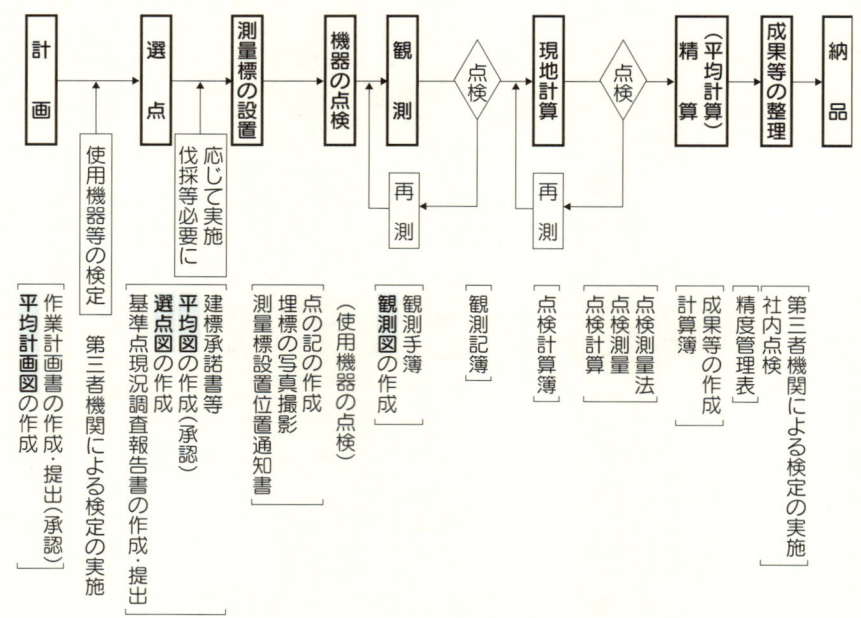

図1　基準点測量作業の流れ図

直前突破問題の解答は，次の項目の下にあります。

直前突破問題！ ☆☆

問1 基準点測量の作業工程として，適当なものはどれか。
1. 作業計画 → 選点 → 観測 → 測量標の設置 → 計算 → 成果等の整理
2. 作業計画 → 選点 → 観測 → 計算 → 測量標の設置 → 成果等の整理
3. 作業計画 → 選点 → 観測 → 計算 → 成果等の整理 → 測量標の設置
4. 作業計画 → 選点 → 測量標の設置 → 観測 → 計算 → 成果等の整理
5. 作業計画 → 測量標の設置 → 選点 → 計算 → 観測 → 成果等の整理

問2 表は，公共測量における基準点測量の工程別作業区分及び作業内容を示したものである。ア〜エに入る作業内容を語群から選びなさい。

表

工程別作業区分	作業内容
作業計画	ア
選点	イ
測量標の設置	ウ
観測	エ
計算	所定の計算式により計算を行う。
成果等の整理	成果表や成果数値データなどの種類ごとに整理する。

語群
a．予察により作業方法を決定する。
b．測量標設置位置通知書を作成する。
c．平均計画図を作成する。
d．仮BMを設置する。
e．当該土地の所有者又は管理者から建標承諾書を取得する。
f．観測した結果を観測手簿へ記録する。

	ア	イ	ウ	エ			ア	イ	ウ	エ
1.	c	e	b	f		2.	c	b	e	f
3.	a	b	e	f		4.	c	e	b	d
5.	a	b	e	d						

第2章 多角測量（GNSS測量を含む）

突破のポイント

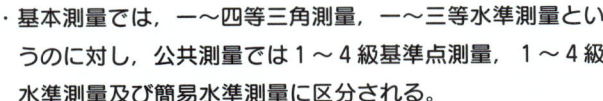

- 基本測量では，一〜四等三角測量，一〜三等水準測量というのに対し，公共測量では1〜4級基準点測量，1〜4級水準測量及び簡易水準測量に区分される。
- 工程別作業区分及び順序は，その作業内容を含めてまとめておくこと。

要点10 基準点測量の作業工程

1 基準点測量の作業工程

1. **作業計画**（準則第25条）：測量作業機関は，測量作業着手前に，使用する主要な機器，要員，日程等について適切な作業計画を立案し，測量計画機関に提出して承認を得る。地形図上に新点の概略位置を決定し，**平均計画図**を作成する。

2. **選定**（第26条）：平均計画図に基づき，現地において既知点の現況を調査するとともに，新点の位置を選定し，**選点図**及び**平均図**を作成する。平均図は，選定図に基づいて作成し，計画機関の承認を得る。

3. **測量標の設置**（第31条）：新点の位置に永久標識を設ける。設置した永久標識には，点の記（所在地，地目，所有者等）を作成する。

4. **観測**（第34条）：平均図等に基づき，トータルステーション（TS），セオドライト，測距儀等（以下 TS 等という）を用いて，関係点間の水平角，鉛直角，距離等を観測する作業（**TS 等観測**），及び GNSS 測量機を用いて，GNSS 衛星からの電波を受信し，位相データ等を記録する作業（**GNSS 観測**）をいう。

5. **観測の実施**（第37条）：観測に当たり，計画機関の承認を得た平均図に基づき，**観測図**を作成する。

6. **計算**（第40条）：新点の水平位置及び標高を求める。距離は GRS80 楕円体表面の値及び高さは標高で表す。TS 等による基準面上の距離は，楕円体高を用いる。なお，楕円体高は，標高とジオイド高から求める。3級・4級基準点測量は，基準面上の距離の計算は，楕円体高に代えて標高を用いることができ，経緯度計算を省略することができる。

2 TS 等観測・GNSS 観測

1. 観測は，TS 等観測及び GNSS 観測に区分され，平均図に基づいて観測位置に測量機器を設置して行う。新点の位置の精度は，平均図の網の形，観測方法，使用機器等に左右される。作業機関は，平均図を計画機関に提出し，承認を得た後，観測図に基づいて観測を実施する。

2. **GNSS 測量機**とは，従来の GPS 測量機又は GPS 及び GLONASS 対応の測量機をいう（第35条，機器）。

[33ページの解答]

問1　④　精度の確保と効率的な測量を行うため，標準的な作業工程に従う。

問2　①　平均計画図 → 建標承諾書 → 測量標設置位置通知書 → 観測手簿

直前突破問題！ ☆☆

問1 次の文は，基準点測量作業について述べたものである。 ア ～ オ に入る語句の組合せとして，適当なものはどれか。

a．選点では， ア に基づいて，現地において既知点の状況を調査するとともに， イ 及び ウ を作成する。
b．新点の位置を選定したときは，その位置及び視通線などを エ に記入し イ を作成する。
c． ウ は， イ に基づいて作成し，計画機関の承認を受ける。
d．観測作業に携行する オ は，計画機関の承認を得た ウ に基づいて作成する。

	ア	イ	ウ	エ	オ
1．	選点図	地形図	平均図	平均計画図	観測図
2．	選点図	平均計画図	平均図	観測図	地形図
3．	地形図	平均計画図	観測図	選点図	平均図
4．	平均計画図	選点図	平均図	地形図	観測図
5．	平均図	選点図	平均計画図	観測図	地形図

問2 次の文は，1級基準点を設置するための作業計画及び選点について述べたものである。間違っているものはどれか。

1．作業計画では，地形図上で新点の概略位置及び測量方式を決定し，平均計画図を作成する。
2．測量方式の決定や，既知点の利用にあたっては，精度及び効率性を考慮する。
3．新点は，展望が良く，利用しやすく，永久標識の保存に適した場所に選定する。
4．選点は，測量の目的，精度の保持，作業の実施方法，樹木の伐採，偏心の要否等を考慮して行う。
5．新点の位置を選定したときは，その位置や確認された視通線等を地形図上に記入し，観測図を作成する。

突破のポイント
・平均計画図，選定図及び平均図，観測図の流れとその内容については整理しておくこと。
　平均計画図 → 選点図 → 平均図 → 観測図
・楕円体高と標高の定義をまとめておくこと。

要点11 TS等観測とGNSS観測

1 TS等観測

1. **TS等**は，観測データをデータコレクタ（電子手帳）に自動的に取り込むため，斜距離と水平距離の間違い，測点番号，器械高，気象データ，反射鏡定数等，手入力ミスをおかすことのないよう基本的な確認を行う。
   ① バッテリーの残量に注意し，予備電源を用意する。
   ② 収集した観測データは，速やかに保存し，また加工してはならない。
2. **水平角観測**は，方向観測法により実施する。**方向観測法**は，観測点において，ある特定の方向を基準にして右回りで目標点を順次視準しながら目盛を読定，水平角を求めていく方法をいう。
   ① 観測の良否の判定は，倍角差及び観測差（P46，表2）によって行う。
   ② 1組の観測方向数は，5方向以下とする。
3. **鉛直角観測**は，望遠鏡正・反観測1対回の観測とする。観測の良否の判定は，高度定数の較差（P50，表2）によって行う。
4. **距離測定**は，1視準2読定の測定を1セットとして2セット行う。測距儀による距離測定は，反射プリズムの受光量が最大になるように調整して行う。
5. **気象の測定**は，距離測定の観測開始前又は終了直後に行う。大気中の光速度は，大気の屈折率に応じて変化する。屈折率は，気温・気圧及び湿度に依存するため，測距儀による距離測定では気象補正を行う。

2 GNSS観測

1. **GNSS観測**は，スタティック法については複数のGNSS受信機を同時に用いて実施するため，平均図に基づき効率的な**セッション計画**を立てる。
   ① GNSS観測は，セッション計画に基づき1セッションずつ行い，各観測点のGNSSアンテナを一定の方向（北の方向）に向けて整置する。
   ② 使用するGNSS衛星は，飛来情報を確認し，衛星が天空に均等に配置し片寄った配置は避ける（以上，準則第37条）
2. GNSS測量機による観測手法（干渉測位方式）は，搬送波（波長約20cm）の位相を使用して基線解析を行う。衛星と受信機間の波数(**整数値バイアス**)の確定方法により，スタティック法，キネマティック法等に分かれる。

[35ページの解答]

問1　④　平均計画図は，地形図上で新点を図上選定し作成する。
問2　⑤　平均計画図により，新点の位置を選定し，選点図及び平均図を作成する。平均図に基づいて観測図を作成する。**観測図**は，平均図のとおり平均計算を行うために必要な観測値の取得法を図示したものをいう。

直前突破問題！ ☆☆

問1 次の文は，GNSS測量機を用いる測量とトータルステーション（TS）を用いる測量について述べたものである。[ア]〜[オ]に入る語句の組合せとして適当なものはどれか。

a．GNSS測量機を用いる測量では，TSを用いる測量と異なり測点間の[ア]は不要である。また，天候の影響にもほとんど左右されずに観測作業を進めることができる。しかし，[イ]からの[ウ]を利用するため，[エ]の確保が必要となる。高層建築物が多く建つ大都市や深い渓谷，森林地帯などでは，所定の精度が得られない場合がある。

b．高さを求める測量については，GNSS測量機を用いる測量では，まず[オ]が求められ，ジオイド高を補正することによりジオイドからの標高が求められる。一方，TSを用いる測量では，標高が直接求められる。

	ア	イ	ウ	エ	オ
1．	視　通	電波塔	電　波	アンテナ	楕円体高
2．	視　通	人工衛星	電　波	上空視界	楕円体高
3．	視　通	電波塔	赤外線	アンテナ	天頂距離
4．	偏　心	電波塔	電　波	アンテナ	天頂距離
5．	偏　心	人工衛星	赤外線	上空視界	天頂距離

問2 トータルステーション及びデータコレクタを用いた1級及び2級基準点測量の作業内容について，間違っているものはどれか。

1．器械高及び反射鏡高は観測者が入力を行うが，観測値は自動的にデータコレクタに記録される。
2．データコレクタに記録された観測データは，速やかに他の媒体にバックアップした。
3．距離の計算は，標高を使用し，ジオイド面上で値を算出した。
4．観測は，水平角観測，鉛直角観測及び距離測定を同時に行った。
5．水平角観測の必要対回数に合わせ，取得された鉛直角観測値及び距離測定値を全て採用し，その平均値を用いた。

突破のポイント
・トータルステーション（TS）は，セオドライトと光波測距儀を一体化したもので，水平角観測，鉛直角観測及び距離測定を1視準で同時に行うことを原則とする。

第2章　多角測量（GNSS測量を含む）

要点12 セオドライト1（誤差の種類）

1　セオドライト

1. **セオドライト**は，鉛直軸，水平軸，視準軸の3軸と水平目盛盤，高度目盛盤及び鉛直軸を鉛直にするための上盤気泡管で構成される。
2. セオドライトの鉛直軸V，気泡管軸L，水平軸H，視準軸Cの4軸の間には，次の関係が成り立っていなければならない。
   ① 上盤気泡管軸Lは，鉛直軸Vに直交すること（L⊥V）。
   ② 視準軸Cは，水平軸Hに直交すること（C⊥H）。
   ③ 水平軸Hは，鉛直軸Vに直交すること（H⊥V）。

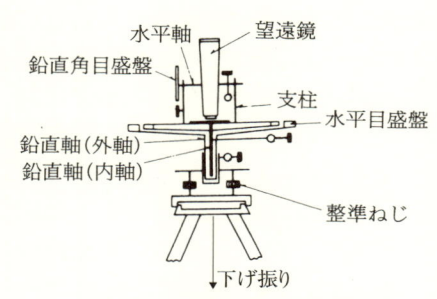

図1　セオドライトの構造

2　セオドライトの器械誤差

1. **鉛直軸誤差**は，鉛直軸Vが傾いている場合に生じる誤差で，上盤気泡管軸の調整によって正す。上盤が水平であれば，鉛直軸は鉛直となる。
2. **視準軸誤差**は，視準軸Cと水平軸Hが直交していないため（十字線の調整が不完全）生じる誤差で，望遠鏡の正・反の観測の平均値を取ることにより消去できる。
3. **水平軸誤差**は，水平軸Hが鉛直軸Vと直交していないため（水平軸の調整が不完全）生じる誤差で，望遠鏡の正・反の観測で消去できる。
4. **外心誤差**は，視準線（対物レンズの中心と十字線の中心を結ぶ線）が鉛直軸の中心から外れている場合に生じる誤差。望遠鏡正・反観測で消去する。
5. **偏心誤差**は，目盛盤の中心が鉛直軸（回転軸）の中心から外れている場合に生じる誤差。望遠鏡の正・反観測で消去する。
6. **目盛誤差**は，目盛盤の目盛の間隔が不等のために，目盛の位置によって測定値が変わる誤差。n対回観測の場合，$180°/n$ずつ目盛盤をずらして観測し，その平均値を取ることにより影響を小さくする。

[37ページの解答]

問1　② GNSS測量機を用いる測量では，高さはGRS80楕円体表面からの楕円体高さであり，ジオイド高を補正してジオイドからの標高とする。

問2　③ 1・2級基準点測量（TS等観測）では，基準面上の距離の計算は，楕円体高を用いる。3・4級基準点測量では標高を用いることができる。

直前突破問題！ ☆☆

問1 次の文は，セオドライトを用いた水平角観測における誤差について述べたものである。望遠鏡の正（右）・反（左）の観測値を平均しても消去できない誤差の組合せとして，適当なものはどれか。

a．空気密度の不均一さによる目標像のゆらぎのために生じる誤差
b．水平軸が，鉛直線と直交していないために生じる水平軸誤差
c．水平軸と望遠鏡の視準線が，直交していないために生じる視準軸誤差
d．鉛直軸が，鉛直線から傾いているために生じる鉛直軸誤差
e．水平目盛盤の中心が，鉛直軸の中心と一致していないために生じる偏心誤差

1．a，c　　2．a，d　　3．a，e　　4．b，d　　5．b，e

問2 次の文は，水平角観測におけるセオドライトの誤差について述べたものである。望遠鏡の正（右）・反（左）の観測値を平均しても消去できない誤差はどれか。

1．視準線が，鉛直軸に交わっていないために生じる誤差
2．目盛盤中心が，鉛直軸上にないために生じる誤差
3．水平軸が，鉛直軸に直交していないために生じる誤差
4．目盛盤の目盛間隔が，均等でないために生じる誤差
5．視準線が，水平軸に直交していないために生じる誤差

問3 次の文は，セオドライトを用いた水平角観測における誤差について述べたものである。間違っているものはどれか。

1．水平軸誤差は，望遠鏡の正（右）・反（左）の観測で消去できない。
2．視準軸誤差は，望遠鏡の正（右）・反（左）の観測で消去できる。
3．鉛直軸誤差は，望遠鏡の正（右）・反（左）の観測で消去できない。
4．偏心誤差は，望遠鏡の正（右）・反（左）の観測で消去できる。
5．目盛誤差は，複数対回の観測で目盛位置を変えることで小さくすることができる。

突破のポイント
・セオドライトの誤差とその消去法は，よく出題される。特に，鉛直軸誤差は，望遠鏡の正・反観測によっても消去できないので注意する。
・対回観測とは，望遠鏡の正・反で観測することをいう。

第2章　多角測量（GNSS測量を含む）

要点13 セオドライト2(器械誤差と消去法)

1 上盤気泡管軸の調整

1. セオドライトを堅固な場所に据え付け,気泡を気泡管中央に導く。気泡と2個の整準ねじを結ぶ線とを平行に置き,整準ねじを同時に外側又は内側に操作すれば,気泡は左手親指の動く方向に移動する。
2. セオドライトを水平に180°回転させる。このとき,気泡が移動せず気泡管軸の中央にあれば,上盤Uと気泡管軸Lは平行(鉛直軸が鉛直)である。
3. 気泡が気泡管の中央から移動すれば,気泡管軸Lと鉛直軸Vは直交していない。移動量bの半分を整準ねじで,残り半分を気泡管調整ねじで調整する。

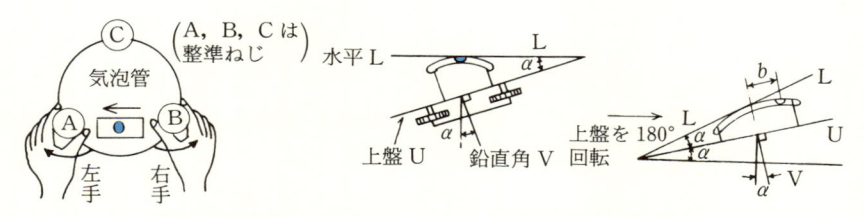

図1 左手親指の法則　　**図2 上盤気泡管の調整**

2 器械の調整不良・構造上の誤差と消去法

1. 鉛直軸誤差,視準軸誤差,水平軸誤差は,調整不良による誤差である。外心誤差,目盛盤の偏心誤差,目盛誤差は,構造上による誤差である。

表1 器械誤差の原因とその消去法

誤差の種類	誤差の原因	観測方法による消去法
鉛直軸誤差	上盤気泡管が鉛直軸に直交していない。	なし(誤差の影響を少なくするには各視準方向ごとに整準する)。
視準軸誤差	視準軸が水平軸に直交していない。	望遠鏡,正・反観測の平均をとる。
水平軸誤差	水平軸が鉛直軸に直交していない。	望遠鏡,正・反観測の平均をとる。
視準軸の外心誤差	望遠鏡の視準軸が,回転軸の中心と一致していない(鉛直軸と交わっていない)。器械製作不良。	望遠鏡,正・反観測の平均をとる。
目盛盤の偏心誤差	セオドライトの鉛直軸の中心と目盛盤の中心が一致していない。器械製作不良。	望遠鏡,正・反観測の平均をとる。
目盛誤差	目盛盤の刻みが正確でない。器械製作不良。	なし(方向観測法等で全周の目盛盤を使うことにより影響を少なくする)。

[39ページの解答]

問1　2　aのかげろうによる誤差は,不定誤差(偶然誤差)であり,望遠鏡正・反観測では<u>消去できない</u>。大気の安定している時間帯に観測する。

問2　4　目盛誤差は,望遠鏡正・反観測では<u>消去できない</u>。

問3　1　水平軸誤差は,望遠鏡正・反観測で<u>消去できる</u>。

直前突破問題！ ☆☆

問1 調整されているセオドライトを使用する場合でも，現地において観測前に必ず点検調整しなければならないものは，□ と □ である。
　　文中の □ に入る言葉として，正しいものはどれか。
　　但し，a：鉛直軸の鉛直性　　　　b：水平軸と鉛直軸の直交
　　　　　c：視準線と水平軸の直交　d：望遠鏡の視差
　　　　　e：高度定数
1．a，d　　2．b，c　　3．d，e　　4．a，b　　5．c，e

問2 次の文は，セオドライトの上盤気泡管（プレートレベル）の調整法について説明したものである。正しい手順の組合せはどれか。
① セオドライトを鉛直軸の回りに180°回転する。
② 気泡を整準ねじで中央に導く。
③ 堅固な地盤にセオドライトを据え付け，概略整準する。
④ 気泡管軸を一対の整準ねじと平行にする。
⑤ 気泡のずれの半量を整準ねじで，残りの半量を気泡管調整ねじで中央に導く。

1．③→②→①→④→⑤　　2．③→④→⑤→①→②
3．③→②→①→⑤→④　　4．③→①→⑤→④→②
5．③→④→②→①→⑤

問3 次の文は，セオドライトを用いた水平角観測において生じる誤差について述べたものである。望遠鏡の正（右）・反（左）の観測値を平均しても消去できない誤差はどれか。
1．望遠鏡の視準線が鉛直軸の中心から外れているために生じる外心誤差。
2．水平軸が鉛直軸と直交していないために生じる水平軸誤差。
3．望遠鏡の視準線が水平軸と直交していないために生じる視準線誤差。
4．鉛直軸が鉛直線から傾いているために生じる鉛直軸誤差。
5．水平目盛盤の中心が鉛直軸の中心と一致していないために生じる偏心誤差。

突破のポイント
・セオドライトの誤差の消去法は，毎年のように出題されるので留意すること。

第2章　多角測量（GNSS測量を含む）

要点14 光波測距儀・トータルステーション1（気象補正）

1 光波測距儀の気象補正

1. 測距儀による測定距離 L

$$L = \frac{1}{2}(n\lambda + \phi) \quad \cdots\cdots 式（1）$$

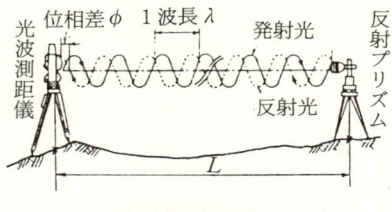

但し，λ：波長
n：往復の波の数
ϕ：位相差

図1 光波測距儀（位相差）

2. **気象補正（屈折率の補正）**

$$L = L_S \frac{n_S}{n} = L_S \frac{1+\Delta s}{1+\Delta n} = L_S + L_S(\Delta s - \Delta n) \quad \cdots\cdots 式（2）$$

但し，L：気象補正済みの距離（m）
L_S：測定距離（m）
$L_S(\Delta s - \Delta n)$：気象補正量
$n_S = (1+\Delta s)$：測距儀が採用している標準屈折率
$n = (1+\Delta n)$：気象観測から得られた屈折率

屈折率誤差 $\Delta n = \dfrac{A}{1+\alpha t} \cdot P \quad \cdots\cdots 式（3）$

但し，A，α：定数，t：気温，P：気圧

3. **気象要素の測定誤差**：気象誤差が測定距離に与える影響（補正量）

$$\left.\begin{array}{l} \Delta L_S = (1.0\Delta t - 0.3\Delta P + 0.04\Delta e) \times L_S \times 10^{-6} \\ L = L_S + \Delta L_S \end{array}\right\} \quad \cdots\cdots 式（4）$$

但し，ΔL_S：測定距離の補正量
Δt，ΔP，Δe：気温，気圧，湿度の測定誤差

① 式（3）より，気温が上がると Δn は小さくなり，測定距離は短くなる。＋補正をする。気圧 P が高くなると Δn は大きくなり，測定距離は長くなる。－補正をする。

② 式（4）より，気温誤差が $+\Delta t$ のとき，$\Delta L_S = 1.0\Delta t \cdot L \times 10^{-6} > 0$，測定距離は短くなる。＋補正をする。気圧誤差 $+\Delta P$ のとき，$\Delta L_S = -0.3\Delta P \cdot L \times 10^{-6} < 0$，測定距離は長くなる。－補正をする。

［41ページの解答］

問1　①　上盤気泡管軸の調整と望遠鏡の視差の点検は，必ず観測前に行う。
問2　⑤　鉛直軸⊥上盤気泡管（プレートレベル軸）の調整
問3　④　鉛直軸誤差は，望遠鏡の正・反観測によっても消去できない。

直前突破問題！

問1 次の文は，光波測距儀を使用した距離の測定について述べたものである。間違っているものはどれか。
1. 気圧が高くなると，測定距離は長くなる。
2. 気温が上がると，測定距離は長くなる。
3. 器械定数の変化による誤差は，測定距離に比例しない。
4. 変調周波数の変化による誤差は，測定距離に比例する。
5. 位相差測定による誤差は，測定距離に比例しない。

問2 光波測距儀で2点間の距離1 234.56mを得た。この時の気象要素から大気の屈折率は1.000 310 であった。
　気象補正後の距離はいくらか。
　但し，光波測距儀の標準屈折率は1.000 325 とする。
1. 1 234.54m　　2. 1 234.58m　　3. 1 234.94m
4. 1 234.96m　　5. 1 234.56m

問3 光波測距儀を用いて2点間の距離を測定し，気象補正を行った結果，10 000.00mを得た。作業終了後，使用した温度計を検定したところ，2℃低く読んでいることが分かった。
　正しい距離はいくらか。
1. 9 999.98m　　2. 9 999.99m　　3. 10 000.00m
4. 10 000.02m　　5. 10 000.04m

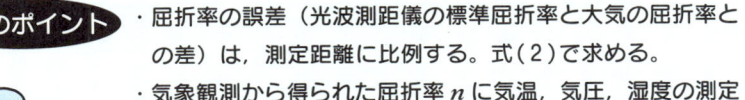

> **突破のポイント**
> - 屈折率の誤差（光波測距儀の標準屈折率と大気の屈折率との差）は，測定距離に比例する。式(2)で求める。
> - 気象観測から得られた屈折率 n に気温，気圧，湿度の測定誤差があれば，測定誤差が生じる。式(4)で求める。
> - 光波測距儀は単体で用いられることはなく，測距と測角が一体となったトータルステーション（TS）が測量作業の主流となっている。

第2章　多角測量（GNSS測量を含む）

要点 15　光波測距儀・トータルステーション 2（誤差）

① 変調周波数による誤差

1．測距儀及びトータルステーションにおいて，周波数にズレが生じた場合の**変調周波数**が測定距離に及ぼす誤差は，測定距離に比例し次式のとおり。

$$\left.\begin{array}{l}\Delta L_S = -L_S \dfrac{f_0 - f}{f_0} \\ L = L_S - \Delta L_S\end{array}\right\} \quad \cdots\cdots 式（1）$$

但し，　L_S：測定距離
　　　　ΔL_S：測定距離誤差
　　　　L：補正後の距離
　　　　f：測定時の周波数
　　　　f_0：測距儀の基準周波数

2．測定値の周波数 f が基準周波数 f_0 より高いとき，$f_0 - f < 0$，故に，$\Delta L_S > 0$ となる。測定距離 L_S は長くなり，－補正をする。

② 測定距離に比例しない誤差

1．**位相差測定（分解能）誤差**は，位相差を測定するときに生じる誤差で，通常 ± 5 mm 程度である。
2．**器械定数誤差**は，器械の製造過程から生じる誤差で，通常 ± 2 mm 程度である。
3．**致心誤差**は，器械・反射鏡の致心作業に伴う誤差をいう。入念に行えば 1 mm 程度とすることができる。
4．**反射鏡定数**は，プリズム独自の誤差をいう。

［43 ページの解答］

問1　②　光波測距儀の測定誤差には，測定距離に比例する誤差（気温・気圧・湿度による屈折率の誤差，変調周波数の変化）と測定距離に関係しない誤差（位相差測定誤差，器械定数誤差，反射鏡定数）がある。気温が上がると Δn が小さくなり，測定距離 L_S は<u>短く</u>なる。

問2　②　$L = 1\,234.56\text{m} + 1\,234.56\text{m}(0.000\,325 - 0.000\,310) = \underline{1\,234.58\text{m}}$

問3　④　$\Delta L_S = 1.0 \times 2 \times 10\,000.00\text{m} \times 10^{-6} = 0.02\text{m}$
　　　　$L = L_S + \Delta L_S = 10\,000.00\text{m} + 0.02\text{m} = \underline{10\,000.02\text{m}}$

直前突破問題！ ☆

問1 次のa〜eは，光波測距儀による距離測定に影響する誤差の原因である。このうち，測定距離に比例する誤差の原因の組合せはどれか。
a．器械定数の誤差
b．反射鏡定数の誤差
c．気象要素の測定誤差
d．位相差測定の誤差
e．変調周波数の誤差

1．a，b　　2．a，c　　3．b，c
4．b，d　　5．c，e

問2 変調周波数の基準値が30 000.000kHz（30MHz）の光波測距儀を用いて2点間の距離を測定し，3 000.00mを得た。変調周波数を点検したところ，30 000.300kHzであった。
　正しい距離はいくらか。

1．3 000.05m　　2．3 000.03m　　3．2 999.99m
4．2 999.97m　　5．2 999.95m

問3 平たんな土地にあるA，B，C上で器械高及び反射鏡を同一にして，TSにより距離測定を行い表の結果を得た。TSの器械定数はいくらか。
　なお，反射鏡定数は−0.030mである。

測定区間	距離（m）
AB	700.25
BC	300.15
AC	1 000.35

1．0.00m　　2．−0.02m　　3．−0.04m
4．−0.06m　　5．−0.08m

突破のポイント
・光波測距儀の誤差には，測定距離に比例する誤差と測定距離に比例しない誤差がある。
・光波測距儀，トータルステーションとGNSS測量機は，ともに電磁波を用いて位相差から距離を求めており，原理は同じである。

第2章　多角測量（GNSS測量を含む）

要点16 水平角の観測（方向観測法）

1 方向観測法の野帳の整理

1．表1は，測点OからA，B，C方向を3対回観測した野帳である。

表1　3対回観測の記入例（2級TSの場合）

測点	輪郭	望遠鏡	視準点	観測角	測定角	倍角	較差	倍角差	観測差
O	0°	r	A B C	0°0′00″ 37°49′50″ 77°46′00″	0°0′0″ 37°49′50″ 77°45′60″	100 110	0 10	30 40	10 20
		ℓ	C B A	257°46′00″ 217°50′00″ 180°0′10″	77°45′50″ 37°49′50″ 0°0′0″				
	60°	r	A B C	60°1′00″ 97°50′50″ 137°47′10″	0°0′0″ 37°49′50″ 77°45′70″	90 130	10 10		
		ℓ	C B A	317°47′10″ 277°50′50″ 240°1′10″	77°45′60″ 37°49′40″ 0°0′0″				
	120°	r	A B C	120°1′30″ 157°51′40″ 197°47′10″	0°0′0″ 37°49′40″ 77°45′40″	70 90	10 −10		
		ℓ	C B A	17°47′30″ 337°51′10″ 300°1′40″	77°45′50″ 37°49′30″ 0°0′0″				

① **倍　角**：同一視準点の1対回に対する正位，反位の秒数の和（$r+\ell$）。
② **較　差**：同一視準点の1対回に対する正位，反位の秒数の差（$r-\ell$）。
③ **倍角差**：各対回測定の同一視準点に対する倍角の最大と最小の差。
④ **観測差**：各対回測定の同一視準点に対する較差の最大と最小の差。

2 観測値の良否の判定

表2　倍角差・観測差の許容範囲（準則第38条）

区分　　項目	1級基準点測量	2級基準点測量		3級基準点測量	4級基準点測量
		1級トータルステーション，セオドライト	2級トータルステーション，セオドライト		
対回数	2	2	3	2	2
倍角差	15″	20″	30″	30″	60″
観測差	8″	10″	20″	20″	40″

[45ページの解答]

問1 ⑤　気象要素の測定誤差と変調周波数の誤差は，測定距離に比例する。器械定数の誤差，反射鏡定数の誤差，位相差測定誤差は比例しない。

問2 ④　$\Delta L_S = -3\,000.00\text{m} \times (30\,000.000 - 30\,000.300)/30\,000.000 = 0.03\text{m}$
∴ $L = L_S - \Delta L_S = 3\,000.00 - 0.03 = \underline{2\,999.97\text{m}}$

直前突破問題！

問1 ある多角点において，3方向の水平角観測を行い，表の結果を得た。次の文は，観測結果について述べたものである。正しいものはどれか。
　　但し，倍角差，観測差の許容範囲は，それぞれ 15″，8″である。

1．(1)方向の倍角差は，許容範囲を超えている。
2．(2)方向の倍角差は，許容範囲を超えている。
3．(1)方向の観測差は，許容範囲を超えている。
4．(2)方向の観測差は，許容範囲を超えている。
5．(1)，(2)方向ともすべて許容範囲内である。

目盛	望遠鏡	視準点名称	番号	観測角	結果	倍角	較差	倍角差	観測差
0°	正	峰山	1	0° 1′ 18″					
		(1)	2	47° 59′ 37″					
		(2)	3	129° 53′ 52″					
	反		3	309° 53′ 48″					
			2	227° 59′ 26″					
			1	180° 1′ 12″					
90°	反		1	270° 1′ 25″					
			2	317° 59′ 46″					
			3	39° 53′ 55″					
	正		3	219° 53′ 59″					
			2	137° 59′ 49″					
			1	90° 1′ 33″					

問2 2対回の方向観測を行った場合，観測値の良否の判定方法として，適当な組合せはどれか。

イ．倍角と較差の和が規定の許容範囲内にあるかを調べる。
ロ．倍角が規定の許容範囲内にあるかを調べる。
ハ．倍角差が規定の許容範囲内にあるかを調べる。
ニ．観測差（較差の差）が規定の許容範囲内にあるかを調べる。
ホ．倍角と較差の符号が等しいかを調べる。

1．イ，ホ　　2．ロ，ニ　　3．ロ，ホ　　4．ハ，ニ　　5．ロ，ハ

> **突破のポイント**
> ・水平角観測は，1視準1読定，望遠鏡正及び反の観測を1対回とし，測量区分に応じて必要対回数とする。

問3　$\boxed{2}$　器械定数 d，反射鏡定数 k，AC＝AB＋BC より
$L+(d+k)=L_1+(d+k)+L_2+(d+k)$
器械定数 $d=L-(L_1+L_2)-k=\underline{-0.02\text{m}}$

第2章　多角測量（GNSS測量を含む）

要点17 最確値と標準偏差

1 最確値と標準偏差

1. **最確値** M は，一群の測定値の算術平均値をいう。各測定値 ℓ と最確値 M との差を**残差** v という。

   残差 $v=$ 測定値 $\ell -$ 最確値 M ……式（1）

2. 各測定値（1観測）及び最確値の標準偏差 m，m_0 は，残差の二乗和を自由度で割った**分散**の平方根である。**1観測の標準偏差** m とは，n 個の測定値全体の中で測定値1つ1つが持つ誤差をいう。1回の測定で生じる標準偏差（誤差）を m とすれば，n 回の測定では測定回数の平方根に比例するから誤差の総和は $m\sqrt{n}$ となる。最確値は，測定値の算術平均であるから $m\sqrt{n}$ を測定回数 n で割ったものが**最確値の平均偏差** m_0 となる（$m_0=m\sqrt{n}/n=m/\sqrt{n}$）。

3. **軽重率**とは，測定値の信用の度合いを表し**重み**又は**重量**ともいう。軽重率が異なる測定値を用いる場合には，軽重率を考慮して最確値を求める。

表1　最確値と標準偏差

最確値と標準偏差	軽重率を考えない場合	軽重率を考える場合
最確値	$M=\dfrac{\ell_1+\ell_2+\ell_3+\cdots\cdots+\ell_n}{n}$ $=\dfrac{\Sigma\ell}{n}=\dfrac{[\ell]}{n}$	$M=\dfrac{p_1\ell_1+p_2\ell_2+\cdots\cdots+p_n\ell_n}{p_1+p_2+\cdots\cdots+p_n}=\dfrac{[p\ell]}{[p]}$
最確値の標準偏差	$m_0=\sqrt{\dfrac{[vv]}{n(n-1)}}$	$m_0=\sqrt{\dfrac{[pvv]}{[p](n-1)}}$
1観測の標準偏差	$m=\sqrt{\dfrac{[vv]}{n-1}}$	$m=\sqrt{\dfrac{[pvv]}{n-1}}$

（注）$\Sigma\ell=[\ell]=\ell_1+\ell_2+\cdots\cdots+\ell_n$（$n$：測定回数）
　　　$[vv]=v_1v_1+v_2v_2+\cdots\cdots+v_nv_n$，$n-1$：自由度（独立な条件の数）

[47ページの解答]

問1　③　視準点(1)方向の観測差 $10''$ となり，許容範囲 $8''$ を超えている。

目盛	望遠鏡	視準点名称	番号	観測角	結果	倍角	較差	倍角差	観測差
0°	正	峰　山	1	0° 1′ 18″	0°0′0″				
		(1)	2	47° 59′ 37″	47°58′19″	33	5	4	10
		(2)	3	129° 53′ 52″	129°52′34″	70	−2	14	2
	反		3	309° 53′ 48″	129°52′36″				
			2	227° 59′ 26″	47°58′14″				
			1	180° 1′ 12″	0°0′0″				
90°	反		1	270° 1′ 25″	0°0′0″				
			2	317° 59′ 46″	47°58′21″	37	−5		
			3	39° 53′ 55″	129°52′30″	56	−4		
	正		3	219° 53′ 59″	129°52′26″				
			2	137° 59′ 49″	47°58′16″				
			1	90° 1′ 33″	0°0′0″				

問2　④　倍角差及び観測差が許容範囲内にあればよい。

直前突破問題！ ☆☆

問1 図に示すように，点 A において，点 B を基準方向として点 C 方向の水平角 θ を同じ精度で 5 回観測し，表に示す観測結果を得た。水平角 θ の最確値に対する標準偏差はいくらか。

表

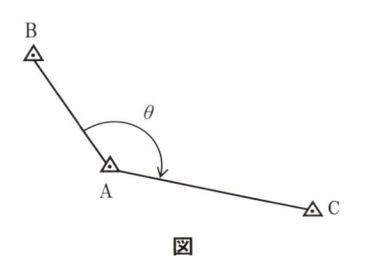

水平角 θ の観測結果	150°00′07″
	149°59′59″
	149°59′56″
	150°00′05″
	150°00′13″

図

1. 2.4″
2. 3.0″
3. 3.6″
4. 6.0″
5. 6.7″

問2 セオドライトを用いて，ある水平角を 4 回に分けて観測し，表の結果を得た。これから求められる水平角の最確値はいくらか。

1. 80°20′14″
2. 80°20′16″
3. 80°20′18″
4. 80°20′20″
5. 80°20′22″

観 測 値	観測対回数
80°20′10″	4
80°20′15″	6
80°20′20″	2
80°20′25″	3

突破のポイント

・測定値の信用の度合いを軽重率という。軽重率が大きいほど，信用度は高い。

① 軽重率 p は，観測回数 n に比例する。

$$p_a : p_b : p_c = n_a : n_b : n_c$$

② 軽重率 p は，標準偏差 m の二乗に反比例する。

$$p_a : p_b : p_c = \frac{1}{m_a^2} : \frac{1}{m_b^2} : \frac{1}{m_c^2}$$

③ 水準測量の場合，軽重率 p は測定距離 L に反比例する。

$$p_a : p_b : p_c = \frac{1}{L_a} : \frac{1}{L_b} : \frac{1}{L_c}$$

要点18 鉛直角の観測（高度定数）

1 鉛直角観測の野帳の整理

1. 鉛直線（天頂）からの角度 Z を**天頂角**，水平線からの角度 α を**鉛直角**（高低角）という。セオドライトの鉛直目盛盤は，天頂が $0°$ である。
2. 鉛直角の観測は，1視準1読定，1対回とする。各目標の正 (r) と反 (ℓ) の和を**高度定数**という。

$$2Z = r + 360° - \ell = (r - \ell) + 360°$$
$$\text{高低角 } \alpha = 90° - Z \qquad \cdots\cdots 式（1）$$
$$\text{高度定数 } k = (r + \ell) - 360°$$

表1　鉛直角観測野帳

測点	視準点	鉛直角		高度定数	結果		備考
0	A	r	99°06′25″		$2Z = r - \ell$	198°13′20″	較差
		ℓ	260°53′05″		$Z =$	99°06′40″	55″
		$r + \ell$	359°59′30″	$-30″$	$\alpha = 90° - Z$	$-9°06′40″$	
	B	r	87°45′15″		$2Z = r - \ell$	175°30′25″	
		ℓ	272°14′50″		$Z =$	87°45′13″	
			360°00′05″	$5″$	$\alpha = 90° - Z$	2°14′47″	
	C	r	95°22′10″		$2Z = r - \ell$	190°45′10″	
		ℓ	264°37′00″		$Z =$	95°22′35″	
			359°59′10″	$-50″$	$\alpha = 90° - Z$	$-5°22′35″$	

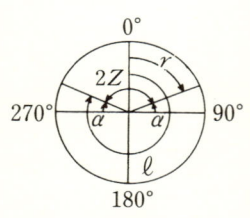

図1　鉛直角 α

2 高度定数の較差の許容範囲

1. 高度定数の較差が表2の許容範囲を超えた場合は再測する。表1の高度定数の較差は，$5 - (-50) = 55″$ である。

表2　高度定数の許容範囲（準則第38条）

区分 項目	1級基準点測量	2級基準点測量		3級基準点測量	4級基準点測量
		1級トータルステーション，セオドライト	2級トータルステーション，セオドライト		
高度定数の較差	10″	15″	30″	30″	60″

［49ページの解答］

問1　② $M = 150°00′04″$，

$m = \sqrt{\dfrac{180}{5 \times 4}} = \sqrt{9} = \underline{3″}$

問2　② $p_1 : p_2 : p_3 : p_4 = 4 : 6 : 2 : 3$

$M = 80°20′ + \dfrac{4 \times 10″ + 6 \times 15″ + 2 \times 20″ + 3 \times 25″}{4 + 6 + 2 + 3}$

$\quad = \underline{80°20′16″}$

測定値	最確値	残差 v	vv
150°00′07″	150°00′04″	3″	9
149°59′59″		$-5″$	25
149°59′56″		$-8″$	64
150°00′05″		1″	1
150°00′13″		9″	81

$[vv] = 180$

直前突破問題！ ☆

問1
1級基準点測量において，トータルステーションを用いて水平角及び鉛直角を観測し，表1及び表2の結果を得た。観測における倍角差，観測差及び高度定数の較差の組合せとして適当なものはどれか。

表1

目盛	望遠鏡	番号	視準点 名称	視準点 測標	水平角	結果	備考
0°	r	1	303	甲	0°0′20″	0°0′0″	
		2	(2)	甲	316°46′19″	316°45′59″	
	ℓ	2			136°46′26″	316°45′58″	
		1			180°0′28″	0°0′0″	
90°	r	1			270°0′21″	0°0′0″	
		2			226°46′20″	316°45′59″	
	ℓ	2			46°46′13″	316°46′2″	
		1			90°0′11″	0°0′0″	

	倍角差	観測差	高度定数の較差
1.	2″	4″	2″
2.	2″	4″	4″
3.	4″	4″	2″
4.	4″	2″	2″
5.	4″	2″	4″

表2

望遠鏡	視準点 名称	視準点 測標	鉛直角	結果
r	303	甲	91°47′48″	$\alpha =$ $-1°47′46″$
ℓ			268°12′16″	
			360°0′4″	
r	(2)	甲	268°4′20″	$\alpha =$ $-1°55′44″$
ℓ			91°55′48″	
			360°0′8″	

問2
1級基準点測量において，トータルステーションを用いて鉛直角を観測し，表の結果を得た。点A，Bの高低角及び高度定数の較差の組合せとして適当なものはどれか。

	高低角（点A）	高低角（点B）	高度定数の較差
1.	−26°40′34″	−49°24′47″	2″
2.	+26°40′25″	−49°24′47″	2″
3.	+26°40′31″	−49°24′49″	4″
4.	+26°40′34″	+49°24′47″	4″
5.	+26°40′31″	+49°24′50″	0″

望遠鏡	視準点 名称	視準点 測標	鉛直角 観測値
r	A	甲	63°19′27″
ℓ			296°40′35″
ℓ	B	甲	319°24′46″
r			40°35′12″

要点19 高低計算（間接水準測量）

1 高低計算

1. 既知点A（H_A）と新点B（H_B）との関係は，次のとおり。

① 直視（既知点Aから新点Bを視準）の場合

$$H_B = H_A + L\sin\alpha_A + i_A - f_B + K \qquad \cdots\cdots 式（1）$$

② 反視（新点Bから既知点Aを視準）の場合

$$H_B = H_A - L\sin\alpha_B - i_B + f_A - K \qquad \cdots\cdots 式（2）$$

③ 既知点A，新点Bの両方から観測した場合

$$H_B = H_A + L\sin\tfrac{1}{2}(\alpha_A - \alpha_B) + \tfrac{1}{2}(i_A + f_A) - \tfrac{1}{2}(i_B + f_B) \qquad \cdots\cdots 式（3）$$

但し，α_A, i_A, f_A：既知点Aの高低角，器械高，測標高
α_B, i_B, f_B：新点Bの高低角，器械高，測標高
K：両差 $（=(1-k)L^2/2R）$，式（4）
L：測定距離（斜距離）

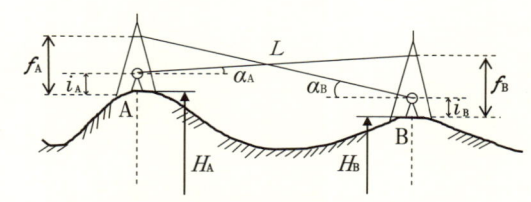

図1　高低計算（間接水準測量）

2 両差

1. **両差** K は，地球の曲率によって生じる**球差**と光の屈折によって生じる**気差**を合せた誤差をいう。地球の半径 R，測定距離 L，屈折率 k とすると，

$$両差 K = \frac{1-k}{2R}L^2, \quad 球差 = \frac{L^2}{2R}, \quad 気差 = -\frac{kL^2}{2R} \qquad \cdots\cdots 式（4）$$

P92 要点38 球差・気差及び両差 参照。

[51ページの解答]

問1　⑤　倍角差と観測差の計算

	目盛0°	目盛90°
倍　角	59″+58″=117″	62″+59″=121″
較　差	59″−58″=　1″	62″−59″=　3″
倍角差	90°と0°の倍角の差 =121″−117″=4″	
観測差	90°と0°の較差の差 =　3″−　1″=2″	

高度定数の較差の計算：視準点303の高度定数は360°0′4″，視準点(2)の高度定数は360°0′8″である。高度定数の較差 =8″−4″= <u>4″</u>

直前突破問題！

問1 図の既知点 A から新点 B の標高を求めた場合，その標高はいくらか。但し，既知点 A からの距離 $L_A = 338.72$ m，新点 B からの距離 $L_B = 338.68$ m とする。

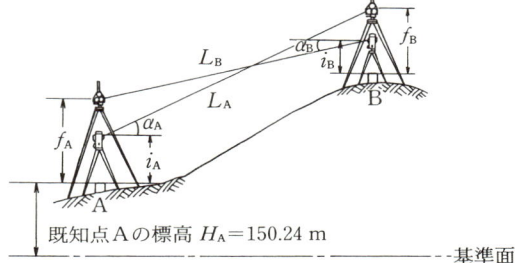

図　鉛直角の観測

1. 252.50m
2. 251.42m
3. 253.60m
4. 252.20m
5. 252.75m

表　観測データ

既知点 A における観測	新点 B における観測
鉛直角 $\alpha_A = +17°30'10''$	鉛直角 $\alpha_B = -17°29'50''$
器械高 $i_A = 1.56$ m	器械高 $i_B = 1.44$ m
測標高 $f_B = 1.42$ m	測標高 $f_A = 1.52$ m

既知点 A の標高 $H_A = 150.24$ m

問2 次の文は，高低計算において考慮すべき球差及び気差について述べたものである。間違っているのはどれか。

1. 求点から既知点へ向かう片方向観測の場合，球差と気差を合わせた量の符号はマイナスとなる。
2. 気差を計算するときに用いる屈折係数は，通常は一定値としている。
3. 両方向の鉛直角観測値を用いることにより，球差及び気差を消去することができる。
4. 測点間の高低差が大きくなるほど，球差は大きくなる。
5. 測点間の距離が長くなるほど，球差は大きくなる。

問2　4　下表より，高度定数の較差は，$2'' - (-2'') = 4''$ となる。

望遠鏡	視準点 名称	測標	鉛直角観測値	高度定数	結果	
			63°19'27''		2Z	126°38'52''
r	A	甲	296°40'35''		Z	63°19'26''
ℓ			360°00'02''	2''	α	26°40'34''
			319°24'46''		2Z	81°10'46''
ℓ	B	甲	40°35'12''		Z	40°35'23''
r			359°59'58''	−2''	α	49°24'37''

要点20 ラジアン単位

1 ラジアン（弧度法）

1. 1つの円において，中心角とそれに対する弧の長さは比例する。半径 R の円周上に，半径 R に等しい弧 $\overset{\frown}{AB}$ を取り，これに対する中心角を ρ（ロー）とすれば，

$$\frac{360°}{2\pi R} = \frac{\rho°}{R} \quad \therefore \quad \rho° = \frac{180°}{\pi} \quad \cdots\cdots 式（1）$$

2. 角 ρ の大きさは，半径に関係なく一定の値となる。ρ を角度の単位に用いたものを**ラジアン単位（弧度法）**という。ラジアン単位を用いれば，角度を長さと長さの比で表すことができる。

$$\left. \begin{array}{l} \rho° = 180°/\pi = 57.295\,8° \\ \rho' = 180°\times 60'/\pi = 3\,437.749\,6' \\ \rho'' = 180°\times 60'\times 60''/\pi = 206\,265'' \fallingdotseq 2''\times 10^5 \end{array} \right\} \quad \cdots\cdots 式（2）$$

図1　ρ の定義

3. 度数法から弧度法への換算は，次のとおり。

$$弧度 = \frac{度数}{\rho}, \quad 度数 = \rho \times 弧度 \quad \cdots\cdots 式（3）$$

4. 半径 R の円において，弧の長さ ℓ に対する中心角 α は，次のとおり。

$$\alpha = \frac{\ell}{R} \quad \ell = \alpha \cdot R \quad \cdots\cdots 式（4）$$

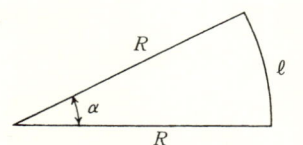

図2　中心角と弧長との関係

これを，度・分・秒の度数法で表せば，

$$\alpha° = \rho° \frac{\ell}{R} \quad \alpha' = \rho' \frac{\ell}{R} \quad \alpha'' = \rho'' \frac{\ell}{R} \quad \cdots\cdots 式（5）$$

[53ページの解答]

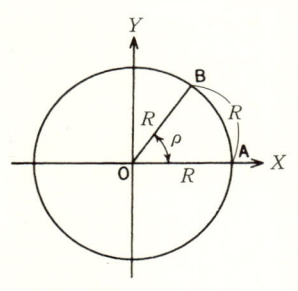

問1　$\boxed{4}$　$H_B = 150.24 + 338.70 \times \sin\frac{1}{2}\{17°\,30'\,10'' - (-17°\,29'\,50'')\}$

$\quad + \frac{1}{2}(1.56 + 1.52) - \frac{1}{2}(1.44 + 1.42) = \underline{252.20\text{m}}$

問2　$\boxed{4}$　球差（$= D^2/2R$）は，高低差に関係しない。

直前突破問題！ ☆☆

問1 セオドライトで図のように測標の心柱をはさんで水平角を観測するとき，心柱の太さは，十字線間隔のおよそ 1/3 が適当とされている。

十字線間隔 40″のセオドライトを使用して 1.5km の距離にある測標を観測する場合，心柱の太さはどのくらいにすればよいか。

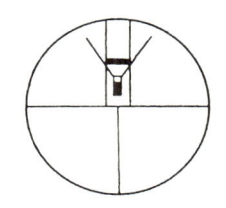

但し，心柱は円柱とし，$\rho'' = 2'' \times 10^5$ とする。

1. 7 cm 　　2. 10cm 　　3. 15cm
4. 12cm 　　5. 8 cm

問2 基準点測量において，既知点 A と新点 B との間の水平距離を求めようとしたが，既知点 A から新点 B への視通が確保できなかったので，新点 B の偏心点 C を設け，図に示す観測を行い，表の結果を得た。

AB 間の水平距離はいくらか。

AC 間の水平距離	$L = 1\,000$m
偏心距離	$e = 100$m
零方向から既知点 A までの水平角	$T = 307°\,0'\,0''$
偏心角	$\varphi = 247°\,0'\,0''$

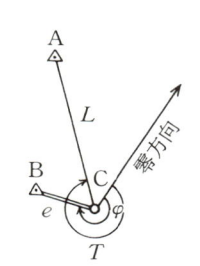

1. 897m 　　2. 915m 　　3. 954m 　　4. 980m 　　5. 995m

突破のポイント

1. **余弦定理**

   ① $a^2 = b^2 + c^2 - 2bc\cos A$

   ② $b^2 = c^2 + a^2 - 2ca\cos B$

   ③ $c^2 = a^2 + b^2 - 2ab\cos C$

2. **正弦定理**

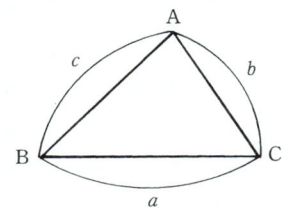

   ① $\dfrac{a}{\sin A} = \dfrac{b}{\sin B} = \dfrac{c}{\sin C}$

   図　余弦・正弦定理

要点21 偏心計算1（観測点の偏心）

1 偏心計算（偏心要素）

1. 観測は，観測点の標石中心C上に測量機器Cを設置して視準点Pを視準するのが原則です。
2. 標石中心上にTS等が据えられない場合，観測点を移動する。標石中心Cを基準として，観測点B，視準方向の**偏心距離** e，**偏心角** φ を測定して，計算により標石中心の値に補正する。
3. 偏心計算は，観測点の偏心計算と視準点の偏心計算に区分する。

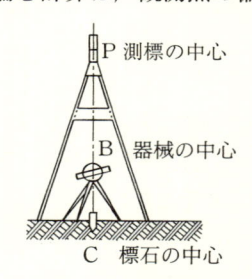

図1 測標の原則

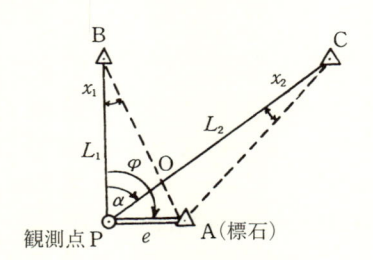

図2 偏心補正計算

2 観測点の偏心計算

1. 図2において，観測点Pは偏心があるので（C≠P），次のように補正する。
   △PABにおいて，正弦定理（P55）から，

   $$\frac{e}{\sin x_1} = \frac{L_1}{\sin \varphi} \text{ より, } \sin x_1 = \frac{e}{L}\sin\varphi, \therefore x_1 = \frac{e}{L_1}\sin\varphi \cdot \rho \quad \cdots\cdots 式（1）$$

   x_1 が微小のとき，$\sin x_1 \fallingdotseq x_1$，$\rho = 2'' \times 10^5$（ラジアン）

   同様に，△PACにおいて

   $$x_2 = \frac{e}{L_2}\sin(\varphi - \alpha) \cdot \rho \quad \cdots\cdots 式（2）$$

   △POB及び△AOCにおいて

   $x_1 + \alpha + \angle POB = x_2 + \angle BAC + \angle AOC = 180°, \angle POB = \angle AOC$ より
   $x_1 + \alpha = x_2 + \angle BAC$

   $\therefore \angle BAC = \alpha + x_1 - x_2 \quad \cdots\cdots 式（3）$

[55ページの解答]

問1 ② 十字線間隔 $40''$ のセオドライトが1.5km先をはさむ弧長 ℓ は，

$$\alpha = \rho'' \frac{\ell}{L}, \ell = \frac{\alpha L}{\rho''} = \frac{40'' \times 1\,500\text{m}}{200\,000''}$$

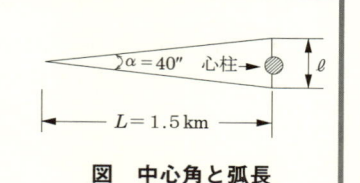

図 中心角と弧長

直前突破問題！　☆☆

問1　図の既知点 A において既知点 B を基準方向として新点 C 方向の水平角 T を観測しようとしたところ，既知点 A から既知点 B への視通が確保できなかったため，既知点 A に偏心点 P を設けて観測を行い，表の観測結果を得た。既知点 B 方向と新点 C 方向の間の水平角 T はいくらか。

但し，既知点 A，B 間の基準面上の距離は 2 000.00m，$\sin^{-1}(0.000\,59) ≒ 0.033\,8°$，$\sin^{-1}(0.001\,11) ≒ 0.063\,6°$，$\tan^{-1}(0.001\,11) ≒ 0.063\,6°$ とする。

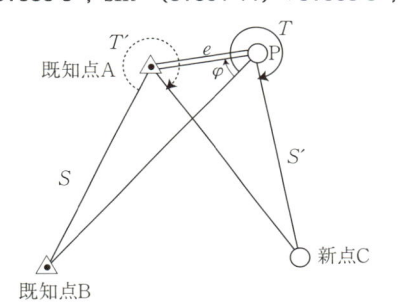

観測結果	
S'	1 800.00 m
e	2.00 m
T	300° 00′ 00″
φ	36° 00′ 00″

1．299° 54′ 09″　　2．299° 58′ 13″　　3．300° 00′ 00″
4．300° 01′ 47″　　5．300° 05′ 51″

問2　図に示す観測を行い，表の結果を得た。∠BAC の値はいくらか。
但し，偏心計算においては BP＝BA，CP＝CA，$\rho'' = 2'' \times 10^5$ とする。

1．59° 59′ 50″
2．60° 0′ 5″
3．60° 0′ 10″
4．60° 0′ 15″
5．60° 0′ 25″

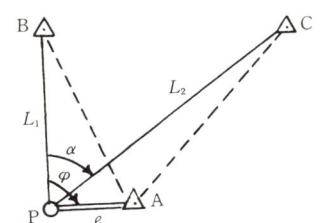

φ	90° 0′
e	0.15m
α	60° 0′ 0″
L_1	1 500.00m
L_2	3 000.00m

問2

∴　$\ell = 0.3\text{m} = 30\text{cm}$

心柱は，弧長 ℓ の 1/3 であるから，

心柱の太さ ＝ $\ell/3 = 30/3 = \underline{10\text{cm}}$

[3]　$\alpha = T - \varphi = 307° 0′ 0″ - 247° 0′ 0″ = 60°$

$L_{AB} = \sqrt{L^2 + e^2 - 2Le\cos\alpha}$
　　　 $= \sqrt{1\,000^2 + 100^2 - 2 \times 1\,000 \times 100 \times \cos 60°}$
　　　 $= \sqrt{91 \times 10^4} ≒ \underline{954\text{m}}$

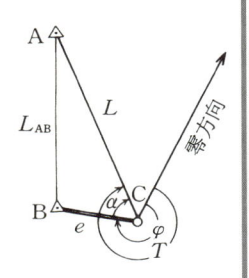

図　水平距離

要点22 偏心計算2（視準点の偏心）

1 視準点の偏心計算

1. 基準点 C に TS 等を据えたとき、目標の新点 B が視準できない場合（P≠C）、B 点の偏心点 B′ を視準し、偏心距離 e、偏心角 φ 及び距離 L'（＝CB′）を測定する。補正角 x は、次のとおり。

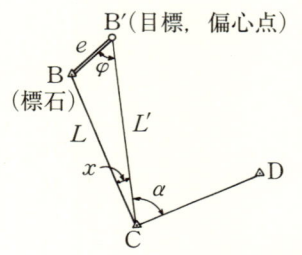

$$x = \frac{e}{L}\sin\varphi \cdot \rho \qquad \cdots\cdots 式（1）$$

図1 視準点の偏心補正計算

(注) $\dfrac{e}{L}$ 又は $\dfrac{e}{L'} < \dfrac{1}{450}$ のとき、BC＝B′C とする。

2. TS 等で B′C の距離 L' を求めた場合、正しい BC の距離は余弦定理（P55）より次のとおり。

$$\begin{aligned}
L^2 &= (L' - e\cos\varphi)^2 + (e\sin\varphi)^2 \\
&= L'^2 - 2L'e\cos\varphi + e^2(\cos^2\varphi + \sin^2\varphi) \\
&= L'^2 + e^2 - 2L'e\cos\varphi \\
\therefore\ L &= \sqrt{L'^2 + e^2 - 2L'e\cos\varphi}
\end{aligned} \qquad \cdots\cdots 式（2）$$

[57ページの解答]

問1 ② $\sin\angle ACP = 2 \times \sin 36°/1\,800 = 0.001\,1\text{m}$、$\angle ACP = \sin^{-1} 0.001\,1 = 3'\,49''$
同様に $\angle ABP = 2'\,02''$。$\angle BPC + \angle ACP = \angle BAC + \angle ABP$ より
水平角 $T' = 360° - \angle BAC$
$\qquad = 360° - (\angle BPC + \angle ACP - \angle ABP) = \underline{299°\,58'\,13''}$

問2 ④ $\angle PBA = \dfrac{e}{L_1}\sin\varphi \cdot \rho = \dfrac{0.15}{1\,500} \times \sin 90° \times 2'' \times 10 = 20''$

$\angle PCA = \dfrac{e}{L_2}\sin(\varphi - \alpha) \cdot \rho = \dfrac{0.15}{3\,000} \times \sin(90° - 60°) \times 2'' \times 10^5 = 5''$

$\angle BAC = \alpha + \angle PBA - \angle PCA = 60°\,0'\,0'' + 20'' - 5'' = \underline{60°\,0'\,15''}$

直前突破問題！ ☆☆

問1 既知点 B において，既知点 A を基準に水平角を測定し新点 C の方向角を求めようとしたが，B から A への視通ができないため，A 点に偏心点 P を設け，表の結果を得た。

点 A と新点 C の間の水平角はいくらか。

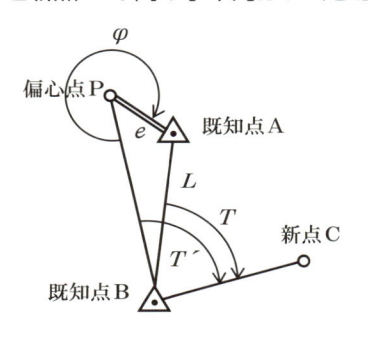

表

既知点 A	既知点 B
$\varphi = 330°\ 00'\ 00''$	$T' = 83°\ 20'\ 30''$
$e = 9.00$ m	
$L = 1\ 000.00$ m	

1. $82°\ 50'\ 15''$
2. $82°\ 50'\ 30''$
3. $83°\ 05'\ 15''$
4. $83°\ 05'\ 30''$
5. $83°\ 20'\ 15''$

問2 既知点 A と新点 B の距離を測定しようとしたが，既知点 A から新点 B への視通ができないため，新点 B の偏心点 C を設け，表の観測結果を得た。

点 A，B 間の距離はいくらか。

表

観測結果	
L'	900 m
e	100 m
T	$314°\ 00'\ 00''$
φ	$254°\ 00'\ 00''$

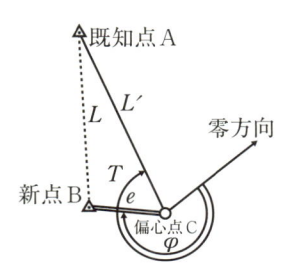

1. 815 m
2. 834 m
3. 854 m
4. 880 m
5. 954 m

第2章 多角測量（GNSS 測量を含む）

要点23 結合トラバース（単路線方式）

1 単路線方式（結合トラバース）

1. 多角測量において，複数の路線で構成される**結合多角方式**に対し，路線の中にどこにも交点を持たないものを**単路線方式**（結合トラバース）という。
2. 単路線方式では，両端の既知点 A，B の座標値 (X_A, Y_A), (X_B, Y_B) と既知辺 AC，BD の方向角 T_A，T_B が基準点成果表により与えられている。

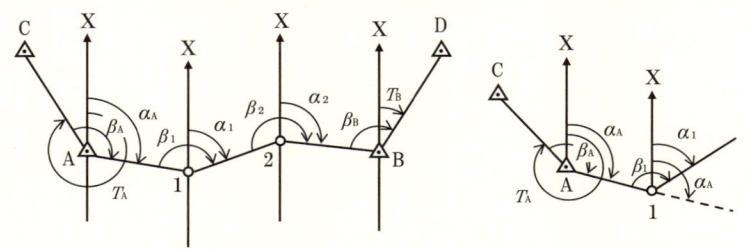

図1　方向角の計算　　　図2　交角と方向角

3. 図1，2において，交角 $\beta_A, \beta_1, \cdots\cdots\beta_n$（測角数 n），方向角 $\alpha_A, \alpha_1, \cdots\cdots\alpha_n$ とすれば，閉合差 $\Delta\beta$ 及び方向角は，

    閉合差 $\Delta\beta = (T_A - T_B + \Sigma\beta) - 180°(n+1)$ ……式（1）

    但し，$\Sigma\beta = \beta_A + \beta_1 + \cdots\cdots + \beta_n$

    方向角 $\alpha_A = T_A + \beta_A - 360°$ （T_A は成果表より）
    $\alpha_1 = \alpha_A + \beta_1 - 180°$ }……式（2）

4. 新点 1，2……の座標は，$\overline{A1}$，$\overline{12}$ の測線長を $\ell_1, \ell_2 \cdots\cdots$ とすれば，

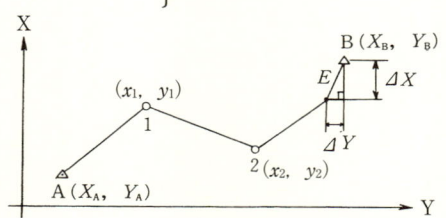

    $x_1 = X_A + \ell_1 \cos\alpha_A$
    $y_1 = Y_A + \ell_1 \sin\alpha_A$ }……式（3）

    図3　座標計算（閉合誤差）

5. 各測線の X 軸の成分を**緯距** L，Y 成分を**経距** D とすれば，

    緯距の誤差 $\Delta X = (X_A + \Sigma X) - X_B$
    経距の誤差 $\Delta Y = (Y_A + \Sigma Y) - Y_B$
    閉合誤差 $E = \sqrt{(\Delta X)^2 + (\Delta Y)^2}$
    閉合比 $R = \dfrac{E}{\Sigma\ell}$ }……式（4）

[59ページの解答]

問1　④ $x = \angle PBA$, $\angle APB = 360° - \varphi = 30°$, $\angle ABC = T$, $T = T' - x$
$x = 9/1\,000 \cdot \sin 30° \cdot 2'' \times 10^5 = 900'' = 15'$, $T = 83°20'30'' - 15' = \underline{83°5'30''}$

直前突破問題！ ☆☆

問1 図の三角点 A～B 間の結合トラバースを行い，次の観測値を得た。観測方向角の閉合差はいくらか。

$\beta_1 = 80°20'32''$
$\beta_2 = 260°55'18''$
$\beta_3 = 91°34'20''$
$\beta_4 = 260°45'44''$
$\beta_5 = 110°5'42''$

既知点間の方向角
$T_A = 330°14'20''$
$T_B = 53°56'28''$

1. $-16''$ 2. $-20''$ 3. $-24''$ 4. $-28''$ 5. $-32''$

問2 図に示す多角測量を実施し，表の狭角の観測値を得た。新点(3)における既知点 B の方向角はいくらか。

但し，既知点 A における既知点 C の方向角 T_A は 210°02′10″とする。

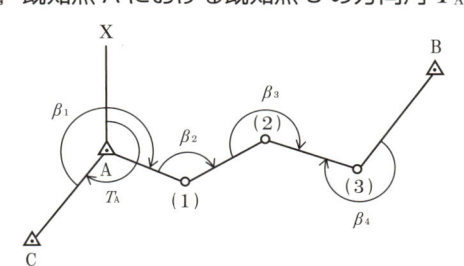

狭角	観測値
β_1	275°59′31″
β_2	116°15′23″
β_3	219°58′57″
β_4	248°33′11″

1. 33°39′35″   2. 33°40′40″   3. 33°41′45″
4. 33°42′50″   5. 33°43′55″

突破のポイント
- **路線**とは，既知点から交点，交点から次の交点，交点から既知点間の辺を順番に繋ぐ測線をいう。**交点**は，路線と路線が結合する点で，交点からは辺が3辺以上出ている。**節点**は視通がとれない場合の経由点をいう。
- 閉合差 $\Delta\beta = T_A - T_B + \Sigma\beta - 180°(n-1)$ 及び方向角 $\alpha_A = T_A + \beta_A \pm 360°$ の公式は，覚えておく必要がある。

問2 ③ $L^2 = 900^2 + 100^2 - 2 \times 900 \times 100 \times \cos(314° - 254°) = 730\,000$
$L = 100\sqrt{73} = \underline{854.4\text{m}}$ （$\sqrt{73}$ は巻末 P227 の関数表より）

要点24 GNSS測量（汎地球航法衛星システム）

1 GNSS測量の概要

1. **GNSS測量**は，人工衛星からの信号を用いて位置を決定する衛星測位システムの総称で，GPS，GLONASS（グロナス），Galileo（ガリレオ）及び準天頂衛星等の衛星測位システムである。

2. 準則（第35条）により，GNSS測量では，GPS及びGLONASSが適用される。**GNSS測量機**とは，従来のGPS測量機又はGPS及びGLONASS対応の測量機をいう。

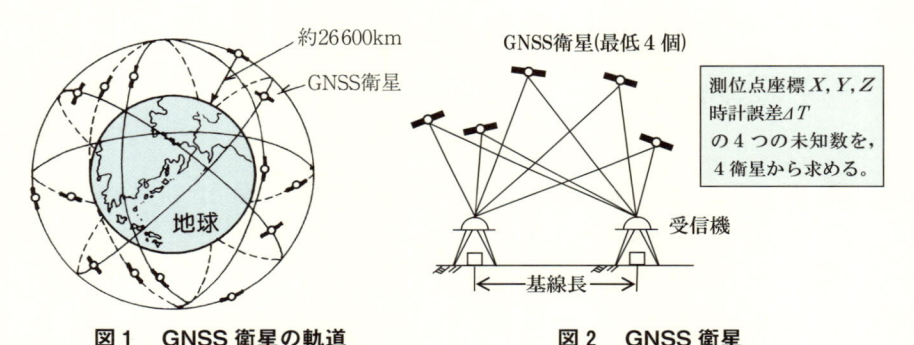

図1　GNSS衛星の軌道（約26 600km，GNSS衛星，地球）

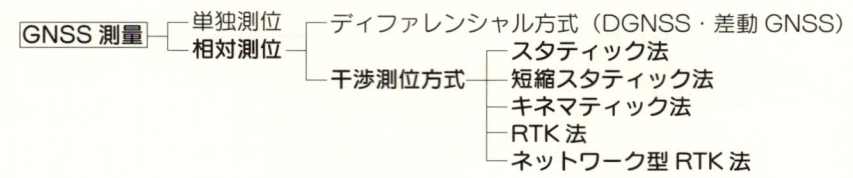

図2　GNSS衛星（GNSS衛星（最低4個），受信機，基線長）

測位点座標 X, Y, Z
時計誤差 ΔT
の4つの未知数を，
4衛星から求める。

2 相対測位（干渉測位方式）

1. GNSS測量は，2地点以上の観測点の相対関係を求める干渉測位方式で行う。干渉測位方式には，**整数値バイアス**（搬送波の波の数）の確定方法により，**静的測位方式**（スタティック法）と**動的測位方式**（キネマティック法，RTK法等）に分類される。

表1　GNSS測量の測位法

- GNSS測量
  - 単独測位
  - 相対測位
    - ディファレンシャル方式（DGNSS・差動GNSS）
    - 干渉測位方式
      - スタティック法
      - 短縮スタティック法
      - キネマティック法
      - RTK法
      - ネットワーク型RTK法

[61ページの解答]

問1　⑤　$\Sigma\beta = 803°41'36''$，$n = 5$
閉合差 $\Delta\beta = (330°14'20'' - 53°56'28'' + 803°41'36'') - 1080° = \underline{-32''}$

問2　④　$\Sigma\beta = 723°38'40''$　$T_A = 210°02'10''$，$n = 4$，$\Delta\beta = 0$ とすると，
$T_{(3)} = T_A + \Sigma\beta - 180°(n+1) = 210°02'10'' + 723°38'40'' - 900° = \underline{33°40'50''}$

直前突破問題！ ☆

問1 次の文は，GNSS測量について述べたものである。 ア ～ キ に下記の用語を入れて正しい文章にしたい。
適切な用語の組合せはどれか。

a．GNSSによる位置決定（測位）には，1点だけの観測で測点の位置を求める ア と，2点以上で同時観測を行って測点の位置を求める イ の方法がある。主として前者は航法分野に，後者は測量分野に適している。

b．測量分野において用いられる後者の方法には，複数の測点に受信機を固定して同時に観測を行う ウ と，1台の受信機を基準となる測点に固定したまま連続観測しながら，他の受信機を測量する測点に移動させて，順次，観測を行う エ の測量方法がある。いずれの測量方法においても，観測値から得られるものは， オ 楕円体に準拠した測点間の カ であるので，平面直角座標系に準拠した位置（水平位置と標高）を求めるためには，楕円体の変換と キ の補正が必要である。

- A．GRS-80
- B．2周波数観測
- C．単独測位
- D．静的測位（スタティック測位）
- E．軌道情報
- F．1周波数観測
- G．基線ベクトル（距離と方向）
- H．WGS-84
- I．ジオイド高
- J．相対測位
- K．電離層の影響
- L．動的測位（キネマティック測位）

	ア	イ	ウ	エ	オ	カ	キ
1．	F	B	L	D	H	E	I
2．	D	F	C	J	H	E	I
3．	C	J	D	L	H	G	I
4．	C	D	J	B	A	I	K
5．	J	C	B	F	A	I	K

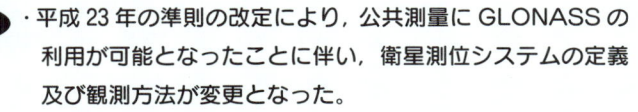

突破のポイント 
・平成23年の準則の改定により，公共測量にGLONASSの利用が可能となったことに伴い，衛星測位システムの定義及び観測方法が変更となった。
・GPSの名称がGNSSに変更され，GPSに係る一連の用語と名称が変更されているので注意する。

第2章　多角測量（GNSS測量を含む）

要点25 干渉測位方式（相対測位）

1 干渉測位方式

1．干渉測位方式は，2台以上の受信機を用いて情報信号を乗せた**搬送波**の位置情報により相対関係（**基線ベクトル**）を求めるもので，固定局（既知点）と移動点（未知点）に受信機を置き，同時にGNSS衛星を観測する。移動点の座標は，固定点の座標に基線ベクトルを加えて求める。

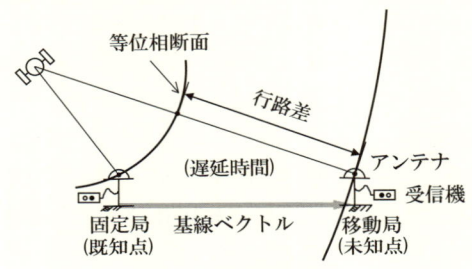

図1　干渉測位の方法

2 干渉測位方式の種類

1．**スタティック法**（静的測位）は，観測時間中，受信機をそれぞれの観測点に固定して連続的にデータを取得し，各測点間の基線ベクトルを求める方法で，必要な観測時間は1〜3時間程度となる。**短縮スタティック法**は，衛星数を増し，観測時間を20分程度に短縮したものをいう。

2．**キネマティック法**（動的測位）は，1台の受信機を基準となる観測点（固定局）に固定しておき，もう1台の受信機を複数の観測点（移動局）に移動しながら，初期化の後，固定点と観測点の相対位置を求める。

3．**RTK（リアルタイムキネマティック）法**は，基線解析を瞬時に行うため固定局側で衛星からの受信情報を無線機で移動局に送り，移動局の衛星からの観測データと合せて基線ベクトルを求める。

4．**ネットワーク型RTK法**は，3点以上の電子基準点からのリアルタイムデータ（データ配信事業者）を利用し，仮想上の基準点を設けて基線ベクトルを求める。

[63ページの解答]

問1　③　A．GRS-80（P16参照）。B．**2周波数観測**は，1級GNSS測量機で用いるL1帯とL2帯の2周波で受信する方法。C．単独測位は車や船舶のナビゲーション用。D．静的測位（スタティック法）は1級基準点測量に用いられる。E．軌道情報は，GNSS衛星の位置情報。F．1周波観測は2級GNSS測量機で，L1帯のみを受信する方法。H．WGS-84はGPS用の世界測地系。I．ジオイド（P70参照）。K．電離層の影響（P70参照）。

直前突破問題！ ☆☆

問1 次の文は，GNSS測量について述べたものである。ア～オに入る語句の組合せとして適当なものはどれか。

a．GNSSとは，人工衛星からの信号を用いて位置を決定する　ア　システムの総称である。
b．1級基準点測量において，GNSS観測は，　イ　で行う。スタティック法による観測距離が10km未満の観測において，GPS衛星のみを使用する場合は，同時に　ウ　の受信データを使用して基線解析を行う。
c．1級基準点測量において，近傍に既知点がない場合は，既知点を　エ　のみとすることができる。
d．1級基準点測量においては，原則として，　オ　により行う。

	ア	イ	ウ	エ	オ
1．	衛星測位	干渉測位方式	4衛星以上	電子基準点	結合多角方式
2．	衛星測位	干渉測位方式	4衛星以上	公共基準点	結合多角方式
3．	GNSS連続観測	単独測位方式	4衛星以上	電子基準点	単路線方式
4．	GNSS連続観測	干渉測位方式	3衛星以上	公共基準点	単路線方式
5．	衛星測位	単独測位方式	3衛星以上	電子基準点	単路線方式

問2 次の文は，GNSS測量機を用いた1級及び2級基準点測量の作業内容について述べたものである。間違っているものはどれか。

1．作業計画の工程において，後続作業における利便性などを考慮して地形図上で新点の概略位置を決定し，平均計画図を作成した。
2．選点の工程において，現地に赴き新点を設置する予定位置の上空視界の状況確認などを行い，測量標の設置許可を得た上で新点の設置位置を確定し，選点図を作成した。さらに選点図に基づき，新点の精度などを考慮して平均図を作成した。
3．平均図に基づき，効率的な観測を行うための観測計画を立案し，観測図を作成した。観測図の作成においては，異なるセッションにおける観測値を用いて環閉合差や重複辺の較差による点検が行えるように考慮した。
4．観測準備中に，GNSS測量機のバッテリー不良が判明したため，自動車を観測点の近傍に駐車させ，自動車から電源を確保して観測を行った。
5．観測後に点検計算を行ったところ，環閉合差について許容範囲を超過したため，再測を行った。

要点26 整数値バイアスの確定と干渉測位方式

1 整数値バイアス

1．干渉測位方式では，搬送波の波長（約20cm）を基準にして測位する。基線ベクトルは，1サイクルの波の数（**整数値バイアス**）N と1波以内の端数 ϕ の $(N+\phi)$ で求める。干渉測位で測定するのは ϕ であり，整数値バイアスは不確定である。この整数値バイアスを確定するため初期化を行う。

2 整数値バイアスの確定と干渉測位方式

1．整数値バイアスの確定方法により，スタティック測位法（短縮スタティック法），キネマティック法，RTK法，ネットワーク型RTK法の観測方法に分類される。

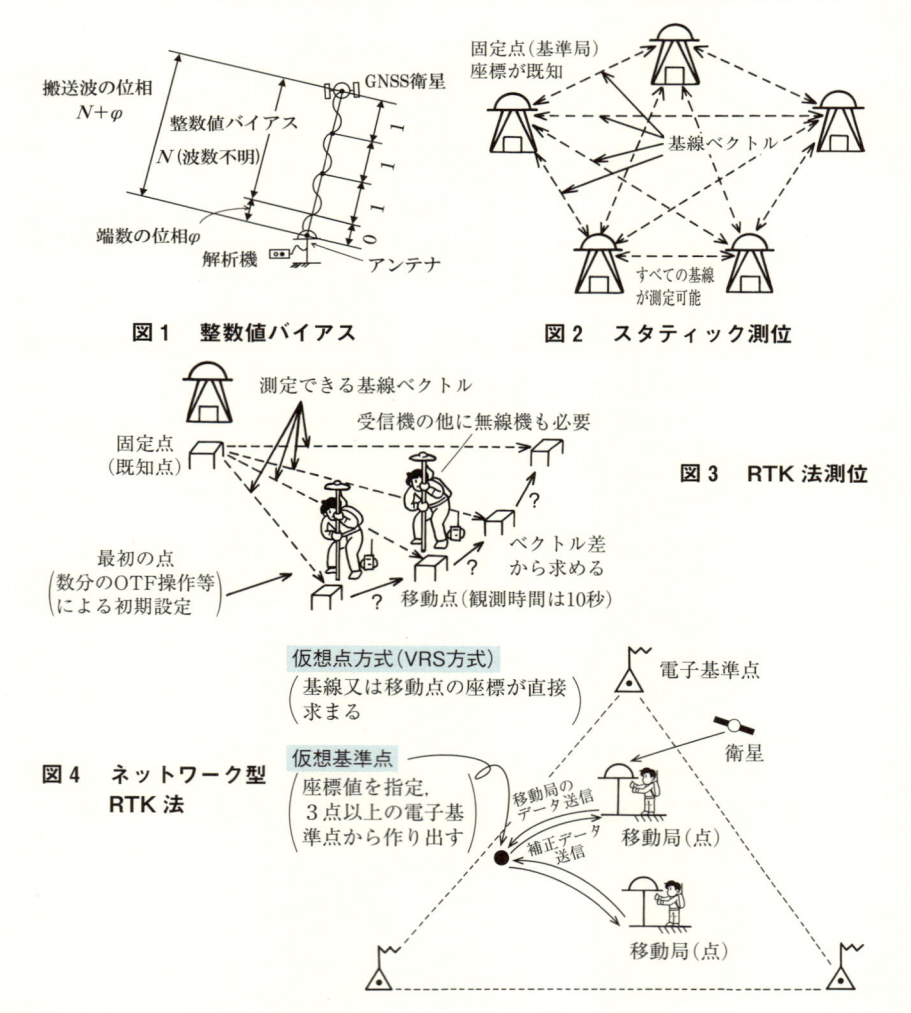

図1　整数値バイアス

図2　スタティック測位

図3　RTK法測位

図4　ネットワーク型RTK法

直前突破問題！

問1 次の文は，スタティック法による GNSS 測量について述べたものである。間違っているものはどれか。
1. GNSS 測量では，通常，気温や気圧の気象観測は行わない。
2. GNSS 測量では，短距離基線の観測には1周波 GNSS 受信機を通常使用する。
3. GNSS 測量の基線解析を実施するために，衛星の軌道情報は必要がない。
4. GNSS 測量において GPS 衛星のみを使用する観測では，複数の観測点において GPS 衛星を同時に4個以上使用することができれば，基線解析を行うことができる。
5. GNSS 測量の基線解析で用いられる観測点の高さは，楕円体高である。

問2 次の文は，GNSS（汎地球航法衛星システム）を用いた測量について述べたものである。間違っているものはどれか。
1. 単独測位によって求められた位置は，地球重心系（WGS-84）に準拠しているので，日本測地系に準拠した位置を求めるためには，楕円体の変換が必要である。
2. 静的測位（スタティック測位）とは，複数の測点に受信機を固定して同時に観測を行う方式である。
3. GNSS 測量では，受信点間の視通がなくても，直線基線ベクトル（距離と方向）を求めることができる。
4. GNSS 測量により求められた楕円体上の高さは，水準測量によって求められた標高と一致する。
5. 長距離の基線を観測する場合は，電離層の影響を補正する必要がある。

> **突破のポイント**
> ・干渉測位は，行路差を測定し基線ベクトルを求める方法であり，整数値バイアス（波長の整数倍の分からない波長数）の確定と干渉測位方式の種類の特徴をまとめておくこと。
> ・ネットワーク型 RTK 法では，TS 点の設置，地形・地物の測定は，間接観測法又は単点観測法により行う。

［65 ページの解答］

問1 ① 1・2級基準点測量は，原則として結合多角方式により行う。1級基準点測量では，既知点を電子基準点のみとすることができる。

問2 ④ 自動車の雑音電波は，マルチパス（多重反射）の原因となる。

第2章 多角測量（GNSS 測量を含む）

要点27 GNSS観測方法と使用衛星数

1 GNSS観測方法，使用衛星数

表1　GNSS測量機を用いる観測方法（準則第37条）

観測方法	観測時間	データ取得間隔	摘要
スタティック法	120分以上	30秒以下	1級基準点測量（10km以上[注1]）
スタティック法	60分以上	30秒以下	1級基準点測量（10km未満） 2～4級基準点測量
短縮スタティック法	20分以上	15秒以下	3～4級基準点測量
キネマティック法	10秒以上[注2]	5秒以下	3～4級基準点測量
RTK法	10秒以上[注3]	1秒	3～4級基準点測量
ネットワーク型RTK法	10秒以上[注3]	1秒	3～4級基準点測量
備考	注1　観測距離が10km以上の場合は，1級GNSS測量機により2周波による観測を行う。但し，節点を設けて観測距離を10km未満にすることで，2級GNSS測量機により観測を行うこともできる。 注2　10エポック（データ間隔）以上のデータが取得できる時間とする。 注3　FIX解（基線解析で得られた結果，整数値）を得てから10エポック以上のデータが取得できる時間とする。			

表2　観測方法による使用衛星数（準則第37条）

観測方法 GNSS衛星の組合せ	スタティック法	短縮スタティック法 キネマティック法 RTK法 ネットワーク型RTK法
GPS衛星のみ	4衛星以上	5衛星以上
GPS衛星及びGLONASS衛星	5衛星以上	6衛星以上
摘要	①GLONASS衛星を用いて観測する場合は，GPS衛星及びGLONASS衛星を，それぞれ2衛星以上を用いること。 ②公共測量においてGLONASS衛星を用いたGNSS観測をする場合，異なる測量機器メーカーのGNSS測量機による観測も可能。 ③スタティック法による10km以上の観測では，GPS衛星のみを用いて観測する場合は5衛星以上とし，GPS衛星及びGLONASS衛星を用いて観測する場合は6衛星以上とする。	

［67ページの解答］

問1　③ **軌道情報**は，GNSS衛星のある時刻における3次元直交座標での位置情報であり，この情報に基づき基線ベクトルを求めるため**必要である**。なお，(1)基線解析プログラムに組み込まれている**標準大気モデル**を用い，大気観測は行わない。

問2　④ GNSS測量により求められた楕円体上の高さは，水準測量によって求められた標高とは一致しない。高さの定義が異なる。

直前突破問題！ ☆☆

問1 次の文は，GNSS測量機を用いた基準点測量について述べたものである。間違っているものはどれか。

1. 短縮スタティック法による基線解析では，PCV補正を行う必要はない。
2. スタティック法において観測距離が10kmを超える場合には，節点を設けるか，2周波を受信することができるGNSS測量機を用いて観測を行う。
3. GNSS衛星が片寄った配置となる観測を避けるため，観測前にGNSS衛星の飛来情報を確認する。
4. 電子基準点を既知点として使用する場合は，電子基準点の稼働状況を事前に確認する。
5. レーダーや通信局などの電波発信源が有る施設の近傍での観測は避ける。

問2 次の文は，GNSS測量機を用いた基準点測量について述べたものである。間違っているものはどれか。

1. 複数のGNSS測量機を用いて同時に観測を行う場合は，必ず同一機種のものを使用し，アンテナ高を統一する。
2. 観測距離が10km以上の場合は，1級GNSS測量機により2周波による観測を行う。但し，節点を設けて観測距離を10km未満にすることで，2級GNSS測量機による観測を行うこともできる。
3. GNSS測量機を用いる場合，既知点からの視通はなくても位置を求めることができる。
4. GNSSアンテナは，特定の方向に向けて整置する。
5. 観測中は，GNSSアンテナの近くでの電波に影響を及ぼす機器の使用は避ける。

第2章　多角測量（GNSS測量を含む）

突破のポイント
- 表1，2の観測方法と観測時間・データ取得時間・摘要及び使用衛星の組合せについて覚えておくこと。
- 表1，2の備考欄からも出題される。エポック，FIX解などの用語を巻末の用語から整理しておくこと。

要点28 GNSS測量の誤差要因及び楕円体高

1 GNSS測量の誤差要因

1. GNSS測量は，電波の到達時間の相対差から基線ベクトルを求める。電離層の中では，電波の速度が変わり行路差測定に影響する。気温・気圧・湿度等も影響するので標準大気モデルを使用する。
2. **電離層の影響による電波の遅延**：地上200km以上の電離層において電波の遅延が生じる。観測距離が10km以上の場合は2周波による観測で行う。
3. **対流圏における電波の遅延**：気温・気圧・湿度などの気象を測定するのは困難のため，標準的な値（**標準大気モデル**）によって補正する。
4. **GNSS衛星の位置情報精度**：衛星の軌道情報自体の誤差による基線ベクトルの精度誤差がある。衛星の位置を示す軌道情報は，衛星から送信される放送暦により求める。

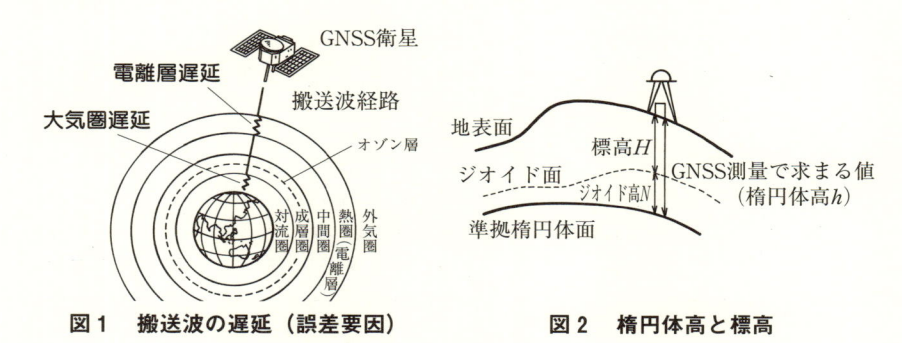

図1　搬送波の遅延（誤差要因）

図2　楕円体高と標高

2 GNSS測量の高さ

1. GNSS測量で得られる高さは，GRS80楕円体表面からの**楕円体高 h** である。測量成果は，ジオイドからの高さ**標高 H** で表すから，楕円体高と標高との差，**ジオイド高 N** を用いて補正する。ジオイド高 N = 楕円体高 h − 標高 H。
2. GNSS測量で用いる準拠楕円体は，WGS-84楕円体である。世界測地系（ITRF94座標系）と定義が同じで，その値に差異はない。

[69ページの解答]

問1　① アンテナの位相中心は，電波の高度角によって変化し，高さの誤差となる。スタティック法及び短縮スタティック法では，PCV（受信中心位置の変化）補正を行う。

問2　① 異機種の組合せは可能である。機種によってアンテナのPCVが異なるためPCV補正表を使って，PCV補正をする。

直前突破問題！ ☆☆

問1 次の文は，GNSS 測量機を用いた測量の誤差について述べたものである。 ア ～ エ に入る語句の組合せとして適当なものはどれか。

a．GNSS 測量機を用いた測量における主要な誤差要因には，GNSS 衛星位置や時計などの誤差に加え，GNSS 衛星から観測点までに電波が伝搬する過程で生ずる誤差がある。

そのうち， ア は周波数に依存するため，2 周波の観測により軽減することができるが， イ は周波数に依存せず，2 周波の観測により軽減することができないため，基線解析ソフトウェアで採用している標準値を用いて近似的に補正が行われる。 ウ 法では，このような誤差に対し，基準局の観測データから作られる補正量などを取得し，解析処理を行うことで，その軽減が図られている。

b．ただし，GNSS 衛星から直接到達する電波以外に電波が構造物などに当たって反射したものが受信される現象である エ による誤差は， ウ 法によっても補正できないので，選点に当たっては，周辺に構造物が無い場所を選ぶなどの注意が必要である。

	ア	イ	ウ	エ
1．	電離層遅延誤差	対流圏遅延誤差	ネットワーク型 RTK 法	マルチパス
2．	電離層遅延誤差	対流圏遅延誤差	ネットワーク型 RTK 法	サイクルスリップ
3．	電離層遅延誤差	対流圏遅延誤差	短縮スタティック	マルチパス
4．	対流圏遅延誤差	電離層遅延誤差	キネマティック	サイクルスリップ
5．	対流圏遅延誤差	電離層遅延誤差	キネマティック	マルチパス

問2 次の文は，GNSS 測量について述べたものである。間違っているものはどれか。

1．観測点の近くに強い電波を発する物体があると，電波障害を起こし，観測精度が低下することがある。
2．電子基準点を既知点として使用する場合は，事前に電子基準点の稼働状況を確認する。
3．観測時において，すべての観測点のアンテナ高を統一する必要はない。
4．観測点では，気温や気圧の気象測定は実施しなくてもよい。
5．上空視界が十分に確保できている場合は，基線解析を実施する際にGNSS 衛星の軌道情報は必要ではない。

要点29 座標計算

① 平面座標の計算

1. 平面直角座標を計算するためには，座標平面上の距離が必要になる。基準面上の球面距離 S を平面距離 s に変換するには縮尺係数 (s/S) を用いる。
2. 測線 AB の方向角 t_0，A，B の座標 (x_0, y_0)，(x_1, y_1) は，次のとおり。

$$\left.\begin{array}{l} x_1 = x_0 + S\cos t_0 \\ y_1 = y_0 + S\sin t_0 \end{array}\right\} \quad \cdots\cdots 式（1）$$

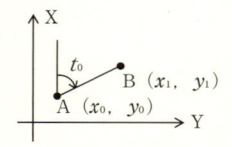

図1 座標値

② 基線ベクトルの計算

1. **基線ベクトル**とは，空間における2点間の直線（方向と長さ）をいう。地心直交座標上の3点 $\vec{A}$ (X_A, Y_A, Z_A)，$\vec{B}$ (X_B, Y_B, Z_B)，$\vec{C}$ (X_C, Y_C, Z_C) とすると，2点 $\overrightarrow{AB}$ の基線ベクトル差 $(\varDelta X, \varDelta Y, \varDelta Z)$ は，次のとおり。

$$\overrightarrow{AB} = \begin{vmatrix} \varDelta X \\ \varDelta Y \\ \varDelta Z \end{vmatrix} = \begin{vmatrix} \varDelta X_B \\ \varDelta Y_B \\ \varDelta Z_B \end{vmatrix} - \begin{vmatrix} \varDelta X_A \\ \varDelta Y_A \\ \varDelta Z_A \end{vmatrix} \quad \cdots\cdots 式（2）$$

基線ベクトルの大きさ $|\overrightarrow{AB}| = \sqrt{\varDelta X^2 + \varDelta Y^2 + \varDelta Z^2}$ ……式（3）

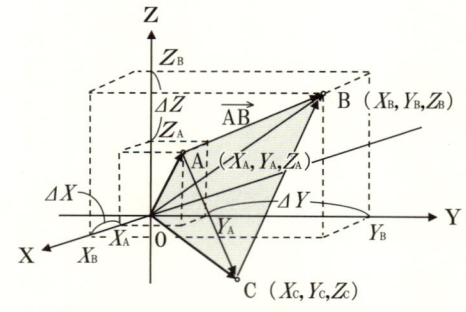

図2 基準点測量の原理（ベクトル）

2. GNSS 測量では，地心3次元直交座標が得られ，この値を経緯度・楕円体高の計算を経て，平面直角座標と標高へ変換する。

[71ページの解答]

問1　① 電離層遅延誤差は2周波観測で，対流圏遅延誤差は標準大気モデルで，ネットワーク型 RTK 法は既知点の成果と解析成果で補正する。

問2　⑤ GNSS 衛星の軌道情報は必要である。

直前突破問題！ ☆☆

第2章 多角測量（GNSS測量を含む）

問1 平面直角座標系において，点Pは既知点Aから方向角が240°00′00″，平面距離が200.00mの位置にある。

既知点Aの座標値を，$X=+500.00$m，$Y=+100.00$mとする場合，点PのX座標及びY座標の値はいくらか。

	X座標	Y座標
1.	$X=+326.79$m	$Y=-173.21$m
2.	$X=+326.79$m	$Y=\ \ \ \ 0.00$m
3.	$X=+400.00$m	$Y=-173.21$m
4.	$X=+400.00$m	$Y=-\ 73.21$m
5.	$X=+400.00$m	$Y=+273.21$m

問2 GNSS測量機を用いた基準点測量を行い，基線解析により基準点Aから基準点B，基準点Aから基準点Cまでの基線ベクトルを得た。表は，地心直交座標系におけるX軸，Y軸，Z軸方向について，それぞれの基線ベクトル成分（ΔX, ΔY, ΔZ）を示したものである。

基準点Bから基準点Cまでの斜距離はいくらか。

1. 608.276m
2. 754.983m
3. 877.496m
4. 984.886m
5. 1 225.480m

表

区間	基線ベクトル成分		
	ΔX	ΔY	ΔZ
A→B	+500.000m	-200.000m	+300.000m
A→C	+100.000m	+300.000m	-300.000m

突破のポイント
- 図2において，座標A，B，Cの三角形のベクトルは
$\overrightarrow{AB}+\overrightarrow{BC}=\overrightarrow{AC}$

$\overrightarrow{BC}=\overrightarrow{AC}-\overrightarrow{AB}$ となる。

$\overrightarrow{BC}$のX成分をΔX，Y成分をΔY，Z成分をΔZとすれば
$|\overrightarrow{BC}|=\sqrt{\Delta X^2+\Delta Y^2+\Delta Z^2}$

但し，$\Delta X=X_C-X_B$，$\Delta Y=Y_C-Y_B$，$\Delta Z=Z_C-Z_B$

要点30 測量成果（方向角，縮尺係数）

1 方位角と方向角

1. 公共測量では，測量成果を平面直角座標のX軸を基準に座標値(X, Y)及び方向角Tを用いて表す。
2. **方位角**αは，子午線（真北）から右回りに測った角，**方向角**Tは平面直角座標のX軸からの角を表す。
3. 真北方向角（$\pm r$）は，座標が原点より東にある場合は符号は（$-$），西にある場合は（$+$）とする。

$$方位角\alpha = 方向角T - 真北方向角r \qquad \cdots\cdots 式（1）$$

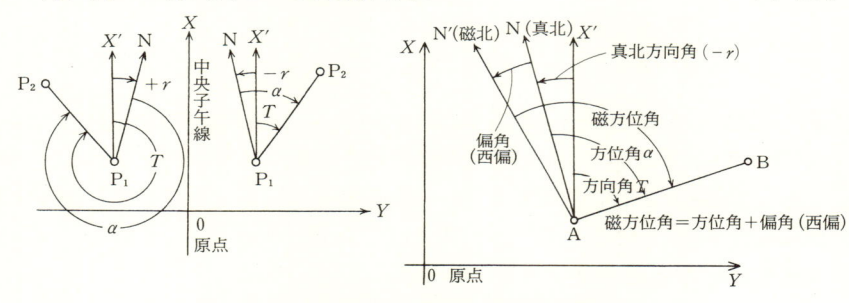

図1 方位角・方向角・真北方向角

2 平面直角座標

1. **平面直角座標**は，地球楕円体から平面に等角投影（ガウス・クリューゲル図法）したもので，日本全国を19の座標系に分割し原点を定めている。
2. 投影範囲の距離誤差を±1/1万以内となるように**縮尺係数**を原点で0.9999（1/1万縮小）とし，原点から東西90kmの地点で1.0000，約130kmの地点で1.0001（1/1万拡大）としている。

$$縮尺係数 = \frac{平面距離\ s}{球面距離\ S} \qquad \cdots\cdots 式（2）$$

[73ページの解答]

問1

④ $X_A = 500.00$m, $Y_A = 100.00$m, $S = 200.00$m より
$X_P = X_A + S\cos240° = 500.00 + 200.00\cos60° = \underline{400.00\text{m}}$
$Y_P = Y_A + \sin240° = 100.00 + 200.00\sin60° = \underline{-73.21\text{m}}$

図 P点の座標

図 空間ベクトル

直前突破問題！ ☆☆

問1 図は，A点における磁北方向，平面直角座標系の北方向，真北方向，B点方向でつくられる5つの角 a, b, c, d, e を示す。正しいものはどれか。

1. a は方向角，b は方位角，c は真北方向角である。
2. a は真北方向角，b は方向角，d は方位角である。
3. a は方位角，c は方向角，d は真北方向角である。
4. a は真北方向角，c は方位角，d は方向角である。
5. b は真北方向角，c は方向角，e は方位角である。

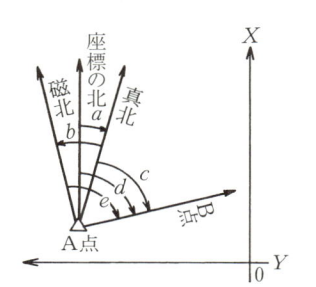

問2 次の文は，平面直角座標系による基準点成果について述べたものである。正しいものはどれか。

1. 方向角は，基準点を通る子午線の北から右回りに観測した角である。
2. 座標原点から北東に位置する基準点成果のX，Yの符号は，正である。
3. 真北方向角，方位角，方向角の間には，「真北方向角 ＝ 方位角 － 方向角」の関係がある。
4. 二つの基準点間の平面距離は，球面距離よりも常に短い。
5. 座標原点を通る子午線の東側にある基準点の真北方向角の符号は，正である。

問3 基準点成果に関して，間違っているものはどれか。

1. 経緯度は，日本経緯度原点を基準にしている。
2. 基準点の水平位置は，経緯度のほか平面直角座標でも表示されている。
3. 真北方向角の符号は，その点が X 座標軸の西側にある場合は正である。
4. 方位角を求めるには，方向角からその点の真北方向角を減ずればよい。
5. 平面直角座標系の原点においては，球面距離は平面距離より小さい。

問2 　③ 　$\overrightarrow{BC} = \begin{vmatrix} \Delta X_{BC} \\ \Delta Y_{BC} \\ \Delta Z_{BC} \end{vmatrix} = \begin{vmatrix} x_C - x_A \\ y_C - y_A \\ z_C - z_A \end{vmatrix} - \begin{vmatrix} x_B - x_A \\ y_B - y_A \\ z_B - z_C \end{vmatrix} = \begin{vmatrix} 100 \\ 300 \\ -300 \end{vmatrix} - \begin{vmatrix} 500 \\ -200 \\ 300 \end{vmatrix} = \begin{vmatrix} -400 \\ 500 \\ -600 \end{vmatrix}$

$\therefore \quad |\overrightarrow{BC}| = \sqrt{\Delta X_{BC}^2 + \Delta Y_{BC}^2 + \Delta Z_{BC}^2} = \sqrt{(-400)^2 + 500^2 + (-600)^2} ≒ \underline{877.496\text{m}}$

要点31 基準点成果表

1 基準点成果表

1. 国土地理院が実施した基準点測量,水準測量の測量成果を表にまとめたものを**成果表**という。成果表は,各基準点ごとに計算された座標,標高,各目標の方向角及び距離を一覧表にまとめたもので,後続作業に利用される。
2. 成果表を利用することにより,基線測量や真北測量などが省略でき,基準点測量が簡単に信頼のできる成果が得られる。成果表は,国土地理院に申請すれば入手することができる。

2 基準点成果表の記載内容

1. **基準点成果表**は,国土地理院が実施した基準点測量(水準測量を含む)の結果を表にまとめたもので,座標・標高・各目標点の方向角及び距離等が記載されている。後続作業に利用される。

表1 基準点成果表

- ① 平面座標系のⅨ系
- ② 標題(基準点の等級・点名・標石番号)
- ③ 地理学的経緯度(B北緯,L東経)
- ④ 原点からの座標値
- ⑤ 真北方向角
- ⑥ 標高
- ⑦ 基準点から視準点の方向角
- ⑧ 球面距離

基準点成果表
(AREA 9) 1級基準点 (1)
B 37°33′51″.899   X 173 745.82 m
L 140°26′22″.862   Y 53 559.22
N −0 22 10.8   H 198.73 m

視準点の名称	平均方向角	距離 縮尺係数 0.999 935	備考
		真数 m	
1級基準点(2)	44°36′55″	976.54	
〃 (3)	128°57′30″	879.57	
埋標型式	地上	標識番号 金属標	01

[75ページの解答]

問1 ④ P74の図1については,よく理解しておくこと。

問2 ② なお,(1)基準点→座標原点。(3)真北方向角 = 方向角 − 方位角。(4)基準点の位置によって異なる。(5)負となる。

問3 ⑤ 原点では縮尺係数が0.999 9で,球面距離の方が大きい。

直前突破問題！

問1 表は，基準点成果情報の抜粋である。この基準点成果情報における平面直角座標（X）の符号 ア 及び平面直角座標（Y）の符号 イ ，さらに縮尺係数 ウ の組合せとして適当なものはどれか。

但し，平面直角座標系のIX系原点数値は，次のとおり。

　　緯度（北緯）$B=$ 36°0′0″.000 0
　　経度（東経）$L=$139°50′0″.000 0

基準点成果	
基準点コード	TR 35339775901
地形図	東京―野田
種別等級	三等三角点
冠字選点番号	張　29
点名	筒戸
測地系	世界測地系
緯度	35°58′06″.244 4
経度	139°59′37″.355 3
標高	17.25m
ジオイド高	38.95m
平面直角座標系（番号）	IX系
平面直角座標（X）	ア　3 493.919m
平面直角座標（Y）	イ　14 464.460m
縮尺係数	ウ

	ア	イ	ウ
1.	＋	＋	1.000 003
2.	＋	－	1.000 003
3.	－	＋	1.000 003
4.	－	＋	0.999 903
5.	＋	－	0.999 903

突破のポイント
・成果表中の記号の意味は，理解しておくこと。
・平面直角座標のXは縦軸，Yは横軸である。真北方向角Nは，原点より西は正，東は負となる。
・平均方向角は，X軸に平行な線を基準に右回りに測った角である。

第2章　多角測量（GNSS測量を含む）

[77 ページの解答]

問1　④　原点と基準点の経緯度により，X 座標は（−），Y 座標は（＋）となる。Y 座標が 90km 以下なので縮尺係数は 1 以下となる。

$X = (-) 3\,493.919\text{m}$
$Y = (+) 14\,464.460\text{m}$

IX系原点　当基準点

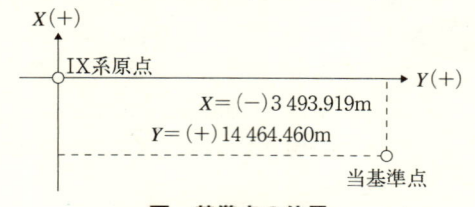

図　基準点の位置

水準測量

第3章

○ 水準測量は，出題問題 28 問中，No. 9～No. 12 までの 4 問出題されます。
○ 出題傾向として，観測作業の留意事項，標尺補正，誤差と消去法，標高の最確値・点検計算，杭打ち調整法などがよく出題されます。

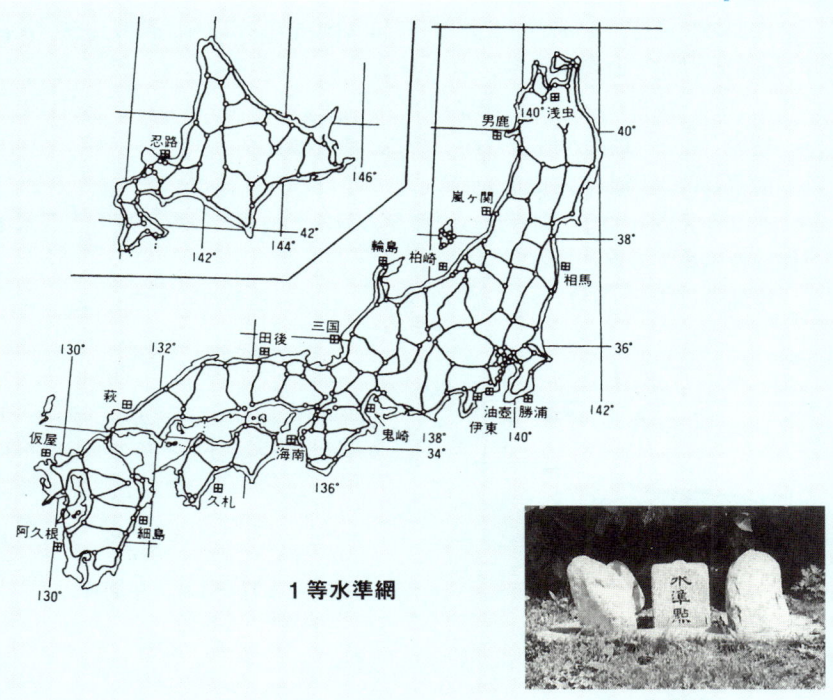

1 等水準網

水準点

要点32 水準測量の概要

1 水準測量

1. **水準測量**とは，既知点に基づき，新点である水準点の標高を定める作業をいう。既知点の種類，既知点間の路線長，観測の精度等に応じて，1級～4級水準測量及び簡易水準測量に区分する（準則第47・48条）。

表1 既知点の種類等（準則第48条）

区分 項目	1級水準測量	2級水準測量	3級水準測量	4級水準測量	簡易水準測量
既知点の種類	一等水準点 1級水準点	一～二等水準点 1～2級水準点	一～三等水準点 1～3級水準点	一～三等水準点 1～4級水準点	一～三等水準点 1～4級水準点
既知点間の路線長	150km以下	150km以下	50km以下	50km以下	50km以下

2. **水準路線**とは，2点以上の既知点を結合する路線をいう。直接に水準測量で結ぶことができない水準路線は，渡海（河）水準測量により連結する。
3. 高さの基準面は，東京湾平均海面を通る水準面（**ジオイド**）とし，日本水準原点は，ジオイド面より+24.3900mの地点に設置されている。

2 直接水準測量の用語

1. 2点間の比高は，2本の標尺の中央にレベルを整置し両標尺の目盛，後視及び前視を読定すれば求まる。

    比高 Δh =（後視）-（前視）= BS - FS　　……式（1）

    ① **後視**（BS）：標高が既知の点に立てた標尺の読み。
    ② **前視**（FS）：標高が未知の点に立てた標尺の読み。
    ③ **もりかえ点**（TP）：同一地点で標尺の前視と後視の読みを取る点。水準路線を連絡する点となる。
    ④ **中間点**（IP）：前視だけを読み取る点。標高（地盤高）を求める。

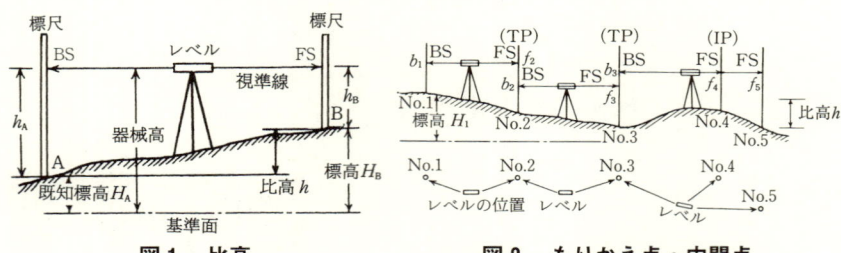

図1 比高

図2 もりかえ点・中間点

直前突破問題の解答は，次の項目の下にあります。

直前突破問題！

問1 次の文は，測量法に基づく日本の高さの基準面について述べたものである。正しいものはどれか。
1. 高さの基準面は，日本水準原点の下 24.390 0m を通る水準面である。
2. 高さの基準面は，日本水準原点の下 24.390 0m を通る楕円体面である。
3. 高さの基準面は，旧霊岸島量水標の零目盛を通る水準面である。
4. 高さの基準面は，東北地方と九州地方では異なる。
5. 高さの基準面は，東京湾最低潮面である。

問2 次の文は，公共測量における1級水準測量の観測について述べたものである。間違っているものはどれか。
1. 新点の観測は，永久標識の設置後直ちに行う。
2. 記入した読定値は，訂正してはならない。
3. レベル及び標尺は，作業期間中においても点検調整を行う。
4. 水準点間のレベルの整置回数は，偶数回とする。
5. レベルと後視標尺及び前視標尺との距離は，等しくする。

問3 次の文は，公共測量における水準測量を実施するときの留意すべき事項について述べたものである。間違っているものはどれか。
1. レベル及び標尺は，作業前及び作業期間中に適宜点検を行い，調整されたものを使用する。
2. レベルの整置回数を減らすために，視準距離は，標尺が読み取れる範囲内で，可能な限り長くする。
3. 手簿に記入した読定値及び水準測量作業用電卓に入力した観測データは，訂正してはならない。
4. レベルの局所的な膨張で生じる誤差を小さくするために，日傘を使用して，レベルに直射日光を当てないようにする。
5. 往復観測を行う水準測量において，水準点間の測点数が多い場合は，適宜，固定点を設け，往路及び復路の観測に共通して使用する。

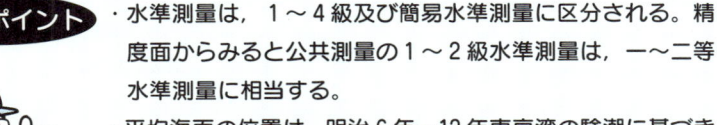

突破のポイント
- 水準測量は，1～4級及び簡易水準測量に区分される。精度面からみると公共測量の1～2級水準測量は，一～二等水準測量に相当する。
- 平均海面の位置は，明治6年～12年東京湾の験潮に基づき，東京湾平均海面の高さが決められた。

第3章 水準測量

要点33 観測作業の留意事項

1 水準測量の作業区分

1. 水準測量の作業区分及び順序は，次のとおり。
①作業計画（平均計画図），②選点（選点図，平均図），③測量標の設置（永久標識），④観測，⑤計算，⑥品質評価，⑦成果表の整理
2. 観測とは，平均図に基づきレベル及び標尺を用いて，関係点間の高低差を観測する作業をいう。視準距離及び標尺目盛の読定単位は，表1のとおり。

表1　視準距離・読定単位（準則第64条）

区分 項目	1級水準測量	2級水準測量	3級水準測量	4級水準測量	簡易水準測量
視準距離	最大50m	最大60m	最大70m	最大70m	最大80m
読定単位	0.1mm	1 mm	1 mm	1 mm	1 mm

（視準距離はm単位で読定する）

2 観測作業の留意事項

1. 作業前及び作業中の約10日毎に，必ず器械と標尺を点検・調整する。
2. 標尺及び器械は，地盤の良い所に据え，標尺台・三脚はよく踏み込む。
3. 前視・後視の視準距離は等距離にとり，水準儀は2つの標尺の直線上に設置する。なお，視準距離は，歩足又はスタジア測量（$L=k\ell+c$，L：距離，ℓ：きょう長，$k=100$，$c=0$）で測る。
4. 標尺は2本1組とし，出発点に立てた標尺は必ず到着点に立てるように，器械の整置（測定）数は偶数回とする。
5. 観測は，1視準1読定，後視・前視の順に行う。視準は，気泡を正しく中央に導いてから読定する。標尺の最下部（20cm以下）を読定しない。
6. 器械の移送は激動を与えないように，また器械には直射日光をあてないよう日傘等を用いる。
7. 新点の観測は，永久標識の設置後24時間以上経過してから行う。
8. 1級水準測量においては，観測の開始時，終了時及び固定点に到着時ごとに，気温を1度単位で測定する。

[81ページの解答]

問1　① なお，2．ジオイド面（高さの基準面）は，重力の関係で準拠楕円体（GRS80）と一致しない。3．旧霊岸島量水標とジオイドは一致しない。

問2　① 設置後24時間以上経過して（沈下の終了を待って）から観測する。なお，**1級水準測量**は，地盤変動調査，トンネル・ダムの施工等の測量で特に高精度を必要とする場合に実施する。

問3　② 水準測量の区分に応じて視準距離は定められている（P82，表1）。

直前突破問題！ ☆☆

問1 公共測量において1級水準測量を実施していた。このとき，レベルで視準距離を確認したところ前視標尺までは53m，後視標尺までは51mであった。観測者として最も適切な処置はどれか。
　但し，後視標尺は水準点標石に立っており動かさないものとする。
1．そのまま観測する。
2．前視標尺をレベルの方向に2m近づけ整置させる。
3．レベルを前視方向に1m移動し整置し，前視標尺をレベルの方向に3m近づけ整置させる。
4．レベルを前視方向に1m移動し整置し，前視標尺をレベルの方向に2m近づけ整置させる。
5．レベルを後視方向に2m移動し整置し，前視標尺をレベルの方向に6m近づけ整置させる。

問2 次の文は，水準測量を実施するときの留意すべき事項について述べたものである。間違っているものはどれか。
1．新点の観測は，永久標識の設置後24時間以上経過してから行う。
2．標尺は，2本1組とし，往路の出発点に立てる標尺と，復路の出発点に立てる標尺は，同じにする。
3．1級水準測量においては，観測の開始時，終了時及び固定点到着時ごとに，気温を1℃単位で測定する。
4．水準点間のレベルの設置回数（測点数）は偶数にする。
5．視準距離は等しく，かつ，レベルはできる限り両標尺を結ぶ直線上に設置する。

問3 次の文は，水準測量について述べたものである。間違っているものはどれか。
1．観測に際しては，レベルに日光が直接当たらないようにする。
2．標尺に付属する円形水準器は，標尺を鉛直に立てた状態で気泡が中心になるように調整する。
3．1級水準測量では，標尺を後視，前視，前視，後視の順に読み取ることにより，三脚の沈下による誤差を小さくしている。
4．標尺の最下部付近の視準を避けて観測すると，大気による屈折誤差を小さくできる。
5．2級水準測量では，1級標尺又は2級標尺を使用することができる。

要点34 水準儀の種類，機器の点検・調整

1 水準儀の種類と特徴

1. **チルチング（気泡管）レベル**は，鉛直軸Vとは無関係に視準線Cを微動調整でき，円形気泡管の気泡を整準ねじで水平に据え付けたのち，望遠鏡の気泡を高低微動ねじによって中央に導けば，視準線は水平となる。
2. **自動（オート）レベル**は，円形気泡管の気泡を整準ねじで中央に導けば自動補正装置（コンペンセータ）によって自動的に視準線が水平となる。
3. **電子レベル**は，コンペンセータと高解像能力の電子画像処理装置により，電子レベル専用標尺に刻まれたパターンを検出器で認識し，高さ及び距離を自動的に算出する。コンペンセータは気泡管レベルの気泡管感度に相当する。

2 機器の点検及び調整

1. 点検調整は，観測着手前に次の項目について行う。但し，1級，2級水準測量では，観測期間中おおむね10日ごとに行う。
   ① チルチング（気泡管）レベルは，円形水準器及び視準線の点検調整（主水準器軸と視準線との平行性）の点検調整を行う。
   ② 自動レベル，電子レベルは，円形水準器及び視準線の点検調整並びにコンペンセータの点検を行う。

3 チルチングレベルの調整

1. レベルの鉛直軸と視準軸及び気泡管軸との間には，次の関係が成り立っていなければならない。①は**円形気泡管の調整**で，③は**杭打ち調整**で行う。
   ① 気泡管軸Lと鉛直軸Vは，直交すること（L⊥V）。
   ② 視準軸，気泡管軸を含む鉛直面が平行であること（C∥L）。
   ③ 視準軸Cと気泡管軸Lは，平行であること（C∥L）。

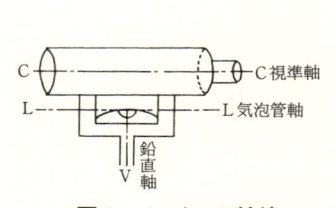

図1　レベルの軸線 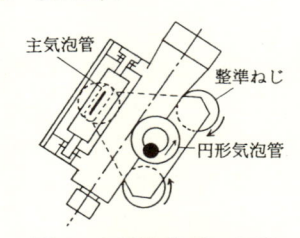　　　　　**図2　円形気泡管の調整**

[83ページの解答]

問1　⑤　視準距離は最大50mである。前視・後視の視準距離を等しくする。
問2　②　往路と復路では，目盛誤差の影響を軽減させるため標尺を入れ替える。
問3　⑤　1・2級水準測量には1級標尺を使用する。3・4級水準測量では2級標尺を使用する（準則第62条，機器）。

直前突破問題！

問1 次の文は，水準測量に使用するレベル及び標尺の点検調整について述べたものである。間違っているものはどれか。
1. チルチングレベルは，視準線を含む鉛直面と気泡管軸を含む鉛直面とが平行になるように点検調整する。
2. 自動レベルは，視準線が自動的に水平になる機構を有しているので，点検調整の必要がない。
3. チルチングレベルの円形気泡管は，視準線をどの方向に向けても，気泡が中心にあるように点検調整する。
4. チルチングレベルは，視準線と気泡管軸とが平行になるように点検調整する。
5. 標尺付属の円形気泡管は，標尺を鉛直に立てたとき，気泡が中心にあるように点検調整する。

問2 次の文は，自動レベルのコンペンセータ（自動補償装置）について述べたものである。間違っているものはどれか。
1. コンペンセータは，振り子に働く重力を利用して視準線を水平に保つ。
2. コンペンセータが正常に作動していても，杭打ち調整（不等距離法）により視準線の調整を行う。
3. コンペンセータは，接触などにより正常に作動しないことがある。
4. コンペンセータが作動範囲の中央に位置するとき気泡が中心にくるように，円形水準器の調整を行う。
5. コンペンセータが地盤などの振動を吸収するので，十字線に対して像は静止して見える。

問3 電子レベルについて述べたものである。間違っているものはどれか。
1. 電子レベルは，画像処理により標尺を読み取る。
2. バーコード標尺は，使用する電子レベルに対応したものを使用しなければならない。
3. 電子レベルは，円形水準器及び視準線の点検調整並びにコンペンセータの点検を，適宜，行わなければならない。
4. 電子レベルは，コンペンセータを点検調整していれば，視準距離をできるだけ長くした方が観測精度は良くなる。
5. 観測に際しては，電子レベルに直射日光が当たらないようにしなければならない。

要点35 円形気泡管の調整

1 円形気泡管の調整

1. **円形気泡管の調整**は，望遠鏡をどの方向に向けても，気泡が移動しないように，気泡管軸Lと鉛直軸Vとを直交させる調整である。特に，コンペンセータを有する自動レベル，電子レベルでは，十分な調整が必要となる。
2. **検査及び調整**は，次の方法で行う。
   ① 円形気泡管の気泡が中央にくるように整準ねじで水平にする。
   ② 望遠鏡の軸方向を2個の整準ねじと平行に置き，俯仰ねじで主気泡管の気泡を合致させる。
   ③ 望遠鏡を180°回転し，主気泡管の気泡が移動したときは，その半分を整準ねじで，残り半分を俯仰ねじで調整（修正）する。
   ④ 望遠鏡を90°回転し，主気泡管の気泡の合致が移動したら，他の1本の整準ねじでその全量を調節する。
   ⑤ 望遠鏡をどの方向に回転させても，主気泡管の気泡が移動しなくなれば，円形気泡管の気泡が中心にくるように円形気泡管の調整ねじで調整する。

2 円形気泡管とコンペンセータ

1. 円形気泡管の調整は，鉛直軸を鉛直に保つための調整（L⊥V）である。特に，自動レベル，電子レベルでは，コンペンセータにより鉛直性を保つために十分な調整が必要となる。
2. **コンペンセータ**は，レベルの水平線誤差を10′以内に据え付ければ自動的に鉛直軸方向を基準に視準線を水平にする。円形気泡管の感度は，10′/2 mm（P90，1目盛2 mmをはさむ中心角）程であり，必要な鉛直性（作動有効範囲）が容易に得られる。
3. コンペンセータの**機能の点検**は，円形水準器の気泡が動作範囲内にあるとき，コンペンセータが正常に作動するか点検を行う。
   約30m隔てた2本の標尺の中央にレベルを据え付け，レベルを水平にした状態と円形気泡管の気泡を少し移動させた状態で観測を行う。両観測値が許容範囲内にあるか否かを点検する。

[85ページの解答]

| 問1 | ② 円形気泡管の調整（C∥L）は必要である。
| 問2 | ⑤ 振動により像が動く。
| 問3 | ④ 視準距離は，水準測量の区分に応じて決められる（P82，表1）。

直前突破問題！ ☆

問1 気泡合致式チルチングレベルの円形水準器の調整方法を説明したものである。間違っているものはどれか。
1. 円形水準器の気泡が中心にくるように，レベルを整準ねじで調整する。
2. 望遠鏡の軸方向を，2個の整準ねじを結ぶ線と平行に置き，この2個の整準ねじにより主水準器の気泡を合致させる。
3. 望遠鏡を180°回転し，主水準器の気泡がずれたときは，俯仰（傾動）ねじのみにより，気泡を合致させる。
4. 望遠鏡を90°回転し，主水準器の気泡がずれたときは，他の1個の整準ねじのみにより，気泡を合致させる。
5. 望遠鏡をどの方向に向けても，主水準器の気泡が変位しなくなれば，円形水準器の気泡が中心にくるよう調整する。

問2 自動レベル調整に関して，間違っているものはどれか。
1. 自動レベル付属の円形気泡管を調整するには，整準ねじにより気泡を中央に導き，レベルを180°回転し，気泡の偏位を見る。偏位すれば，その1/2量をレベル付属の調整ねじで調整する。
2. 自動レベルはあまり大きく傾くと自動の効用を失うので円形レベルを調整し，気泡を中央に導いた状態で観測する。
3. 自動レベルはよく調整されていれば望遠鏡の微量な傾きに対して常に水平視準線上の目標の像が十字線に結ばれる。
4. 自動レベルは，自動的に水平視準線の目標が観測できるので視準線の調整は不要である。
5. 自動レベルといえども，器械の整置場所や標尺の整置場所は堅固なところを選ばなければならない。

突破のポイント
- 合致式のレベルでは，実際の気泡の動きは2倍に見える。直読に比べて2倍の精度がある。
- 円形気泡管の調整（L⊥V）は，セオドライトの上盤気泡管の調整と同じである。

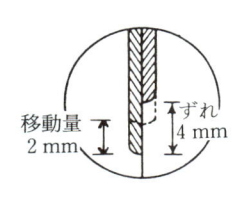

移動量 2 mm　ずれ 4 mm

図　気泡合致式

要点36 杭打ち調整法

1 レベルの杭打ち調整法（視準軸の調整）

1. **杭打ち調整法**は，望遠鏡気泡管軸Lと視準軸（線）Cを平行にするための調整法で，検査・調整は次のとおり。
2. 検査は，30～50m離れた2点A，Bに杭を打ち，ABの中央にレベルを据え，標尺 a_1，b_1 を読む。次にABの延長上Aより3～5mの点Dにレベルを据え，A，Bの標尺 a_2，b_2 を読む。$a_2-a_1＝b_2-b_1$ であれば，気泡管軸と視準軸は平行である。

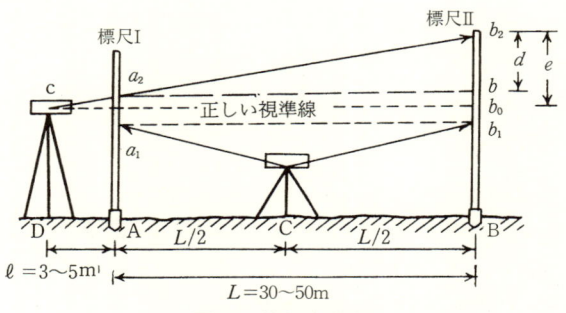

図1 杭打ち調整

3. $a_2-a_1 \neq b_2-b_1$ のとき，L∥Cでない。誤差 $d=(a_2-a_1)-(b_2-b_1)$ となり，次のように調整する。

$$\left. \begin{array}{l} 調整量\ e=\dfrac{L+\ell}{L}\times d \\ 正しい視準位置\ b_0=b_2+e \end{array} \right\} \quad \cdots\cdots 式（1）$$

気泡を合致させたとき，b_0 を視準できるよう十字線調整ねじで調整する。

2 視準線と杭打ち調整法

1. チルチング（気泡管）レベルでは，望遠鏡に固定された**主気泡管**で視準線の水平性を確保するため，杭打ち調整が重要となる。
2. チルチングレベルは，**合致式**となっており，気泡の両端の像をプリズムにより1箇所に集めて合致を確認する。合致式では，実際の気泡の動きは2倍となる。直読式に比べて2倍の精度がある。

［87ページの解答］

問1 ③ 整準ねじで半分，残り半分を俯仰ねじで調整する。
問2 ④ 自動レベルは，レベルの傾きが大きい場合には自動の効用が失われる。傾きが円形気泡管の赤丸の範囲内であれば機能が発揮される。視準線の調整として，円形気泡管の調整を常に行う。

直前突破問題！ ☆☆

問1 次の文は，電子レベル及びバーコード標尺について述べたものである。間違っているものはどれか。

1．バーコード標尺の目盛を自動で読み取って高低差を求める電子レベルが使用されるようになり，観測者による個人誤差が小さくなるとともに，作業能率が向上するようになった。
2．1級水準測量及び2級水準測量では，円形水準器及び視準線の点検調整並びにコンペンセータの点検を観測着手前及び観測期間中おおむね10日ごとに行う。
3．バーコード標尺付属の円形水準器は，鉛直に立てたときに，円形気泡が中心に来るように点検調整をする。
4．1級水準測量において，標尺の下方20cm以下を読定してはならない理由は，地球表面の曲率のために生ずる2点間の鉛直線の微小な差（球差）の影響を少なくするためである。
5．電子レベル内部の温度上昇を防ぐため，観測に際しては，日傘などで直射日光が当たらないようにする。

問2 レベルの視準線を点検するために，図のようにA及びBの位置で観測を行い，表に示す結果を得た。

この結果からレベルの視準線を調整するとき，Bの位置において標尺Ⅰの読定値をいくらに調整すればよいか。

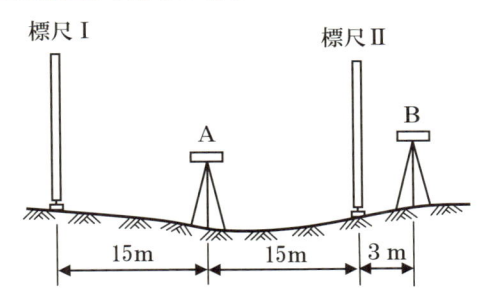

1．1.2570 m
2．1.2596 m
3．1.2604 m
4．1.2926 m
5．1.2960 m

レベルの位置	読定値	
	標尺Ⅰ	標尺Ⅱ
A	1.1987 m	1.1506 m
B	1.2765 m	1.2107 m

要点37 気泡管の感度

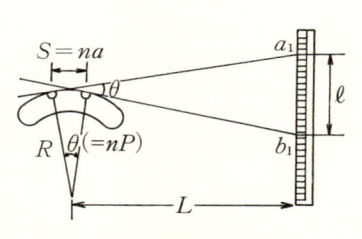

1 気泡管の感度

1. レベルは，視準線を水平にすることにより，2点間の標尺の読みから高低差を求める。視準線を水平にするため気泡管が用いられる。気泡管の感度は，水準測量の精度に大きく影響する。

2. **気泡管の感度**は，気泡管の1目盛（$a=2mm$）が円の中心をはさむ角度又は半径 R で表す。1目盛に対する中心角が小さいもの程，半径 R が大きいもの程感度がよい。1目盛2mmをはさむ中心角 $40''$ の気泡管を $40''/2$ mm と表す。

3. 気泡管の感度 P 及び気泡管の半径 R は，次のとおり。

    移動量 $S = R\theta = na$

    $\theta = \dfrac{S}{R} = \dfrac{\ell}{L} \cdot \rho$, $P = \dfrac{\theta}{n}$ より

    $\left. \begin{array}{l} 気泡管の感度 P = \dfrac{\ell}{nL} \cdot \rho \\ 気泡管の半径 R = \dfrac{naL}{\ell} \end{array} \right\}$ ……式（1）

    但し，L：レベルから標尺までの距離
    a：気泡管1目盛の長さ
    ℓ：標尺の読みの差（$= a_1 - b_1$）

図1　気泡管の感度

2 気泡管の感度の測定

1. レベルを据え付け 50〜80m 離れた平たん地に標尺を鉛直に立てる。
2. 図1に示すように，気泡管の気泡を中央に導いた後，標尺の読み a_1 を取る。
3. 次に，気泡を n 目盛だけ移動させて，標尺の読み b_1 を取り，式（1）から感度 P を求める。
4. 合致式気泡管の場合，図2に示すように，気泡管のずれは移動量の2倍に表示されている。

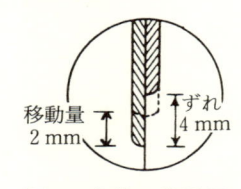

図2　気泡の移動量

[89ページの解答]

問1 ④ 大気の温度変化による光の屈折の影響を避けるため，標尺の下方20cm以下を読定しない。

問2 ⑤ 誤差 $d = 0.0177$m，$e = \dfrac{33}{30} \times 0.177 = 0.0195$m

∴ $b_0 = 1.2765 + 0.0195 = \underline{1.2960\text{m}}$

直前突破問題！

問1 気泡を正しく合致させ，50m 離れた標尺の目盛を読み，1.451m を得た。次にレベルを傾けて目盛を読み 1.456m を得た。この時の気泡のずれは図のとおり。

気泡管の感度

2mm

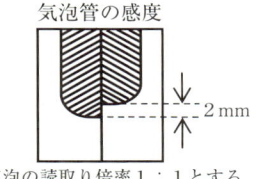

気泡の読取り倍率 1：1 とする

主気泡管の感度はいくらか。

1．20″/ 2 mm　　2．30″/ 2 mm　　3．40″/ 2 mm
4．60″/ 2 mm　　5．80″/ 2 mm

問2 水準測量の観測中，レベルの気泡管の気泡が正しい位置から2目盛ずれた場合，40m 離れた標尺上の読みはいくら変わるか。
但し，気泡管の感度は 20″/1目盛とし，$\rho″ = 2″ \times 10^5$ とする。

1．4 mm　　2．6 mm　　3．8 mm　　4．10mm　　5．12mm

問3 レベルの気泡管感度を測定するため，気泡を中央に導いて 50m 離れて立てた標尺を読定したところ，1.315m であった。次に気泡を3目盛だけずらして読定したら 1.345m であった。
このレベルの気泡管感度はいくらか。

1．15″　　2．30″　　3．40″　　4．50″　　5．120″

問4 表の性能をもつレベルの視準線の最大誤差はいくらか。
気泡の合致には最大 0.2mm の読取誤差があるものとする。

レベルの性能	
気泡管感度	20″/2mm
気泡管読取法	合致式
気泡管読取用光学系の倍率	2 倍

1．0.2″　　2．0.5″　　3．1.0″　　4．1.5″　　5．2.0″

突破のポイント
- 気泡管の1目盛の長さ a は，合致式では移動量が2倍となって表れ，読取用光学系の倍率によって，さらに大きく表れるので注意が必要。
- レベルの気泡管の感度は $P = 20″ \sim 50″$，半径 $R = 8 \sim 20$m 程度のものが用いられる。

要点 38 標尺の補正,球差・気差・両差

1 標尺補正

1. **1級水準測量**は,1級レベル及び1級標尺を用いて,最大視準距離 50m,読定単位 0.1mm,観測値の較差の許容範囲 $2.5\text{mm}\sqrt{S}$ で観測する。この精度を得るためには,標尺の伸縮の補正(**標尺補正**)が必要となる。

   標尺補正量 $\Delta C = \{C_0 + (T - T_0)\alpha\}\Delta h$ ……式(1)

   但し,ΔC:標尺補正量
   C_0:基準温度における標尺定数
   T:観測時の温度
   T_0:基準温度
   α:膨張係数
   Δh:高低差

2 球差・気差及び両差

1. 地球の曲率によって生じる誤差を**球差**という。

   球差 $h_1 = CE = h - BC = \dfrac{L^2}{2R}$ ……式(2)

2. 光の屈折によって生じる誤差を**気差**という。

   気差 $h_2 = BB' = -\dfrac{L^2}{2R'} = -\dfrac{kL^2}{2R}$ ……式(3)

3. 球差と気差を合わせたものを**両差**という。

   両差 $K = CE + BB' = \dfrac{L^2}{2R} - \dfrac{kL^2}{2R} = \dfrac{1-k}{2R}L^2$

   ……式(4)

   但し,R:地球の半径,L:2点間の距離,
   k:屈折係数($0.13 \sim 0.14$)

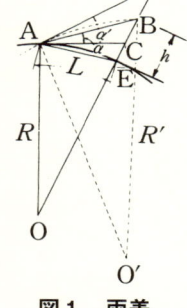

   図1 両差

4. なお,視準距離を等しくすることにより,以上の誤差は消去できる。

[91 ページの解答]

問1 ③ 合致式では移動量は2倍となって表れる。実際のずれ量は $2\text{mm}/2 = 1\text{mm}$ であり,$n = 1/2$ となる。式(2)より $P = \underline{40''/2\text{mm}}$。

問2 ③ $\theta = \ell\rho/L$ より,$\ell = \theta L/\rho = 40'' \times 50\text{m}/(2'' \times 10^5) = \underline{8\text{mm}}$

問3 ③ $\theta = \ell/(nL) = 0.030 \times 2'' \times 10^5/(3 \times 50) = \underline{40''}$

問4 ② 合致式では実際の移動量2倍で表れ,読取用光学系の倍率が2倍より,精度は4倍,読取誤差が 0.2mm であるから実際には $0.2\text{mm}/4 = 0.05\text{mm}$ で整置することになる。$2\text{mm} : 20'' = 0.05\text{mm} : x''$ より,$\underline{x'' = 0.5''}$

直前突破問題！ ☆☆

問1 公共測量により，水準点AからB新点Bまでの間で1級水準測量を実施し，表の観測値を得た。標尺補正を行った後の水準点A，新点B間の観測高低差はいくらか。

但し，観測に使用した標尺の標尺改正数は，20℃において +12μm/m，膨張係数は，1.0×10⁻⁶/℃とする。

1．+13.699 8m
2．+13.699 9m
3．+13.700 0m
4．+13.700 1m
5．+13.700 2m

表

区間	距離	観測高低差	温度
A → B	1.900km	+13.700 0m	25℃

問2 公共測量により，水準点Aから新点Bまでの間で1級水準測量を実施し，表の観測値を得た。標尺補正を行った後の水準点A，新点B間の観測高低差はいくらか。

但し，観測に使用した標尺の標尺定数は，20℃において +18μm/m，膨張係数は，1.0×10⁻⁶/℃とする。

1．−19.499 5m
2．−19.499 9m
3．−19.500 1m
4．−19.500 5m
5．−19.505 1m

表

区間	距離	観測高低差	温度
A → B	2.800km	−19.500 0m	28℃

突破のポイント
・後視と前視の視準距離を等しくすることにより，
① 気泡管軸と視準軸との平行の調整不完全による誤差
② 球差及び気差の影響による誤差
などが消去できる。
・標尺は鉛直に立てる。標尺が沈下や移動しない点を選び，重要な点などには標尺台を用いる。

第3章 水準測量

要点39 水準測量の誤差と消去法

1 レベルに関する誤差

誤差の原因	消去法
視差による誤差（不定誤差）	接眼レンズで十字線をはっきり映し出し，次に対物レンズで像を十字線上に結ぶ。
視準軸誤差（定誤差）	レベルと前視，後視標尺の視準距離を等しくする。
鉛直軸誤差（定誤差）（一定方向に鉛直軸が傾くために生ずる誤差）	レベルを設置するとき，2本の標尺を結ぶ線上にレベルを置き進行方向に対し三脚の向きを，常に特定の標尺に対向させること（1回ごとに脚の向きを逆におく），整準するときに望遠鏡を常に同じ標尺に向けて行うことにより，この影響を少なくする。
制動部のヒステリシス誤差（不定誤差）	整準時に，望遠鏡の対物レンズ側を意図的に高くした状態から水平になるように整準することにより，この影響を少なくする。
三脚の沈下による誤差（定誤差）	地盤堅固なところに据えて，しっかり脚を踏み込む。1級水準測量における標尺の読定方法（順序）の遵守。

2 標尺に関する誤差

誤差の原因	消去法
目盛の不正による誤差（指標誤差）（定誤差）	観測比高に補正する。所定の目盛精度のものを使用する。
標尺の零目盛誤差（零点誤差）（定誤差）	標尺の底面と零目盛とが一致していない誤差であり，出発点に立てた標尺を到着点に立てる。測点数を偶数回とする。
標尺の傾きによる誤差（定誤差）	標尺を前後にゆっくりと動かし，最小読定値を読み取る。標尺は常に鉛直に立てる。
標尺の沈下，移動による誤差（定誤差）	地盤堅固なところに据え，標尺台をしっかり踏み込む。

3 自然現象による誤差

誤差の原因	消去法
球差による誤差（定誤差）	球差は地球が湾曲しているために生ずる誤差であり，レベルと前視，後視の視準距離を等しくする。
かげろうによる誤差（不定誤差）	地上，水面から視準線を離して測定する。
日照，風および湿度，温度の変化等による誤差（不定誤差）	日傘で器械をおおい，また，往と復との観測を午前と午後に行い，その平均をとる。
大気の屈折誤差（レフラクション）（不定誤差）	地面に接した部分の光の屈折による誤差等をなくするために標尺の下部20cm以下の両端は観測しない。

［93ページの解答］

問1 ⑤ $C_0 = 12\mu m/m$ ($1\mu = 10^{-6}$)，$\Delta h = 13.700 m$，$T = 25℃$，$T_0 = 20℃$

$\Delta C = \{12 \times 10^{-6} + (25-20) \times 1.0 \times 10^{-6}\} \times 13.700 = 232.9 \times 10^{-6} = 0.000\,2 m$

補正後の高低差 $H = 13.700\,0 m + 0.000\,2 m = \underline{13.700\,2 m}$

問2 ④ $\Delta C = \{+18 \times 10^{-6} + (28-20) \times 1.2 \times 10^{-6}\} \times (-19.500\,0) = -0.005\,07 m$

補正後の高低差 $= -19.500\,0 + (-0.005\,07) = \underline{-19.500\,5 m}$

直前突破問題！ ☆☆

問1 次の文は，水準測量の誤差について述べたものである。正しいものはどれか。

1. 鉛直軸誤差を消去するには，レベルと標尺間を，その間隔が等距離となるように整置して観測する。
2. 球差による誤差は，地球表面が湾曲しているためレベルが前視と後視の両標尺の中央にある状態で観測した場合に生じる誤差である。
3. 標尺の零点誤差は，標尺の目盛が底面から正しく目盛られていない場合に生じる誤差である。
4. 光の屈折による誤差を小さくするには，レベルと標尺との距離を長く取るとともに，標尺の20cm目盛以下を視準しないなど視準線を地表からできるだけ離して観測する。
5. レベルの沈下誤差を小さくするには，時間をかけて慎重に観測する。

問2 次の文は，水準測量について述べたものである。 ア ～ オ に入る語句の組合せとして適当なものはどれか。

a． ア を消去するには，レベルと標尺間を，その間隔が等距離となるように整置して観測する。
b．観測によって得られた往復差の許容範囲は，観測距離の イ に比例する。
c．視準距離が長いと，大気による屈折誤差は ウ なる。
d．球差による誤差は，レベルと標尺間を，その間隔が等距離となるように整置して観測した場合，消去 エ 。
e．傾斜地において，標尺の オ 付近の視準を避けて観測すると，大気による屈折誤差を小さくできる。

	ア	イ	ウ	エ	オ
1．	鉛直軸誤差	二乗	小さく	できる	最上部
2．	鉛直軸誤差	平方根	小さく	できる	最下部
3．	視準軸誤差	平方根	大きく	できる	最下部
4．	鉛直軸誤差	二乗	大きく	できない	最下部
5．	視準軸誤差	二乗	小さく	できない	最上部

突破のポイント
・水準測量では，1観測での観測誤差が累積していくため，誤差を消去若しくは最小限に食い止める観測とする。

要点40 標高の最確値（計算）

1 直接水準測量の軽重率

1. **軽重率** p は，観測距離 S に反比例する。図1において，水準点 A, B, C から新点 F の標高を求める場合，3つの観測値の軽重率は次のとおり。

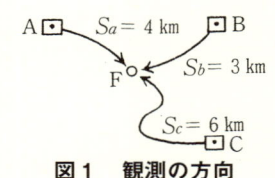

$$p_a : p_b : p_c = \frac{1}{S_a} : \frac{1}{S_b} : \frac{1}{S_c} = \frac{1}{4} : \frac{1}{3} : \frac{1}{6} = 3 : 4 : 2 \quad \cdots\cdots 式（1）$$

図1 観測の方向

表1　直接水準測量と軽重率

観測方向	距離 S	Fの方向	軽重率
A → F	S_a=4km	8.248m	3
B → F	S_b=3km	8.228m	4
C → F	S_c=6km	8.235m	2

2. 観測値の軽重率が大きいことは，観測値の信用度が高い。既知点間あるいは水準環に閉合差が生じたときは，軽重率に比例して誤差の配分をする。

2 最確値の求め方

1. 直接水準測量の誤差は，路線の長さ S が大きいほど測点数が多くなり誤差が累積され精度が悪くなる（誤差 $m = k\sqrt{S}$）。標高の最確値は，次の順序で計算する。
   ① 各路線から路線ごとの新点の標高を計算する。
   ② 各路線の軽重率を路線長から求める。
   ③ 軽重率を考慮して，新点の最確値（標高）を計算する。

$$最確値 H = \frac{p_1 H_1 + p_2 H_2 + \cdots + p_n H_n}{p_1 + p_2 + \cdots + p_n} = \frac{[pH]}{[p]} \quad \cdots\cdots 式（2）$$

2. 各水準点から，求点の標高を計算する場合，観測方向が反対のとき，高低差を求める符号は負（－）となる。
3. 各水準点から計算した求点の標高値の軽重率（重量）を計算する。この場合，軽重率は，各路線の距離に反比例する。

[95ページの解答]

問1　③　なお，1. 鉛直軸誤差は，視準距離を等しくしても消去できない。2. 球差は視準距離を等しくすれば消去できる。4. 視準距離を大きくすれば，光の屈折誤差は大きくなる。5. レベルの沈下は時間の経過とともに増加する。すみやかに観測する。

問2　③　誤差は路線長 $\sqrt{S}$ に比例する。許容範囲は $\sqrt{S}$ に比例する（P98）。

直前突破問題！ ☆☆

問1 図のように，既知点 A，B，C，D から新点 E の標高を求めるために水準測量を実施し，表1に示す観測結果を得た。新点 E の標高の最確値はいくらか。

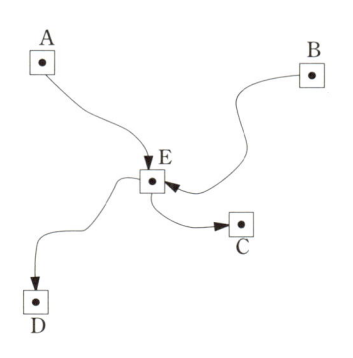

但し，既知点の標高は表2のとおり。

表1

観測結果		
路線	観測距離	観測高低差
A → E	2 km	− 2.139m
B → E	3 km	− 0.688m
E → C	1 km	+ 3.069m
E → D	2 km	− 1.711m

表2

既知点成果	
既知点	標高
A	5.153m
B	3.672m
C	6.074m
D	1.290m

1．2.995m　2．2.998m
3．3.001m　4．3.003m
5．3.005m

問2 図のように，既知点 A，B，C，D から新点 E の標高を求めるために水準測量を実施し，表1に示す結果を得た。新点 E の標高の最確値はいくらか。

但し，既知点の標高は表2のとおり。

表1

路線	観測距離	観測高低差
A → E	3 km	− 3.061m
B → E	1 km	− 1.183m
E → C	2 km	− 0.341m
E → D	4 km	+ 2.303m

表2

既知点	標高
A	6.039m
B	4.145m
C	2.655m
D	5.308m

1．2.978m　2．2.980m
3．2.985m　4．2.991m
5．2.992m

要点41 往復観測の較差の許容範囲（点検計算）

1 水準測量の軽重率，標準偏差

1. 軽重率 p は，標準偏差 m の2乗の逆数に比例する。

$$p_1 : p_2 : \cdots = \frac{1}{m_1^2} : \frac{1}{m_2^2} : \cdots \qquad \cdots\cdots 式（1）$$

2. 軽重率 p は，その路線長 S に反比例する。

$$p_1 : p_2 : \cdots = \frac{1}{S_1} : \frac{1}{S_2} : \cdots \qquad \cdots\cdots 式（2）$$

3. 標準偏差（誤差）m は，路線長 $\sqrt{S}$ に比例する。

標準偏差 $m = \pm k\sqrt{S}$ $\qquad \cdots\cdots 式（3）$

2 往復観測値の許容範囲

1. 観測は，往復観測とし，その較差が許容範囲を超えた場合は再測する。

表1　往復観測の較差の許容範囲（準則第65条）

項目＼区分	1級水準測量	2級水準測量	3級水準測量	4級水準測量
往復観測値の較差	2.5mm$\sqrt{S}$	5mm$\sqrt{S}$	10mm$\sqrt{S}$	20mm$\sqrt{S}$
備考	\multicolumn{4}{c}{S は観測距離（片道，km 単位）とする。}			

[97ページの解答]

問1 **4**
- A点から計算した新点Eの標高 $= 5.153 + (-2.139) = 3.014$m
- B点から計算した新点Eの標高 $= 3.672 + (-0.688) = 2.984$m
- C点から計算した新点Eの標高 $= 6.074 - (+3.069) = 3.005$m
- D点から計算した新点Eの標高 $= 1.290 - (-1.711) = 3.001$m

$$p_A : p_B : p_C : p_D = \frac{1}{2} : \frac{1}{3} : \frac{1}{1} : \frac{1}{2} = 3 : 2 : 6 : 3$$

$$H_E = 2.984 + \frac{3 \times 30 + 2 \times 0 + 6 \times 21 + 3 \times 17}{3 + 2 + 6 + 3} \times \frac{1}{1\,000} = \underline{3.003\text{m}}$$

問2 **1** Aからの値 $H_{A \to E} = 2.978$m, $H_{B \to E} = 2.962$m, $H_{C \to E} = 2.996$m, $H_{D \to E} = 3.005$m, 軽重率 $1/3 : 1/1 : 1/2 = 1/4 = 4 : 12 : 6 : 3$

最確値 $H_E = \dfrac{4 \times 2.978 + 12 \times 2.962 + 6 \times 2.996 + 3 \times 3.003}{4 + 12 + 6 + 3} = \underline{2.978\text{m}}$

直前突破問題！ ☆☆

問1 水準点Aから水準点Bまでの路線で，1級水準測量を行い，表の結果を得た。再測すべきと考えられる区間番号はどれか。

但し，片道の観測距離をSkmとするとき，往復観測値の較差の許容範囲は$2.5\text{mm}\sqrt{S}$とする。なお，$\sqrt{0.4}≒0.63$，$\sqrt{1.6}≒1.26$とする。

表

区間番号	観測区間	観測距離	往方向	復方向
①	A〜(1)	400m	+4.123 8m	−4.123 1m
②	(1)〜(2)	400m	+4.071 4m	−4.070 5m
③	(2)〜(3)	400m	−1.107 0m	+1.107 6m
④	(3)〜B	400m	+2.019 4m	−2.018 3m

1. ①　　2. ②　　3. ③　　4. ④　　5. 再測の必要はない

問2 図に示すように，水準点Aから固定点(1)，(2)及び(3)を経由する水準点Bまでの路線で，1級水準測量を行い，表に示す観測結果を得た。再測すべきと考えられる区間番号はどれか。

但し，往復観測値の較差の許容範囲は，$2.5\text{mm}\sqrt{S}$とする。

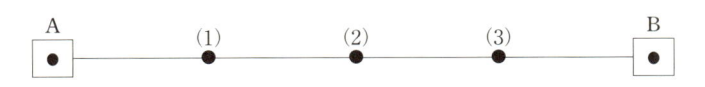

```
A      (1)     (2)     (3)      B
●───────●───────●───────●───────●
```

表

区間番号	観測区間	観測距離	往方向	復方向
①	A〜(1)	500m	+3.224 9m	−3.223 9m
②	(1)〜(2)	500m	−5.665 2m	+5.665 5m
③	(2)〜(3)	500m	−2.356 9m	+2.355 0m
④	(3)〜B	500m	+4.102 3m	−4.103 4m

1. ①　　2. ②　　3. ③　　4. ④　　5. 再測の必要はない

突破のポイント
- 水準点及び固定点によって区分された区間の往復観測値の較差が表1の許容範囲を超えた場合は，再測する。
- 再測が必要かどうかの計算方法は，よく出題されるので問1，問2の演習問題によって理解しておくこと。

要点42 環閉合差・閉合差の許容範囲（点検計算）

1 水準環・水準網

1. 水準路線のうち，出発点から終点へ閉合し，環状になっている路線を**水準環**といい，2個以上の水準環が組み合わさってできた水準路線の全体を**水準網**という。
2. 図の水準網において，A，交1，Bで囲まれた部分を**環**という。Ⅰ，Ⅱ，Ⅲはそれぞれ環（単位水準環）を表す。水準網は，既知水準点を含む閉じた環を構成するから，図の場合，6つの環ができる。
3. 図中の(1)～(7)を**路線**といい，路線と路線が結合する点を**交点**という。

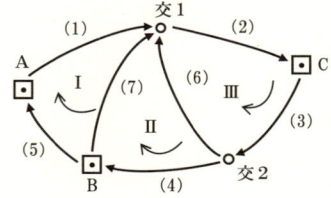

A，B，C：既知水準点
交1，交2：求める水準点
(1)，(2)…：観測方向

図1　水準網

2 環閉合差・閉合差の許容範囲

1. **環閉合差**とは，ある1つの閉合路線を1周して始めの水準点に戻ったときの誤差をいう。既知点間の**閉合差**は，既知点間の高低差（成果標高値の差）と観測から得られた高低差をいい，路線(1)＋(2)又は(1)＋(7)，(3)＋(4)が交1，交2の点検路線となる。観測値の良否は，水準網の環閉合差及び閉合差で表す。
2. 図1の水準網で矢印の方向に水準測量を行った場合（観測方向と反対に計算するときは負の符号を付ける），(1)－(7)＋(5)の環Ⅰ，－(6)＋(4)＋(7)の環Ⅱ，(2)＋(3)＋(6)の環Ⅲ及び外側の環(1)＋(2)＋(3)＋(4)＋(5)は0とならなければならない（条件式）。この誤差が環閉合差である。
3. 水準測量の観測値の点検は，表4・10の環閉合差及び閉合差で点検する。

表1　環閉合差・閉合差の許容範囲（準則第69条）

項目＼区分	1級水準測量	2級水準測量	3級水準測量	4級水準測量	簡易水準測量
環閉合差	2 mm$\sqrt{S}$	5 mm$\sqrt{S}$	10mm$\sqrt{S}$	20mm$\sqrt{S}$	40mm$\sqrt{S}$
既知点から既知点までの閉合差	15mm$\sqrt{S}$	15mm$\sqrt{S}$	15mm$\sqrt{S}$	25mm$\sqrt{S}$	50mm$\sqrt{S}$
備考	Sは観測距離（片道，km単位）とする。				

[99ページの解答]

問1　[4]　$S=400$m の許容範囲 2.5mm$\sqrt{0.4}=1.5$mm，
全体 2.5mm$\sqrt{1.6}=3.1$mm
往復差は ① $=0.7$mm，② $=0.9$mm，③ $=0.6$mm，④ $=1.1$mm，全体 $=3.3$mm となり，全体で許容範囲を超えているので，往復差の大きい区間 ④を再測する。

直前突破問題！ ☆

問1 図に示す路線の水準測量を行い，表の結果を得た。この水準測量の環閉合差の許容範囲（制限）を $2.5\sqrt{S}$ mm（S は観測距離で km 単位）とするとき，再測すべき路線として適当なものはどれか。

ただし，観測高低差は図中の矢印の方向に観測した値である。

路線番号	観測距離	観測高低差
(1)	5.0 km	＋0.124 7 m
(2)	5.0 km	－1.385 6 m
(3)	13.0 km	－0.984 2 m
(4)	9.0 km	－2.781 3 m
(5)	2.0 km	＋4.124 1 m
(6)	2.0 km	－0.275 9 m
(7)	10.0 km	－3.181 5 m

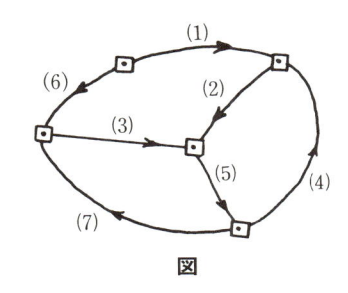

図

1．(1)と(2)　　2．(3)　　3．(4)　　4．(5)　　5．(6)と(7)

第3章　水準測量

突破のポイント
- 水準測量の観測値の点検は，表1の環閉合差及び閉合差で点検する。
- <u>単位水準環</u>とは，新設水準路線によって形成された水準環で，その内部に水準路線のないものをいう。

問2　③　許容範囲 $m = 2.5\text{mm}\sqrt{0.5} = 2.5\sqrt{5}/\sqrt{10} = 1.77\text{mm}$ となる。全体 $m_0 = 2.5\sqrt{2} = 3.54\text{mm}$。区間③が許容範囲を超えている。

区間	往方向	復方向	較差 (mm)	距離 (km)	許容範囲 (mm)	判定
①	3.224 9	－3.223 9	1.00	0.5	1.77	○
②	－5.665 2	5.665 5	0.30	0.5	1.77	○
③	－2.356 9	2.355 0	19.00	0.5	1.77	×
④	4.102 3	－4.103 4	11.00	0.5	1.77	○
全体	－0.694 9	0.693 2	－1.7	2.0	3.54	○

[101 ページの解答]

問1

④ **環閉合差**の点検は，ある水準点を出発点とし，その水準点に帰着する水準路線の閉合差を求め，許容範囲が $2.5\sqrt{S}$ mm 以内にあるかどうかを確認する。計算する方向と観測方向（矢印）が反対の場合，高低差の符号は負（−）となる。

表　環閉合差

番号	水準路線	水準測量の環閉合差	距離	$2.5\sqrt{S}$	判定
1	(1)→(4)→(7)→(6)	$0.1247-(-2.7813)+(-3.1815)$ $-(-0.2759)=0.0004$ m $=0.4$ mm	26.0 km	12.7 mm	○
2	(2)→(5)→(4)	$-1.3856+4.1241+(-2.7813)$ $=-0.0428$ m $=-42.8$ mm	16.0 km	10.0 mm	×
3	(3)→(5)→(7)	$-0.9842+4.1241+(-3.1815)$ $=-0.0416$ m $=-41.6$ mm	25.0 km	12.5 mm	×
4	(1)→(2)→(3)→(6)	$0.1247+(-1.3856)-(-0.9842)$ $-(-0.2759)=-0.0008$ m $=-0.8$ mm	25.0 km	12.5 mm	○

表の結果から，<u>路線(5)</u>が含まれる水準路線が許容範囲を超えている。

地形測量
(GIS を含む)

第4章

○ 地形測量は，出題問題28問中，No.13～No.16までの4問出題されます。
○ 地形測量は，アナログ形式からデジタル形式の数値地形測量となり，新たに航空レーザ測量が加わっています。
○ 地形測量には，写真測量の内容も多く含まれることから，準則では「地形測量及び写真測量」と一括りにしています。

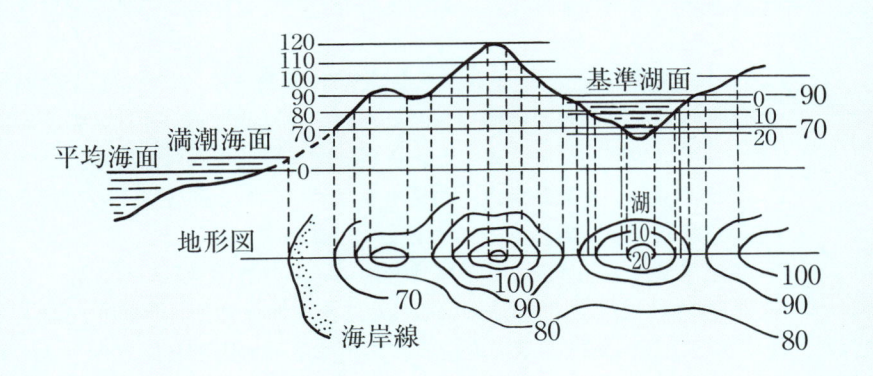

要点43 地形測量の概要

1 数値地形測量の概要

1. 「**地形測量及び写真測量**」とは，数値地形図データ等を作成及び修正する作業をいう。準則の改訂により，デジタルマッピング（DM）データは数値地形図データ，デジタルオルソデータは写真地図に名称が変更された。
2. **数値地形図データ**とは，地形・地物等に係る地図情報を位置・形状を表す座標データ，内容を表す属性データなど，計算処理が可能なデジタル形式で表現したものをいう（以上，準則第78条）。
3. 数値地形図データの地図情報は，測地座標で記録されているので縮尺の概念がない。縮尺に代って**地図情報レベル**が用いられる。縮尺との整合性を考慮して，同じ縮尺の分母数をもって地図情報レベルとする。
4. **地図情報レベル**とは，数値地形図データの地図表現精度を表し，数値地形図のデータの精度を示す指数をいう（準則第80条）。

表1　地図情報レベル・縮尺

地図情報レベル	地形図相当縮尺
250	1/250
500	1/500
1 000	1/1 000
2 500	1/2 500
5 000	1/5 000
10 000	1/10 000

2 現地測量

1. **現地測量**とは，現地においてTS等又はGNSS測量機を用いて，又は併用して地形・地物等を測定し，数地地形図データを作成する作業をいう（準則第83条）。
2. GNSS測量のうち，**ネットワーク型RTK観測法**は，1台のGNSS測量機で広範な地域を高精度で観測でき，また初期化（整数値バイアスの決定）も任意の場所で短時間にできることから現地測量で活用されている。
3. 現地測量は，4級基準点，簡易水準点又はこれと同等以上の精度を有する基準点に基づいて実施する（準則第84条）。
4. 現地測量により作成する数値地形図データの地図情報レベルは，原則として1 000以下とし，250，500及び1 000を標準とする（準則第85条）。
5. TS等又はGNSS測量機を用いて実施する現地測量及びデータファイルの作成に使用する機器及びシステムは，1～3級トータルステーション，1～2級GNSS測量機，デジタイザ，スキャナ，自動製図機，図形編集装置を標準とする（準則第87条）。

直前突破問題の解答は，次の項目の下にあります。

直前突破問題！

問1 次の文は，地形測量のうち現地測量について述べたものである。 ア ～ ウ に入る語句の組合せとして，適当なものはどれか。

a．現地測量とは，現地においてトータルステーションなど又は RTK 法若しくはネットワーク型 RTK 法を用いて，又は併用して地形，地物などを測定し， ア を作成する作業をいう。

b．現地測量は， イ ，簡易水準点又はこれと同等以上の精度を有する基準点に基づいて実施する。

c．現地測量により作成する ア の地図情報レベルは，原則として ウ 以下とする。

	ア	イ	ウ
1.	数値画像データ	4級基準点	1 000
2.	数値地形図データ	3級基準点	2 500
3.	数値画像データ	3級基準点	2 500
4.	数値地形図データ	3級基準点	1 000
5.	数値地形図データ	4級基準点	1 000

問2 次の文は，トータルステーションを用いた地形測量について述べたものである。間違っているものはどれか。

1．取得した数値データの編集に必要な資料は現地で作成する。
2．放射法では，目標までの距離を直接測定する。
3．細部測量で地形・地物の水平位置及び標高を測定する場合は，主として後方交会法を用いる。
4．現地調査以降に生じた地形・地物の変化については現地補測を行う。
5．地形・地物の状況により，基準点に TS を整置して作業を行うことが困難な場合，TS 点を設置することができる。

突破のポイント
- 準則の改定により，地形測量は数値地形測量となり，従来の平板測量は標準的な作業方法から除外された。
- 現地測量で観測に使用する機器は，地形・地物の位置座標を直接取得できる TS 等（トータルステーション，セオドライト，測距儀等）と GNSS 測量機である。
- 図形編集装置等の周辺機器により，TS や GNSS 測量機で取得したデータを，現地で直接図形表示し，編集・点検する。

第4章 地形測量（GISを含む）

要点44 現地測量の工程別作業区分

1 工程別作業区分

1. 現地測量の工程別作業区分及び順序は，次のとおり（準則第86条）。
   ①作業計画 → ②基準点の設置 → ③細部測量 → ④数値編集 → ⑤補備測量 → ⑥数値地形図データファイルの作成 → ⑦品質評価 → ⑧成果等の整理
2. **作業計画**は，測量作業着手前に，測量作業の方法，主要な機器，要員，日程などを立案し，計画機関に提出して承認を得る。
3. **基準点の設置**は，現地測量に必要な基準点を設置する作業をいう。
4. **細部測量**は，基準点又はTS点にTS等又はGNSS測量機を整置し，地形・地物等を測定し，数値地形図データを取得する作業をいう。細部測量の地上座標値はmm単位とし，次のいずれかの方法による。
   ① **オンライン方式**：携帯型パーソナルコンピュータ等の図形処理機能を用いて，図形表示しながら計測及び編集を行う方式（電子平板方式を含む）。
   ② **オフライン方式**：現地でデータ取得だけを行い，その後取り込んだデータコレクタ内のデータを図形編集装置に入力し，図形処理を行う方式。
5. **数値編集**は，細部測量の結果に基づき，図形編集装置を用いて地形・地物等の数値地形図データを編集し，編集済データを作成する作業をいう。
6. **補備測量**は，現地において注記や境界等の表現事項の確認作業をいう。

2 TS点（補助基準点）の設置

1. 地形・地物等の状況により，基準点にTS等又はGNSS測量機を整置して細部測量を行うことが困難な場合は，**TS点**（補助基準点）を設置する。
2. TS点の設置は，次の方法により行う。
   ① TS等を用いるTS点の設置（放射法）
   ② キネマティック法又はRTK法によるTS点の設置（放射法）
   ③ ネットワーク型RTK法によるTS点の設置（間接観測法，単点観測法）
      なお，**単点観測法**とは，ネットワーク型RTK法を用いて単独で測定の座標を求める観測法をいう。
3. 細部測量は，原則として一～四等三角点及び1～4級基準点に基づいて実施するもので，TS点の設置はやむを得ない場合の応急措置で，精度上1次点までとする。

[105ページの解答]

問1　⑤ 現地測量は，地図情報レベル1000以下での作業が主体である。
問2　③ TS等を用いる地形・地物等の測定（細部測量）は，基準点又はTS等に整置し，<u>放射法</u>により行う（準則第96条）。

直前突破問題！ ☆☆

問1 次の文は，地形測量について述べたものである。 ア ～ エ に入る語句の組合せとして適当なものはどれか。

 ア の方法のうち，携帯型パーソナルコンピュータなどの図形処理機能を用いて，現地で図形表示しながら計測及び編集を行う方式を，オンライン方式といい，特に イ と電子平板を用いた方式が一般的である。

これらの方法により得られたデータは，通常 ウ 形式であり，編集済データの端点の接続は， エ により点検することができる。

	ア	イ	ウ	エ
1.	同時調整	電子レベル	画像	電子基準点
2.	同時調整	トータルステーション	ベクタ	プログラム
3.	細部測量	電子レベル	ベクタ	電子基準点
4.	細部測量	トータルステーション	画像	電子基準点
5.	細部測量	トータルステーション	ベクタ	プログラム

問2 次の文は，トータルステーション（TS）による細部測量について述べたものである。間違っているものはどれか。

1. TSによる細部測量では，地形，地物などの状況により，基準点からの見通しが悪く測定が困難な場合，基準点から支距法によりTS点を設置し，TS点から測定を行うことができる。
2. TSによる細部測量において，地形は地性線及び標高値を測定し，図形編集装置によって等高線描画を行う。
3. TSによる細部測量で測定した地形，地物などの位置を表す数値データには，原則として，その属性を表すための分類コードを付与する。
4. TSによる細部測量では，地形，地物などの測定を行い，地名，建物などの名称のほか，取得したデータの結線のための情報などを取得する。
5. TSによる細部測量とRTK法を用いる細部測量とは，併用して実施できる。

> **突破のポイント**
> ・図形編集装置（電子平板等）は，パーソナルコンピュータにCADのソフトが組み込まれた装置で，座標変換，図形編集，地物の属性コード入力等の機能を備えた対話処理型の装置をいう。

第4章 地形測量（GISを含む）

要点 45 TS 点の設置

1 TS 点の設置

1．TS 点を設置する場合の TS 点の精度は，表 1 を標準とする。

表 1　TS 点の精度（準則第 91 条）

精度 地図情報レベル	水平位置 （標準偏差）	標　高 （標準偏差）
500	100mm 以内	100mm 以内
1 000	100mm 以内	100mm 以内
2 500	200mm 以内	200mm 以内

2 キネマティック法又は RTK 法による TS 点の設置

1．キネマティック法又は RTK 法による TS 点（補助基準点）の設置は，基準点に GNSS 測量機を整置し，放射法により行う。
2．観測は，干渉測位方式により 2 セット行う。セット内の観測回数及びデータ取得間隔等は表 2 を標準とする。1 セット目の観測値を採用値とし，観測終了後に再初期化をして 2 セット目の観測を行い，点検値とする。

表 2　観測の使用衛星数・較差の許容範囲等（準則第 93 条）

使用衛星数	観測回数	データ取得間隔	許容範囲		備　考
5 衛星 以　上	FIX 解を 得てから 10 エポ ック以上	1 秒 （但し，キネマ ティック法は 5 秒以下）	ΔN ΔE	20mm	ΔN：水平面の南北方向のセット間較差 ΔE：水平面の東西方向のセット間較差 ΔU：水平面からの高さ方向のセット間較差 但し，平面直角座標値で比較することができる。
			ΔU	30mm	
摘　要	① GLONASS 衛星を用いて観測する場合は，使用衛星数は 6 衛星以上とする。但し，GPS 衛星及び GLONASS 衛星を，それぞれ 2 衛星以上を用いること。 ② 公共測量において GLONASS 衛星を用いた GNSS 観測をする場合，異なる測量機器メーカーの GNSS 測量機による観測も可能。				

3 ネットワーク型 RTK 法による TS 点の設置

1．ネットワーク型 RTK 法による TS 点の設置は，間接観測法又は単点観測法（P112）により行う。
2．観測は，キネマティック法又は RTK 法と同様とし，表 2 を標準とする。

[107 ページの解答]

問 1　⑤ 電子平板は，トータルステーションに携帯用の小型コンピュータを接続し，CAD などによって図形処理しながら，現地で直接測定し地形図を描くオンライン方式の測量に用いる。

問 2　① TS 等を用いる TS 点の設置は，基準点に TS 等を整置し<u>放射法</u>により行う（準則第 92 条）。

直前突破問題！ ☆☆

問1 次の文は，トータルステーション（TS）やGNSS測量機を用いた細部測量について述べたものである。間違っているものはどれか。

1. TSを用いた細部測量において，放射法を用いる場合は，必ず目標物までの距離を測定しなければならない。
2. TSを用いた細部測量において，目標物が直接見通せる場合には，目標物までの距離が長くなっても精度は低下しない。
3. GNSS測量機を用いる場合，天候にほとんど左右されずに作業を行うことができる。
4. GNSS測量機を用いる場合，既知点からの視通がなくても位置を求めることができる。
5. 市街地や森林地帯における細部測量にGNSS測量機を用いる場合，上空視界の確保ができず所定の精度が得られないことがある。

問2 次の文は，RTK法による地形測量について述べたものである。 ア ～ エ に入る語句として適当なものはどれか。

a. RTK法による地形測量とは，GNSS測量機を用いて地形，地物を現地で測定，取得した数値データを編集し地形図を作成する作業である。

b. RTK法による地形測量では，小電力無線機などを利用して観測データを送受信することにより， ア がリアルタイムで行えるため，現地において地形，地物の相対位置を算出することができる。

c. RTK法による地形測量における観測は， イ により1セット行い，観測に使用するGNSS衛星は ウ 以上使用する。このRTK法による地形測量は， エ の工程に用いることができる。

	ア	イ	ウ	エ
1.	基線解析	放射法	5衛星	細部測量
2.	基線解析	放射法	4衛星	数値図化
3.	ネットワーク解析	交会法	5衛星	細部測量
4.	基線解析	交会法	4衛星	数値図化
5.	ネットワーク解析	放射法	4衛星	細部測量

第4章 地形測量（GISを含む）

> **突破のポイント**
> ・TS点の設置は，TS観測では基準点から放射法で，ネットワーク型RTK法で単点観測法で行う。

要点46 TS等を用いる細部測量

1 TS等を用いる細部測量

1. TS等を用いる地形・地物の測定は，基準点又はTS点にTS等を整置し，放射法により行う。標高の測定は，必要に応じて水準測量により行う。
2. 基準点又はTS点からの地形・地物等の測定は，次のとおり。
   ① 地形は，地性線（凸線，凹線，傾斜変換線等の地ぼうの骨格）及び標高値を測定し，図形編集装置によって等高線描画を行う。
   ② 標高点の密度は，地図情報レベル×4 cmを辺長とする格子に1点を標準とし，標高点数値はcm単位で表示する。
3. 測定した座標値等には，その属性を表すために分類コードを付す。
4. 地形・地物等の測定終了後に，データ解析システムにデータを転送し，計算機の画面上で編集及び点検を行う。
5. 地形・地物等の測定は，表1を標準とする。なお，水平角観測対回数の0.5とは，望遠鏡正又は反により目標方向へ1回の観測を行うことをいう。

表1 細部測量の測定標準（準則第96条）

地図情報レベル	機器	水平角観測対回数	距離測定回数	測定距離の許容範囲
500以下	2級トータルステーション	0.5	1	150m
	3級トータルステーション	0.5	1	100m
1 000以上	2級トータルステーション	0.5	1	200m
	3級トータルステーション	0.5	1	150m
備考	ノンプリズム測距機能を有し，ノンプリズムによる公称測定精度が2級短距離型測距儀の性能を有する場合は，反射鏡を使用しないで測定することができる。			

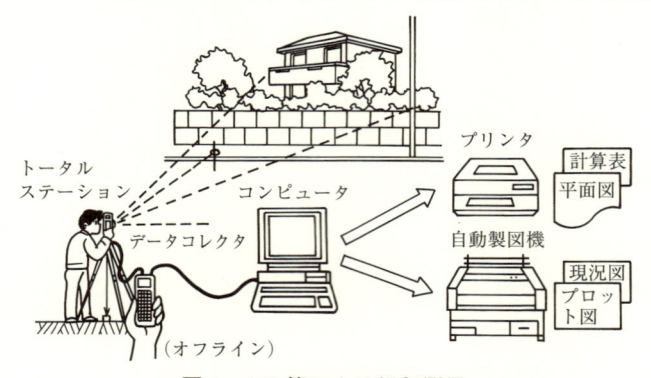

図1 TS等による細部測量

[109ページの解答]

問1　② 測距精度（誤差）$\Delta L = 5\text{mm} + 5 \times 10^{-6} L$ である。また，測角誤差 $\Delta\alpha$ による位置精度 $\Delta L = L \cdot \Delta\alpha$ となり，ともに精度は距離 L に比例する。測定

直前突破問題！ ☆

問1 次の文は，トータルステーション又は GNSS 測量機を用いた細部測量について述べたものである。間違っているものはどれか。

1. トータルステーションによる，地形・地物の測定は，放射法により行う。
2. 地形・地物などの状況により，基準点にトータルステーションを整置して細部測量を行うことが困難な場合は，TS 点を設置することができる。
3. RTK 観測では，霧や弱い雨にほとんど影響されずに観測を行うことができる。
4. RTK 観測による，地形・地物の水平位置の測定は，基準点と観測点間の視通がなくても行うことができる。
5. ネットワーク型 RTK 法を用いる細部測量では，GNSS 衛星からの電波が途絶えても，初期化の観測をせずに作業を続けることができる。

問2 次の文は，トータルステーションを用いた細部測量について述べたものである。間違っているものはどれか。

1. 細部測量では，地形・地物を測定する場合，TS の特性を活かして放射法を用いる。
2. 細部測量では，建物など直線で囲まれている地物を測定する場合，かどを測定すると効率的である。
3. 細部測量では，道路や河川などの曲線部分を測定する場合，曲線の始点，終点及び変曲点を測定する。
4. 細部測量では，TS と目標物との視通がなくても，目標物の上空視界が確保されていればよい。
5. 細部測量では，測定した地形・地物の位置を表す数値データに，その属性を表す分類コードを付与する。

> **突破のポイント**
> ・地形・地物等の測定には，TS 等観測と，キネマティック法，RTK 法及びネットワーク型 RTK 法による観測方法がある。ネットワーク型 RTK 法は，配信事業者からの補正データを利用するものである。

第4章 地形測量（GISを含む）

距離の許容範囲は，地図情報レベルに応じて 200m までである。

問2 ① TS 点の設置は干渉測位方式で2セット，細部測量は1セット，放射法により行う。使用衛星数は P112，表1参照。

要点47 GNSS等を用いる細部測量

1 キネマティック法又はRTK法による細部測量

1. キネマティック法又はRTK法による地形・地物等の測定は，基準点又はTS点にGNSS測量機を整置し，放射法により行う。
2. 観測は，干渉測位方式により1セット行うものとし，観測の使用衛星数及びセット内の観測回数等は，表1を標準とする。

表1 使用衛星数・観測回数（準則第97条）

使用衛星数	観 測 回 数	データ取得間隔
5衛星以上	FIX解を得てから10エポック以上	1秒（但し，キネマティック法は5秒以下）
摘　　要	① GLONASS衛星を用いて観測する場合は，使用衛星数は6衛星以上とする。但し，GPS衛星及びGLONASS衛星を，それぞれ2衛星以上を用いること。 ② 公共測量においてGLONASS衛星を用いたGNSS観測をする場合，異なる測量機器メーカーのGNSS測量機による観測も可能。	

2 ネットワーク型RTK法による細部測量

1. ネットワーク型RTK法による地形・地物等の測定は，間接観測法又は単点観測法により地形・地物等の測定を行う。
   ① **間接観測法**：固定点と移動点にGNSS測量機を据えて同時に観測し，基線ベクトルの引き算をすることにより，移動点間のベクトルを求める観測。
   ② **単点観測法**：仮想点又は電子基準点を固定点として，配信事業者の補正データを利用した放射法による単独に測点の座標を求める観測。

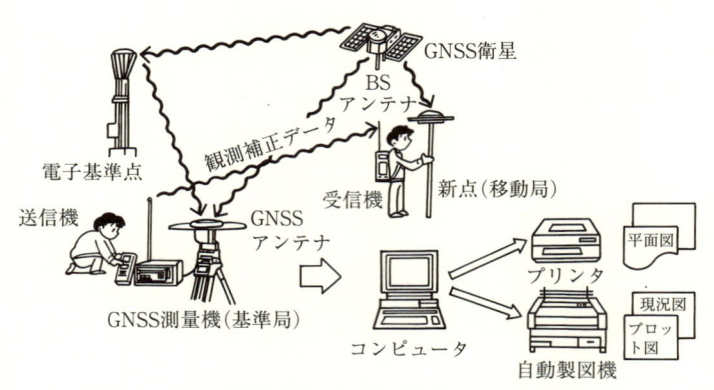

図1　ネットワーク型RTK法

[111ページの解答]

問1　⑤　再初期化（整数値バイアスの確定）を行う。
問2　④　TS等観測では，TS点と目標物との視通が確保されなければならない。

直前突破問題！ ☆☆

問1 次の文は，RTK法を用いた地形測量について述べたものである。 ア ～ オ の中に入る語句の組合せとして適当なものはどれか。

RTK測量では， ア の影響にもほとんど左右されずに観測を行うことができ，既知点（基準局）と測点間の イ が確保されていなくても観測は可能である。また，省電力無線機や携帯電話を利用して観測データを送受信することにより， ウ がリアルタイムに行えるため，現地において地形・地物の相対位置を算出することができる。

地形・地物の観測は，放射法により1セット行い，観測に使用する人工衛星数は エ 以上使用しなければならない。また，人工衛星からの電波を利用するため オ の確保が必要となる。

	ア	イ	ウ	エ	オ
1.	天候	精度	基線解析	5衛星	通信機器
2.	天候	視通	データ入力	4衛星	上空視界
3.	地磁気	精度	データ入力	5衛星	通信機器
4.	地磁気	視通	基線解析	4衛星	通信機器
5.	天候	視通	基線解析	5衛星	上空視界

問2 次の文は，RTK法による地形測量について述べたものである。間違っているものはどれか。

1. 最初に既知点と観測点間において，点検のため観測を2セット行い，セット間較差が許容制限内にあることを確認する。
2. 地形及び地物の観測は，放射法により2セット行い，観測には4衛星以上使用しなければならない。
3. 既知点と観測点間の視通が確保されていなくても観測は可能である。
4. 観測は霧や弱い雨にほとんど影響されず，行うことができる。
5. 小電力無線機などを利用して観測データを送受信することにより，基線解析がリアルタイムで行える。

第4章 地形測量（GISを含む）

突破のポイント
- RTK観測は，観測点の位置を連続して求めていく測量方法。最初に既知点と観測点間において，初期化（整数値バイアスの確定）を2セット行う。較差が許容範囲内にあることを確認し，1セット目の観測値を採用値とする。

要点48 数値地形測量の特徴

1 数値地形測量

1. 数値地形測量では，地形・地物をコンピュータで扱えるデジタルデータで測定・取得し，数値地形図データファイルを作成する。数値地形図データファイルの作成方法は，次のとおり。
   ① 現地測量（TS等地形図測量，GNSS地形測量）
   ② 空中写真測量（数値図化）
   ③ 既成図数値化（マップデジタイズ（MD））
   ④ 数値地形図修正
2. 数値地形図データでは，地図情報レベル（地図表現精度）が用いられるが，これを図化するとき，真位置から転位・取捨選択等の作図データの処理が行われる。　　　　　　　　　　　　　　　P180 要点79 編集描画 参照
   ① **真位置データ**：水平位置の転位，間断等の処理を行わず，データの連続性と真位置を重視したデータ。
   ② **作図データ**：水平位置の転位，間断等の図式に従った処理の行われたデータ。真位置データに比べ，転位した量だけ精度が悪くなっている。
3. 高さの表現方法として，等高線法，数値地形モデル法（DTM）を用いる。
   ① **等高線法**：数値図化機により等高線を描画しながらデータを取得する。
   ② **数値地形モデル法（DTM）**：所定の格子点及び山頂・鞍部等の地形の特徴を示す点の標高値データを取得する。

2 準則の改正と数値地形測量（アナログからデジタルへ）

1. 平成20年の準則の改正に伴い，「地形測量」はデジタル形式の「数値地形図」となり，アナログ形式の平板測量は標準的な作業から除かれた。
2. 次の用語の名称が変更された。
   ① 地形図 → 数値地形図データ
   ② デジタルマッピング（DM）→ 数値地形図データ
   ③ デジタルオルソデータ → 写真地図
   ④ 縮尺 → 地図情報レベル

[113ページの解答]

問1　⑤　RTK法では，固定局側の衛星からの受信情報を無線で得て，移動局の衛星からの観測データと合わせて，基線解析を瞬時に行う。

問2　②　地形・地物の観測は，放射法により1セット行う。衛星数5以上（P108表2）。

直前突破問題！

問1 次の文は，数値地形測量に関する4種類の作業方法について述べたものである。 ア ～ エ に入る語句として，適切なものはどれか。

a．TSなどを用いて ア により数値データを取得し，数値編集を行って数値地形図を作成する方法で，TS地形測量と呼ばれる。

b．空中写真を用い， イ 段階から数値データを取得し，数値編集を行って数値地形図を作成する方法で ウ と呼ばれる。

c．既に作成されている地形図を エ ，数値地形図を作成する方法で，既成図数値化と呼ばれる。

d．上記a～cにより作成された数値地形図を修正する方法で，数値地形図修正と呼ばれる。

	ア	イ	ウ	エ
1.	図面計測	図化	数値図化	デジタイザなどで数値化し
2.	図面計測	現地調査	ラスタ・ベクタ変換	数値標高モデルと重ね合わせ
3.	現地観測	現地調査	数値図化	数値標高モデルと重ね合わせ
4.	現地観測	図化	ラスタ・ベクタ変換	数値標高モデルと重ね合わせ
5.	現地観測	図化	数値図化	デジタイザなどで数値化し

問2 次の文は，数値地形図のデータについて述べたものである。 ア ～ オ の中に入る語句として，適当なものはどれか。

a．数値地形図のデータは，水平位置の転位や間断等の処理を行わず，データの連続性の確保と測定した座標の保持を重視した ア と，水平位置の転位や間断等の処理が行われている イ に分類される。また，データの形式によりベクタ形式とラスタ形式の2種類に分類できる。

b．ベクタ形式のデータは，TSを用いた地形測量や数値地形図により取得する方法のほか，既成図から ウ を用いて直接取得する。

c．ラスタ形式のデータは，既成図から エ を用いて数値データを取得し，取得した数値データを オ によりベクタ形式のデータにする。

	ア	イ	ウ	エ	オ
1.	真位置データ	作図データ	デジタイザ	スキャナ	デジタル化
2.	真位置データ	作図データ	スキャナ	デジタイザ	ラスタ・ベクタ変換
3.	作図データ	真位置データ	スキャナ	デジタイザ	デジタル化
4.	作図データ	真位置データ	デジタイザ	スキャナ	デジタル化
5.	真位置データ	作図データ	デジタイザ	スキャナ	ラスタ・ベクタ変換

要点49 数値地形測量のデータファイルの作成

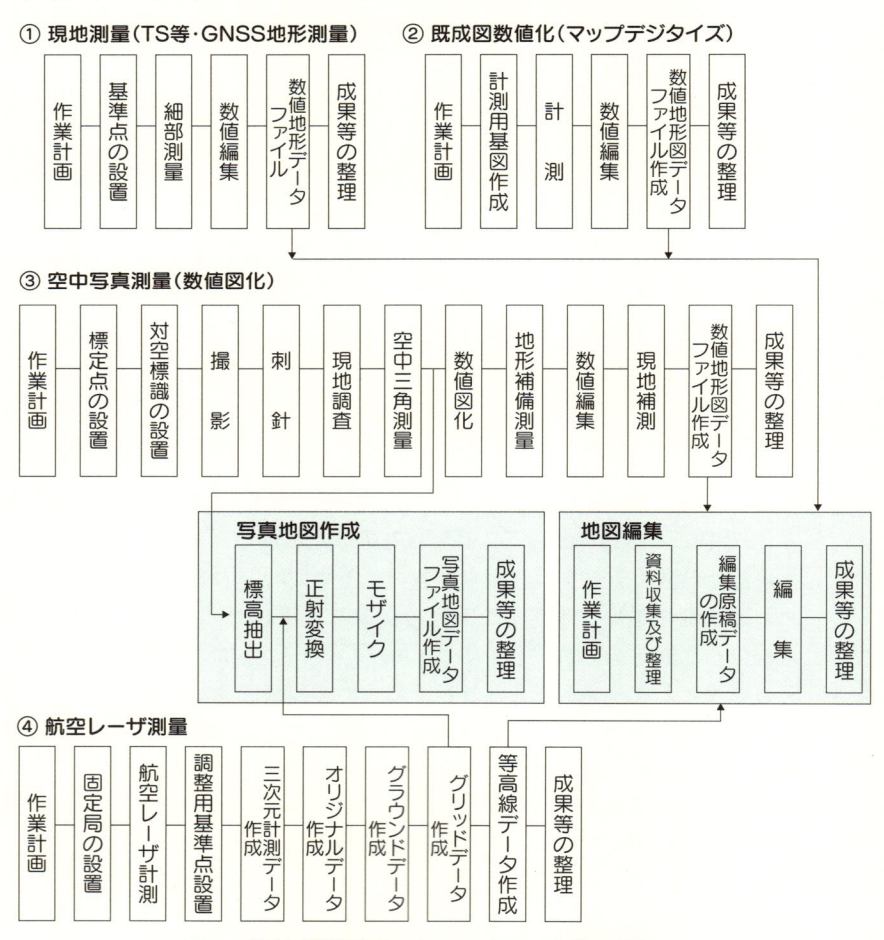

1 数値地形図データファイルの作成

1. 最終成果としての地図編集，写真地図作成の数値地形図データファイル取得方法を図1に示す。数値地形図データファイルは，現時点のデータであり，経年変化に対応するためデータの更新（**数値地形図修正測量**）を行う。

① 現地測量（TS等・GNSS地形測量）
作業計画 → 基準点の設置 → 細部測量 → 数値編集 → 数値地形図データファイル → 成果等の整理

② 既成図数値化（マップデジタイズ）
作業計画 → 計測用基図作成 → 計測 → 数値編集 → 数値地形図データファイル作成 → 成果等の整理

③ 空中写真測量（数値図化）
作業計画 → 標定点の設置 → 対空標識の設置 → 撮影 → 刺針 → 現地調査 → 空中三角測量 → 数値図化 → 地形補備測量 → 数値編集 → 現地補測 → 数値地形図データファイル作成 → 成果等の整理

写真地図作成
標高抽出 → 正射変換 → モザイク → 写真地図データファイル作成 → 成果等の整理

地図編集
作業計画 → 資料収集及び整理 → 編集原稿データの作成 → 編集 → 成果等の整理

④ 航空レーザ測量
作業計画 → 固定局の設置 → 航空レーザ計測 → 調整用基準点設置 → 三次元計測データ作成 → オリジナルデータ作成 → グラウンドデータ作成 → グリッドデータ作成 → 等高線データ作成 → 成果等の整理

図1 数値地形図データファイル（作業工程）

［115ページの解答］

問1　⑤　ベクタデータはデジタイザで，ラスタデータはスキャナで取得する。

問2　⑤　数値地形図のデータは，座標値と属性をもつベクタデータと各区画に属性を付けたラスタデータに分類される。

直前突破問題！ ☆☆

問1 図は，空中写真測量による数値地形図データ作成の作業工程を示したものである。 ア ～ エ に入る工程別作業区分の組合せとして，適当なものはどれか。

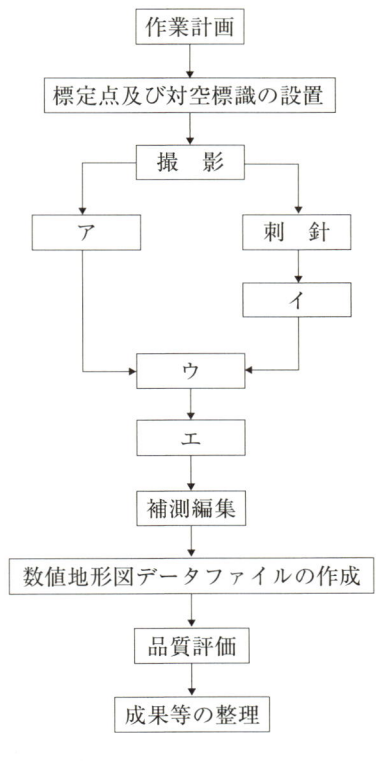

```
作業計画
   ↓
標定点及び対空標識の設置
   ↓
  撮 影
  ↙   ↘
 ア    刺 針
          ↓
          イ
  ↘   ↙
   ウ
   ↓
   エ
   ↓
 補測編集
   ↓
数値地形図データファイルの作成
   ↓
  品質評価
   ↓
 成果等の整理
```

	ア	イ	ウ	エ
1.	数値図化	空中三角測量	GNSS測量	数値編集
2.	現地調査	空中三角測量	数値図化	数値編集
3.	数値編集	GNSS測量	数値図化	空中三角測量
4.	数値編集	GNSS測量	空中三角測量	数値図化
5.	現地調査	空中三角測量	数値編集	数値図化

第4章 地形測量（GISを含む）

突破のポイント
・数値地形図データ等を作成するための測量方法は，図1に示す現地測量，空中写真測量，既成図数値化，修正測量などで作成され，各種の地理情報を展開する基盤となる。

要点50 数値地形測量のデータ形式

1 数値地形図のデータ形式

1. **ベクタデータ**は，図形の形状を点・線・面に分け，座標とベクトルの組合せで表す。TS等・GNSS測量及びデジタイザで得られるデータは，ベクタデータである。
2. **ラスタデータ**は，図形を細かいメッシュの集合体で表す画像データをいう。数値標高モデル，スキャナで得られるデータは，ラスタデータである。
3. ラスタデータをベクタデータに変換することを**ラスタ・ベクタ変換**という。

表1　地図表現とデータ形式

データ形式	ベクタデータ	ラスタデータ
地図表現	・正確に表現できる ・地図縮尺を大きくしても，形状は崩れない。	・メッシュ内部の情報は不明である。 ・縮尺を大きくすると，地図表現が粗くなる。
地図の特性	地図に使用されているデータは，座標を持った点（学校等の建物）と，線（道路や鉄道等の線状構造物）と，面（土地や湖沼など線で囲まれた物）にその全てが分類される。	

図1　ラスタ・ベクタ変換

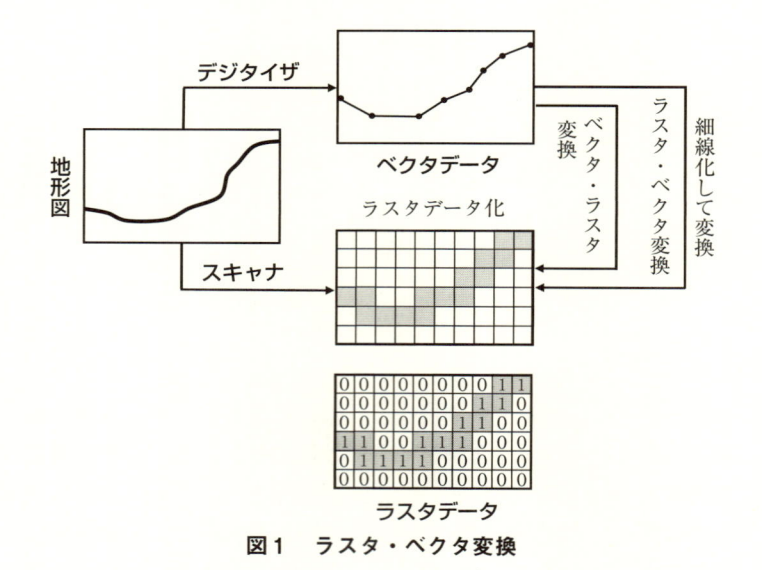

[117ページの解答]

問1　② 空中写真測量の数値図化は，空中写真による図化の工程段階で，デジタルデータを取得し，現地補測や補備測量により得られたデータを付加して編集し，数値地形図を作成する作業をいう。P134，空中写真測量の概要を参照のこと。

直前突破問題！ ☆☆

問1 次の文は，地理情報システムで扱うラスタデータとベクタデータの特徴について述べたものである。間違っているものはどれか。

1. ラスタデータを変換処理することにより，ベクタデータを作成することができる。
2. 閉じた図形を表すベクタデータを用いて，図形の面積を算出することができる。
3. ラスタデータは，一定の大きさの画素を配列して，地物などの位置や形状を表すデータ形式である。
4. ネットワーク解析による最短経路検索には，一般にラスタデータよりベクタデータの方が適している。
5. ラスタデータは，拡大表示するほど，地物などの詳細な形状を見ることができる。

問2 次の文は，ラスタデータとベクタデータについて述べたものである。間違っているものはどれか。

1. ラスタデータは，ディスプレイ上で任意の倍率に拡大や縮小しても，線の太さを変えずに表示することができる。
2. ラスタデータは，一定の大きさの画素を配列して，写真や地図の画像を表すデータ形式である。
3. ラスタデータからベクタデータへ変換する場合，元のラスタデータ以上の位置精度は得られない。
4. ベクタデータは，地物をその形状に応じて，点，線，面で表現したものである。
5. 道路中心線のベクタデータをネットワーク構造化することにより，道路上の2点間の経路検索が行えるようになる。

突破のポイント

- 数値地形測量は，地形・地物をコンピュータで扱えるデジタルデータ（数値地形データ）により測定・取得し，数値地形図を作成する作業をいう。数値地形データの形式は，次のとおり。

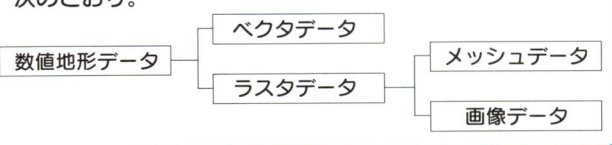

```
                  ┌─ ベクタデータ
数値地形データ ─┤                    ┌─ メッシュデータ
                  └─ ラスタデータ ─┤
                                       └─ 画像データ
```

第4章 地形測量（GISを含む）

要点51 等高線の測定

1 直接測定法

1. 図1において，標高 H_A の基準点から等高線 H_P，H_Q の地点 P，Q は，器械高 i，目標板の高さ f_P，f_Q とすると，$H_A+i=H_P+f_P=H_Q+f_Q$ より

$$\left.\begin{array}{l} f_P=H_A+i-H_P \\ f_Q=H_A+i-H_Q \end{array}\right\} \qquad \cdots\cdots 式（1）$$

2. レベルで f_P，f_Q の読みとなる地点 P，Q を求めると等高線の位置が分かる。

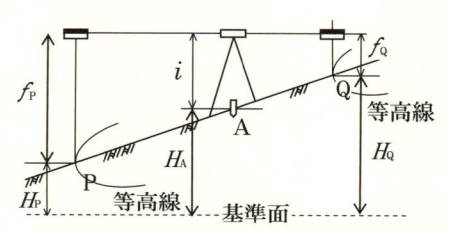

図1　等高線の直接測定法

2 間接測定法

1. 図2において，レベル，トータルステーション等で測量区域の多くの測点の標高を求める，あるいは地性線上の主要点の標高を求めると，求める等高線 h_1，h_2 とその水平距離は，次のとおり。

$$\frac{H_B-H_A}{L}=\frac{H}{L}=\frac{h_1}{\ell_1}=\frac{h_2}{\ell_2}$$

$$\therefore\quad \ell_1=\frac{h_1}{H}L,\quad \ell_2=\frac{h_2}{H}L \qquad \cdots\cdots 式（2）$$

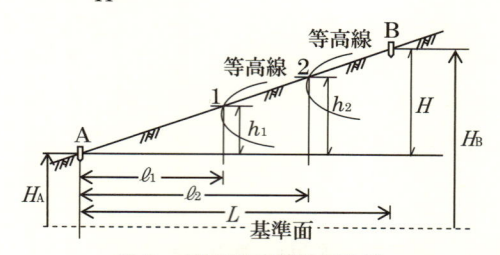

図2　等高線の間接測定法

[119ページの解答]

問1　⑤　ラスタデータは，画素（画像表示の最小単位）の集合体である。拡大すると画素が拡大されるだけで，1画素中の詳細は不明である。

問2　①　線の太さは変化する。なお，ベクタデータは，対象物を座標値をもつ点（ノード），これを結んだ線（チェーン），線で囲まれた面（ポリゴン）で表す。

直前突破問題！ ☆☆

問1
トータルステーションを用いた縮尺 1/1 000 の地形図作成において，傾斜が一定な斜面上の点 A と点 B の標高を測定したところ，それぞれ 72.8m，68.6m であった。また，点 A，B 間の水平距離は 78m であった。

このとき，点 A，B 間を結ぶ直線とこれを横断する標高 70m の等高線との交点は，地形図上で点 A から何 cm の地点か。

1. 1.3cm　　2. 2.6cm　　3. 3.9cm
4. 5.2cm　　5. 6.5cm

問2
トータルステーションを用いた縮尺 1/1 000 の地形図作成において，標高 50m の基準点から，ある道路上の点 A の観測を行ったところ，高低角 30°，斜距離 24m の観測結果が得られた。その後，点 A に TS を設置し，点 A と同じ道路上にある点 B（点 A から点 B を結ぶ道路は直線で傾斜は一定）を観測したところ，標高 56m，水平距離 18m の観測結果が得られた。

このとき，点 A から点 B を結ぶ直線道路とこれを横断する標高 60m の等高線との交点は，この地形図上で点 B から何 cm の地点か。

1. 0.2cm　　2. 0.4cm　　3. 0.6cm
4. 1.2cm　　5. 2.4cm

突破のポイント

- TS 等を用いる地形・地物等の測定は，基準点又は TS 点に TS 等を設置し，放射法等により行う。標高については，必要に応じて水準測量により行う。
- 数値地形測量では高さの表現としての等高線は，数値図化機による等高線法あるいは数値地形モデル法（DTM）によって行われる。TS 等による直接測定法は，現地で等高線が求められる方法で，よく出題される。
- 標高点の密度は，地図情報レベルに 4 cm を乗じた値を辺長とする格子に 1 点を cm 単位で表示する。

要点52 航空レーザ測量と数値標高モデル

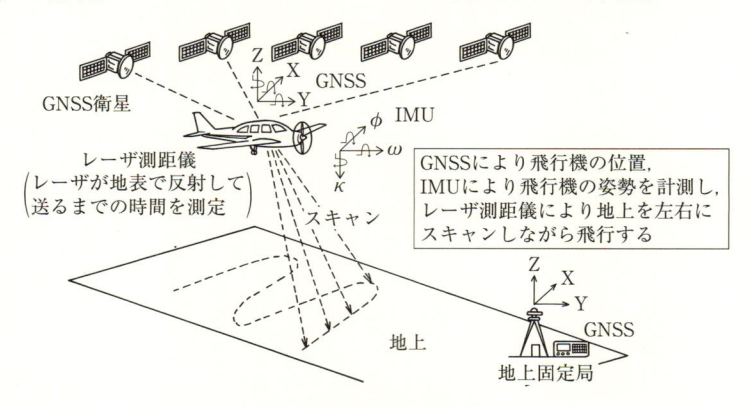

1 航空レーザ測量

1. **航空レーザ測量**は，空中から地形・地物の標高を計測する技術である。格子状の標高データである**数値標高モデル**（DEM，グリッドデータ）等の数値地形図データファイルを作成する作業をいう（準則第274条）。
2. **航空レーザ測量システム**は，航空機に搭載されたGNSS，IMU，レーザ測距儀，地上に設置される固定局によって構成され，品質管理や写真地図作成のためにデジタル航空カメラの搭載が標準となっている。
3. 航空レーザ測量の工程別作業区分及び順序は，次のとおり（準則第276条）。
   ① **調整用基準点の設置**：3次元計測データの点検調整のため基準点の設置。
   ② **3次元計測データ**：計測データを解析した標高データ。
   ③ **オリジナルデータ**：3次元計測データの点検調整を行った標高データ。
   ④ **グラウンドデータ**：地表面の遮へい物を除いた地表面の標高データ。
   ⑤ **グリッドデータ**：グリッド間隔に変換した数値標高モデル（DEM）。
   ⑥ **等高線データ**：グラウンドデータから発生させた等高点のデータ。

図1 航空レーザ測量

[121ページの解答]

問1 ４ $H = H_A - H_B = 4.2$m，$L = 78$m
等高線 $h = H_A - 70 = 2.8$m

$$\ell_1 = \frac{h}{H}L = \frac{2.8}{4.2} \times 78 = 52\text{m}$$

ℓ_1は縮尺 1/1000 の地形図上では，A点から <u>5.2cm</u> の地点となる。

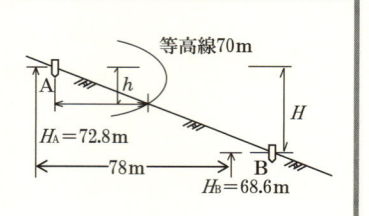

（図：等高線70m，$H_A = 72.8$m，$H_B = 68.6$m，78m，H，h）

問2 ４ $H_A = 62$m より，B点より標高60mの水平距離 L は $18 : 6 = L : 4$，$L = 12$m，図上 $\ell = 12\text{m}/1000 = $ <u>1.2cm</u>

直前突破問題！ ☆☆

問1 次の文は，数値地形モデル（DTM）の特徴について述べたものである。間違っているものはどれか。ここでDTMとは，等間隔の格子の代表点（格子点）の標高を表したデータとする。
1. DTMから地形の断面図を作成することができる。
2. DTMを用いて水害による浸水範囲のシミュレーションを行うことができる。
3. DTMの格子間隔が小さくなるほど詳細な地形を表現できる。
4. DTMは，等高線データから作成することができないが，等高線データはDTMから作成することができる。
5. DTMを使って数値空中写真を正射変換し，正射投影画像を作成することができる。

問2 次の文は，公共測量における航空レーザ測量について述べたものである。間違っているものはどれか。
1. 航空レーザ測量は，レーザを利用して高さのデータを取得する。
2. 航空レーザ測量は，雲の影響を受けずにデータを取得できる。
3. 航空レーザ装置は，GNSS測量機，IMU，レーザ測距装置等により構成されている。
4. 航空レーザ測量で作成した数値地形モデル（DTM）から，等高線データを発生させることができる。
5. 航空レーザ測量は，フィルタリング及び点検のための航空レーザ用数値写真を同時期に撮影する。

第4章 地形測量（GISを含む）

突破のポイント
- 航空レーザ測量は，非常に優れた地形計測技術であるが，得られる成果は標高データである。搭載されるデジタル航空カメラは，点検用である。
- 数値標高モデル（DEM）は，植生や建築物を含めた地球の表面の標高を表し，数値地形モデル（DTM）はそれらを取り除いた地表の標高を表す。
- 水部ポリゴンデータは，写真地図データを用いて，海部・河川・池等，表面が水で覆われている水部を表す。
- フィルタリングは，地表面以外のデータを取り除く作業をいい，フィルタリングの良否が測量成果に影響する。

要点53 数値標高モデル（DEM）

1 航空レーザ測量と数値標高モデル

1. 航空レーザ測量では，GNSSとIMU（慣性計測装置）により航空機の位置と姿勢を，レーザ測距儀により地上までの距離を計測し，レーザ光反射位置を解析する。　　　　　　　　　　　P160 要点70 航空レーザ測量 参照
2. 航空レーザ測量の成果は，地表面の遮へい物を除いた地表面の標高データ（**グラウンドデータ**）である。グラウンドデータ作成後，**グリッドデータ**（数値標高モデル）や**等高線データ**が作成される。

2 数値標高モデル

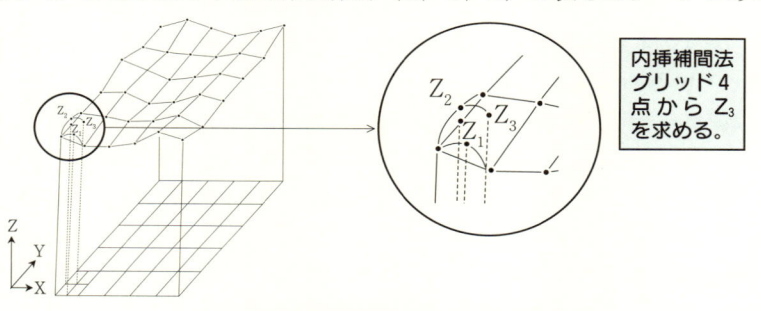

1. **数値標高モデル**（DEM）は，地盤面の地形のデジタル表現であり，図1のように，**内挿補間法**により対象となる区域を等間隔の**格子（グリッド）**に分割して，各格子点の平面座標と標高（X, Y, Z）を表したデータである。

内挿補間法
グリッド4点から Z_3 を求める。

図1　数値標高モデル（DEM）

2. 数値標高モデル（DEM）の特徴は，次のとおり。
   ① DEMの格子間隔が小さいほど，密度の高い数多くの標高値を得ることができ，詳細な地形を表現できる。
   ② 等高線を活用してDEMを作成することができる。
   ③ 2つの格子点を結ぶ直線と，直線上の縦断面図から，2つの格子点間の視通（見通せるかどうか）を判断できる。
   ④ DEMを利用して，水害の浸出範囲のシュミレーションや山頂間の視通の推定などを行うことができる。

［123ページの解答］

問1　④　写真地図作成で用いられるDTM（数値地形モデル）と地形上の標高を表すDEM（数値標高モデル）は，同じ概念であり，等高線データから作成できる。

問2　②　計測条件は，風速約10m/s以下で降雨・濃霧・雲がないこと。

直前突破問題！ ☆

問1 次のア〜オの事例について，コンピュータを用いた解析を行いたい。この際，等高線データや数値標高モデルなどの地形データが必要不可欠であると考えられるものの組合せはどれか。但し，数値標高モデルとは，ある一定間隔の水平位置ごとに標高を記録したデータである。

ア．台風による堤防の決壊によって，浸水の被害を受ける範囲を予測する。
イ．日本全国を対象に，名称に「谷」及び「沢」の付く河川を選び出し，都道府県ごとに「谷」と「沢」のどちらが付いた河川が多いかを比較する。
ウ．百名山に選定されている山のうち，富士山の山頂から見ることができる山がいくつあるのかを解析する。
エ．東京駅から半径10km以内の地域を対象に，10階建て以上のマンションの分布を調べ，地価との関連を分析する。
オ．津波の避難場所に指定が予定されている学校のグラウンドについて，想定される高さの津波に対する安全性を検証する。

1．ア，オ　　　　2．イ，エ　　　　3．ア，ウ，オ
4．イ，ウ，エ　　5．ア，ウ，エ，オ

問2 次の文は，数値標高モデル（DEM）の特徴について述べたものである。間違っているものはどれか。但し，ここでDEMとは，等間隔の格子の代表点（格子点）の標高を表したデータとする。

1．DEMの格子点間隔が大きくなるほど詳細な地形を表現できる。
2．DEMは等高線から作成することができる。
3．DEMから二つの格子点間の視通を判断することができる。
4．DEMから二つの格子点間の傾斜角を計算することができる。
5．DEMを用いて水害による浸水範囲のシュミレーションを行うことができる。

第4章 地形測量（GISを含む）

突破のポイント
・DEM（数値標高モデル）は，景観や都市のモデリング，可視化のアプリケーションに有効。DTM（数値地形モデル）は，洪水・排水のモデリング，土地利用の研究に有効。
・GISは，土地に係る地図データと関連させて，土地（2次元），高さ（3次元），そして過去・現在・未来という時間の要素を入れた4次元の世界について，国土の計画・防災・環境保全などに活用されている。

要点54 地理情報システム（GIS）の構築

① 地理情報システム（GIS）

1. **GIS**は，**基盤地図情報**（位置情報）に様々な属性データを結び付け，利用者の用途・目的に合ったデータが得られるシステムをいう。
2. 地理空間情報により，視覚的に理解しやすいように種々の地図，図表の表示が可能で，何種類もの情報を関連させて利用することができる。なお**地理空間情報**とは，位置情報（空間属性）及び時間属性に加え，これらに関連付けられた主題属性をいう。
3. 地理空間情報の機能として，ラスタ形式とベクタ形式の数値地図が扱え，地図の拡大・縮小及びデータ検索ができる。
4. 地理空間情報を利用して，2地点間の距離，最短距離，曲線の長さ，区域の面積などの計測ができ，また地形の陰影，鳥かん図，地形断面図などの表現ができる。
5. GISの機能は，基盤地図情報を基に，地理的な様々な情報検索，情報の分析・編集，分析結果の地図・グラフ表示機能を加えたものである。

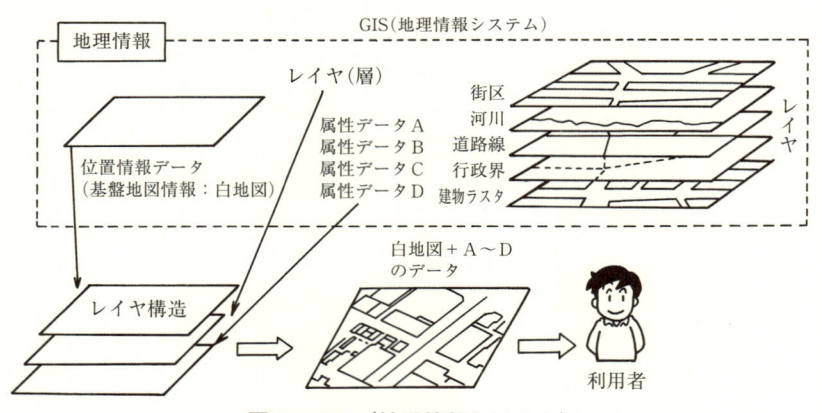

図1　GIS（地理情報システム）

② メタデータ・クリアリングハウス

1. **メタデータ**は，空間データについて説明したデータで，空間データの所在，内容，品質，利用条件等が記述されている。
2. **クリアリングハウス**は，空間データを検索するための仕組み。インターネット上でメタデータを検索し空間データを利用するシステムをいう。

[125ページの解答]

問1　③　イ．の河川の名称，エ．のマンションの分布は，必要としない。
問2　①　格子間隔を大きくすると，詳細な地形が表現できなくなる。

直前突破問題！ ☆☆

問1 次の文は，地理情報を扱う際のベクタデータとラスタデータの特徴について述べたものである。間違っているものはどれか。

1. ラスタデータからベクタデータへ変換する場合，元のラスタデータ以上の位置精度は得られない。
2. 衛星画像データやスキャナを用いて取得したデータは，一般にラスタデータである。
3. ネットワーク解析による最短経路検索には，一般にベクタデータよりラスタデータの方が適している。
4. ベクタデータには，属性を持たせることができる。
5. ラスタデータには，背景画像として用いられることが多い。

問2 次の文は，地理空間情報の利用について述べたものである。 ア ～ エ に入る語句の組合せとして適当なものはどれか。

地理空間情報をある目的で利用するためには，目的に合った地理空間情報の所在を検索し，入手する必要がある。 ア は，地理空間情報の イ が ウ を登録し， エ がその ウ をインターネット上で検索するための仕組みである。

ウ には，地理空間情報の イ ・管理者などの情報や，品質に関する情報などを説明するための様々な情報が記述されている。

	ア	イ	ウ	エ
1.	地理情報標準	作成者	メタデータ	利用者
2.	クリアリングハウス	利用者	地理情報標準	作成者
3.	クリアリングハウス	作成者	メタデータ	利用者
4.	地理情報標準	作成者	クリアリングハウス	利用者
5.	メタデータ	利用者	クリアリングハウス	作成者

第4章 地形測量（GISを含む）

突破のポイント
- GISについては，P28の地理空間情報活用推進基本法の用語の定義と関連付けてまとめておくこと。
- 基盤地図情報は，地理空間情報のうち，電子地図上における地理空間情報の位置を定めるための基準となる測量の基準点，海岸線（白地図）等をいう（P130参照）。

要点 55 トポロジー情報，位相構造化

1 ベクタ型データのトポロジー情報

1. 図において，3本以上の線分の交点を**ノード**，ノードとノードを結ぶ線分を**チェイン**（又は**アーク**），多角形により構成される面を**ポリゴン**という。
2. ポリゴンは，時計回りのチェインの順列で表し，チェインの方向が反時計回りの場合は負の符号を付ける。図形の位置関係を表す情報を**位相（トポロジー）情報**という。

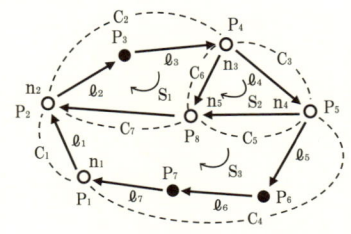

○ ノード
● ポイント
S_1, S_2, S_3 ポリゴン
C_1, C_2, …チェイン
n_1, n_2, …ノード番号

図 1　トポロジー情報

2 ベクタ型データの位相構造化

1. トポロジー情報をコンピュータが認識できるように，ノード位相構造，チェイン位相構造，ポリゴン位相構造に構造化する。
   ① **ノードの位相構造**：ノードに連結するチェインのID No.（アイディーナンバー）で構成され，ノードがチェインの始点（＋），終点（－）とする。
   ② **チェインの位相構造**：始点・終点のノードのID No.及び左側・右側ポリゴン ID No.で構成される。
   ③ **ポリゴンの位相構造**：ポリゴンを構成するチェイン ID No.を時計回り（＋），反時計回り（－）とする。

① ノード位相構造

ノード ID No.	チェイン ID No.
n_1	C_1, $-C_4$,
n_2	$-C_1$, C_2, $-C_7$
n_3	$-C_2$, C_3, C_6
n_4	$-C_3$, C_4, C_5
n_5	$-C_5$, $-C_6$, C_7

② チェイン位相構造

チェイン ID No.	ノード 始点	ノード 終点	ポリゴン 左側	ポリゴン 右側
C_1	n_1	n_2	0	S_3
C_2	n_2	n_3	0	S_1
C_3	n_3	n_4	0	S_2
C_4	n_4	n_1	0	S_3
C_5	n_4	n_5	S_3	S_2
C_6	n_3	n_5	S_2	S_1
C_7	n_5	n_2	S_3	S_1

③ ポリゴン位相構造

ポリゴン ID No.	チェイン ID No.
S_1	C_2, C_6, C_7
S_2	C_3, C_5, $-C_6$
S_3	C_1, $-C_7$, $-C_5$, C_4

［127 ページの解答］

問 1　③　ベクタデータは，点と線の座標値をもち地理的要素を表現できる。ラスタデータは**ネットワーク連結が困難**で背景画像として用いられる。

問 2　③　**クリアリングハウス**は，インターネット上で検索するための仕組み。

直前突破問題！ ☆☆

問1 次の文は，交差点，道路中心線及び街区面の関係について述べたものである。間違っているものはどれか。

1．交差点 A〜F のうち，道路中心線が奇数本接続する交差点の数は偶数である。
2．道路中心線 L_1 の終点（表1の ア ）は B である。
3．S_1 を構成する L_2 の方向（表2の イ ）は ＋ であり，S_2 を構成する L_7 の方向（表2の ウ ）は － である。
4．街区面 S_1，S_2 は，それぞれ4本の道路中心線から構成されている。
5．道路中心線 L_2 は，街区面 S_1 及び S_2 を構成する道路中心線である。

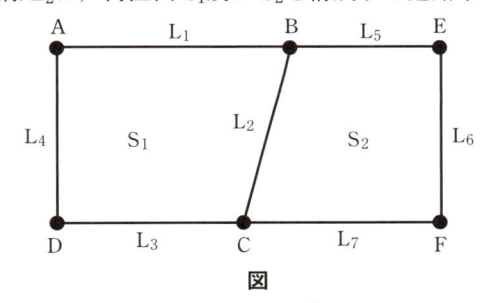

図

表1

道路中心線	始点	終点
L_1	A	ア
L_2	C	B
L_3	C	D
L_4	D	A
L_5	E	B
L_6	F	E
L_7	F	C

表2

街区画	道路中心線	方向
S_1	L_1	＋
	L_2	イ
	L_3	＋
	L_4	＋
S_2	L_2	＋
	L_5	－
	L_6	－
	L_7	ウ

第4章 地形測量（GISを含む）

突破のポイント
・GIS では，経路探索や面積計算等の空間分析を行う必要があり，図形間の関係を位相構造化する。
・ベクタ型データの要素を，ポイント（点），ライン（有効線分），ポリゴン（面）で表す。

要点56 基盤地図情報（位置情報）

1 基盤地図情報

1. **基盤地図情報**とは，地理空間情報のうち，電子地図上における地理空間情報の位置を定めるための基準となる測量の基準点，海岸線，公共施設の境界線，行政区画等の位置情報であって電磁的方式により記録されたものをいう。
2. 基盤地図情報は，JIS又は国際規格に適合し，インターネット上で提供されるGISのベースマップ（基盤地図）として利用できる白地図である。

表1　基盤地図情報の項目

基盤地図情報の項目	
① 測量の基準点	⑧ 軌道の中心線
② 海岸線	⑨ 標高点
③ 公共施設の境界線（道路区域界）	⑩ 水涯線
④ 公共施設の境界線（河川区域界）	⑪ 建築物の外周線
⑤ 行政区画の境界線及び代表点	⑫ 市町村の町若しくは字の境界及び代表点
⑥ 道路縁	
⑦ 河川堤防の表法肩の法線	⑬ 街区の境界線及び代表点

3. **地理空間情報**とは，空間上の特定の地点又は区域の位置を示す情報（空間属）及び時点に関する情報（時間属性）に加え，これらの情報に関連付けられた情報をいう。
4. 三角点や建物記号，目標物の記号などの点情報はノードデータで，道路や鉄道，行政界などの情報はチェインデータで，田畑や湖沼，大規模構造物などの面情報はポリゴンデータで表す。
   ① **ノード**：点の座標位置と交点番号で表す。
   ② **チェイン**：ノード番号とチェイン番号で表し，方向（ベクトル）を持つ。方向は時計方向を（＋），反時計方向を（−）とする。
   ③ **ポリゴン**：時計方向にチェイン番号で表す。

［129ページの解答］

問1　$\boxed{3}$　表1より L_2 は始点C，終点Bであり，方向は（−）である。L_7 は（＋）。なお，1はB，Cで3本接続する。2は L_1 は始点A，終点Bである。

直前突破問題！ ☆☆

問1 図は，道路に関する数値地図データを模式的に表したものである。このデータを用いて任意の交差点の間の最短経路を検索する。最短経路検索の作業に必ず使用する項目として適当なものはどれか。

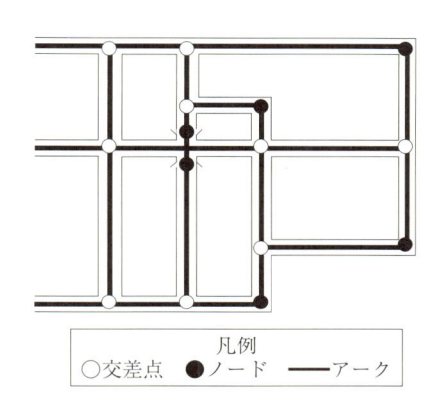

種　別	属性情報	記号
交差点	交差点番号	ア
	名称	イ
	住所	ウ
	座標	エ
ノード	ノード番号	オ
	座標	カ
アーク	車線数	キ
	橋梁・トンネルの有無	ク
	始終点の交差点番号又はノード番号	ケ
	道路管理者	コ

凡例
○交差点　●ノード　――アーク

1．ア，ウ，オ，カ，コ　　2．ア，エ，オ，カ，ケ
3．イ，エ，オ，ク，ケ　　4．イ，ウ，キ，ク，コ
5．ウ，エ，カ，キ，ク

問2 図の P_1～P_7 は交差点，L_1～L_9 は道路中心線，S_1～S_3 は街区面を表す。この図において，P_1 と P_7 間に道路中心線 L_{10} を新たに取得した。次の文は，この後必要な作業内容について述べたものである。間違っているものだけの組合せはどれか。

a．L_6，L_{10}，L_8 により街区面を取得する。
b．L_8，L_9，L_4，L_5 により街区面を取得する。
c．L_2，L_3，L_9，L_7 により街区面を取得する。
d．L_1，L_7，L_{10} により街区面を取得する。
e．L_1，L_7，L_8，L_6 により街区面を取得する。

1．a, b, c　　2．a, c, d
3．a, d, e　　4．b, c, e
5．b, d, e

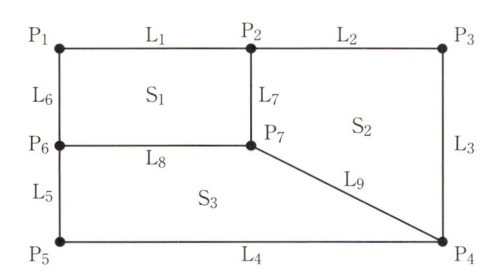

[131 ページの解答]

問1 ② 距離計測に必要なものは，ア，エ，オ，カ，ケである。

表の**ア（交差点番号）**は交差点の ID No. であるから絶対必要であり，イ（名称），ウ（住所）等は絶対必要とはいえない。**エ（座標）**は距離計測に絶対必要である。**オ（ノード番号）**はノード（結節点）の ID No. であるから絶対必要で，**カ（座標）**も同様である。キ（車線数），ク（橋梁・トンネルの有無）は本問においては，交通量や交通規制については考慮しないことになっているので，不必要となる。**ケ（始終点の交差点番号又はノード番号）**については，交差点又はノードの位相構造上絶対必要である。コ（道路管理者）は本問では不必要である。

問2 ④ 街区面 S_3，S_2 には変化がない。S_1 は L_{10} によって分割される。

空中写真測量

第5章

○ 空中写真測量は，出題問題28問中，No.17〜No.20までの4問出題されます。
○ 従来のアナログ形式の図化からデジタル形式のデジタルステレオ図化へ，フィルム航空カメラからデジタル航空カメラへ移行し，出題傾向も変化しています。

要点57 空中写真測量の概要

1 空中写真測量

1. **空中写真測量**とは，空中写真（数値化された空中写真を含む）を用いて数値地形図データを作成する作業をいう（準則第106条）。
2. 空中写真により作成する数値地形図データの地図情報レベルは，500，1 000，2 500，5 000及び10 000を標準とする（準則第107条）。

2 工程別作業区分及び順序

1. 工程別作業区分及び順序は，次のとおり（準則第108条）。
   作業計画 → 標定点の設置 → 対空標識の設置 → 撮影 → 刺針
   → 現地調査 → 空中三角測量 → 数値図化 → 数値編集 → 補測編集
   → 数値地形図データファイルの作成 → 品質評価 → 成果等の整理
2. **作業計画**：作業機関は，作業規程の準則に基づき，測量作業の方法等について適切な作業計画を立案し，計画機関の承認を得る。作業計画は，工程別に作成する。
3. **標定点の設置**：空中三角測量及び数値図化において空中写真の標定に必要な基準点又は水準点（以上**標定点**という）を設置する作業をいう。
4. **対空標識の設置**：空中三角測量及び数値図化において基準点等の写真座標を測定するため，基準点等に一時標識を設置する作業をいう。
5. **撮影**：測量用空中写真を撮影する作業をいい，後続作業に必要な写真処理及び数値写真の作成工程を含む。
6. **刺針**：空中三角測量及び数値図化において基準点等の写真座標を測定するため，基準点等の位置を現地において空中写真上に表示する作業をいう。
7. **現地調査**：数値地形図データを作成するために必要な各種表現事項，名称等について現地において調査確認し，必要資料を作成する作業をいう。
8. **空中三角測量**：デジタルステレオ図化機又は解析図化機を用いて，パスポイント，タイポイント，基準点等の写真座標を測定し，各写真の外部標定要素の成果値，パスポイント，タイポイント等の水平位置及び標高を決定する作業をいう。
9. **数値図化**：デジタルステレオ図化機，解析図化機又は座標読取装置付アナログ図化機を用いて，ステレオモデルを構築し，地形・地物等の座標値を取得し，数値図化データを記録する作業をいう。

直前突破問題の解答は，次の項目の下にあります。

直前突破問題！ ☆☆

問1 図は，空中写真測量による数値地形図データ作成の作業工程を示したものである。 ア ～ エ に入る工程別作業区分の組合せとして適当なものはどれか。

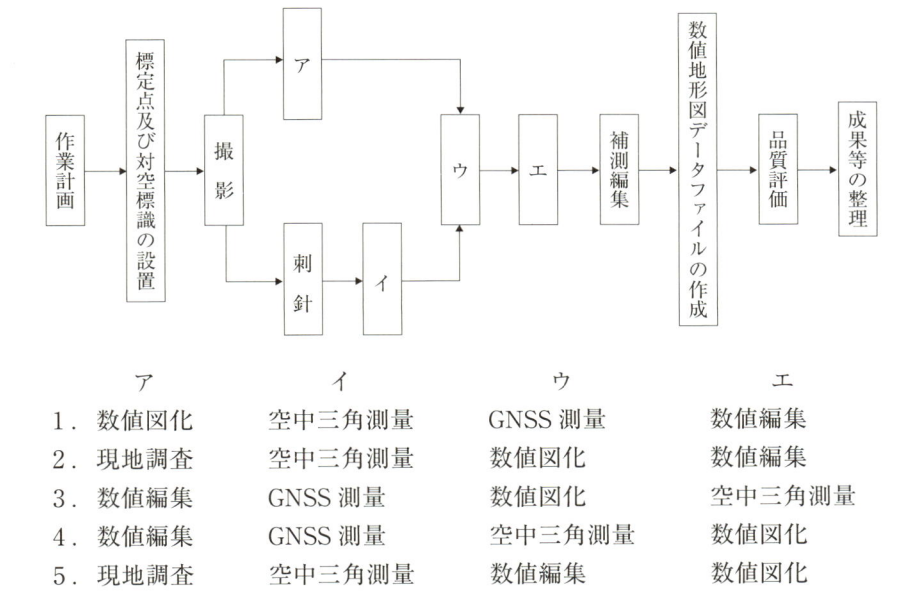

作業計画 → 標定点及び対空標識の設置 → 撮影 → [ア / 刺針→イ] → ウ → エ → 補測編集 → 数値地形図データファイルの作成 → 品質評価 → 成果等の整理

	ア	イ	ウ	エ
1.	数値図化	空中三角測量	GNSS測量	数値編集
2.	現地調査	空中三角測量	数値図化	数値編集
3.	数値編集	GNSS測量	数値図化	空中三角測量
4.	数値編集	GNSS測量	空中三角測量	数値図化
5.	現地調査	空中三角測量	数値編集	数値図化

問2 次の文は，空中写真測量の各工程について述べたものである。間違っているものはどれか。

1. 撮影した空中写真上で明瞭な構造物が観測できる場合，現地のその地物上で標定点測量を行い対空標識に代えることができる。
2. 刺針は，基準点等の位置を現地において空中写真上に表示する作業で，設置した対空標識が空中写真上で明瞭に確認できない場合に行う。
3. デジタルステレオ図化機では，デジタル航空カメラで撮影したデジタル画像のみ使用できる。
4. アナログ図化機であっても座標読取装置が付いていれば数値図化に用いることができる。
5. 標高点は，主要な山頂，道路の主要な分岐点，主な傾斜の変換点などに選定し，なるべく等密度に分布するように配置する。

要点58 航空カメラ

1 航空カメラ

1. **フィルム航空カメラ**は，広角航空カメラ（焦点距離 $f=153$ mm，画角 $90°$）とし，撮影地域の地形等の状況により普通角（$f=303$ mm，画角 $56°$）又は長焦点航空カメラ（$f=88$ mm，画角 $120°$）を用いることができる。広角カメラは，低い高度で撮影でき高さの測定精度がよい。なお，**画面の大きさは 23 cm×23 cm，画角**はレンズ中心から画面の対角線を挟む角をいう。

2. **デジタル航空カメラ**は，撮影した画像をデジタル信号として記録するもので，レンズから入った光を電気信号に変換する画像素子（CCD）と画像取得用センサー（複数のレンズ）を搭載している。フィルム航空カメラに匹敵する撮影範囲が確保できないため，複合型フレームセンサーで分割取得した4画像を合成して一枚の写真とする。

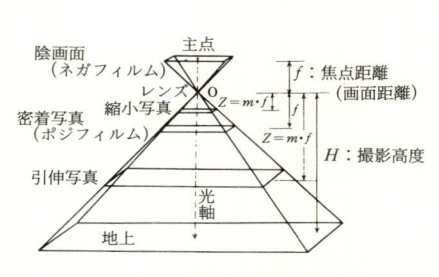

図1　空中写真と地上との関係

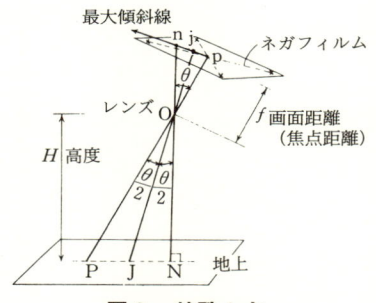

図2　特殊3点

2 垂直写真と特殊3点

1. カメラの光軸が鉛直軸から $3°〜5°$ 傾斜している写真を**垂直写真**，傾きが $0°$ のものを**鉛直写真**という。垂直写真では次の**特殊3点**が生じる。

    ① **主　点 p**：写真の中心点で，レンズから画面へ下ろした垂線の足。
    ② **鉛直点 n**：レンズの中心を通る鉛直線と画面との交点。比高がある場合には，鉛直点 n を中心とした測角は地上の N 点で測角した角と等しい。
    ③ **等角点 j**：レンズの中心を通る鉛直線と光軸との交角 θ を2等分する線が画面と交わる点。画面が傾斜している場合には，等角点 j を中心とした測角は地上 J 点で測角した角と等しい。

[135ページの解答]

問1　[2]　なお，GNSS測量は，標定点の設置作業に活用される（P116参照）。
問2　[3]　**デジタルステレオ図化機**は，写真画像データを用いる座標計測システムで，デジタルカメラ又は高精度カラースキャナで空中写真をデジタル化した数値画像を用いて画像データ処理をする。

直前突破問題！

問1 次の文は，地形図作成のために使用される空中写真について述べたものである。間違っているものはどれか。
1. 空中写真の主点は，写真の四隅又は四辺の各中央の相対する指標を結んだ交点として求める。
2. 空中写真の鉛直点は，写真上の高層建物や高塔の像から求める。
3. 平たんな土地を撮影した写真が鉛直写真でない場合，主点，等角点，鉛直点の順番でその地点の像の縮尺が大きい。
4. 空中写真に写っている計器から，カメラの傾きの方向と大きさの概略を知ることができる。
5. 起伏のある土地を撮影した空中写真を正射変換すると，縮尺は写真全体で一定になる。

問2 次の文は，公共測量における数値地形図データを作成する際に使用するデジタル航空カメラについて述べたものである。正しいものはどれか。
1. デジタル航空カメラで撮影した画像は，画質の点検を行う必要はない。
2. GNSS/IMU装置を使った撮影では，必ず鉛直空中写真となる。
3. デジタル航空カメラで撮影した画像は，正射投影画像である。
4. デジタル航空カメラは，雲を透過して撮影できる。
5. デジタル航空カメラで撮影した画像は，空中写真用スキャナを使う必要はない。

第5章 空中写真測量

突破のポイント
- 航空カメラは，現在，従来のフィルム航空カメラとデジタル航空カメラの両方が用いられている。
- デジタル航空カメラによる空中写真測量は，カメラの空中の位置を取得するための装置（GNSS/IMU）を装備して，空中写真画像を用い地形・地物等の地図情報を取得する測量方式をいう。
- デジタル航空カメラの特徴は，高画質で，ゆがみが出にくい鮮明な画像が得られることであり，欠点はフィルム航空カメラのような撮影範囲が得られないことである。

要点59 対空標識

1 対空標識の設置

1. **対空標識の設置**とは，基準点等の写真座標を測定するため，基準点等に一時標識を設置する作業をいう。**対空標識**は，拡大された空中写真上で確認できるように，空中写真の縮尺又は地上画素寸法等を考慮し，その形状，寸法，色等を選定する（準則第115条）。

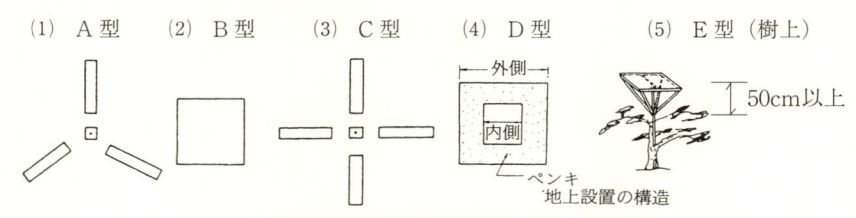

(1) A型　(2) B型　(3) C型　(4) D型　(5) E型（樹上）

図1　対空標識の形状（準則第115条）

表1　対空標識の規格（寸法）

地図情報レベル＼形状	A型，C型	B型，E型	D　　型	厚さ
500	20cm×10cm	20cm×20cm	内側30cm・外側70cm	4mm〜5mm
1 000	30cm×10cm	30cm×30cm		
2 500	45cm×15cm	45cm×45cm	内側50cm・外側100cm	
5 000	90cm×30cm	90cm×90cm	内側100cm・外側200cm	
10 000	150cm×50cm	150cm×150cm	内側100cm・外側200cm	

2. 対空標識の基本型はA型及びB型とし，色は白色を標準とする。設置にあたっては，土地の所有者又は管理者の許可を得て堅固に設置する。対空標識の各端において，天頂からおおむね45°以上の上空視界を確保する。
3. 対空標識を基準点などに直接設置できない場合は，対空標識を適当な位置まで移動（偏心）させて設置する。偏心要素の測定は，既知点法で行う。
4. 設置した対空標識は，撮影作業完了後，速やかに現状を回復する。

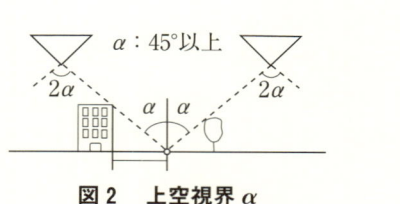

図2　上空視界 α　　　**図3　既知点法による偏心角 α**

$\gamma = \alpha + \beta - 360°$

[137ページの解答]

問1　[3]　鉛直点，等角点，主点の順番で像の縮尺が大きくなる。
問2　[5]　画像は数値化されたデジタル写真であり，スキャナは必要ない。

直前突破問題！ ☆☆

問1 次の文は，対空標識の設置について述べたものである。間違っているものはどれか。
1. 対空標識は，あらかじめ土地の所有者又は管理者の許可を得て設置する。
2. 上空視界が得られない場合は，基準点から樹上等に偏心して設置することができる。
3. 対空標識の保全等のため，標識板上に測量計画機関名，測量作業機関名，保存期限などを標示する。
4. 対空標識のD型を建物の屋上に設置する場合は，建物の屋上にペンキで直接描く。
5. 対空標識は，他の測量に利用できるように撮影作業完了後も設置したまま保存する。

問2 次の文は，対空標識設置作業について述べたものである。間違っているものはどれか。
1. 地図情報レベル2500の空中写真の撮影を行うため，対空標識板は45cm×45cmの正方形とした。
2. 広角カメラを用いて撮影するので，天頂から45°以上の上空視界を確保して対空標識を設置した。
3. 樹木の密生地の中に三角点があったので，対空標識板を付近の樹冠より50cm程度高くして設置した。
4. 偏心要素の測定では，既知点法で行い，トータルステーションを用いて偏心角・偏心距離を求めた。
5. 短期間で撮影作業が完了するので，対空標識をあらかじめ土地の所有者又は管理者に設置の許可を得ないで設置した。

問3 空中写真測量により縮尺1/2500の地形図を作成するため，対空標識を設置した。対空標識の設置方法が適切でないものはどれか。
1. 正方形の板の中心が偏心点である標杭の真上にくるように設置した。
2. 基準点が林の中にあったため，近くの樹上に付近の樹冠より50cm高くして設置した。
3. 天頂からおおむね45°の上空視界を得るため，池のすぐ近くに偏心して設置した。
4. 風などで破損されないように堅固に設置した。
5. 建物の屋上では，床面よりもすこし高くして設置した。

要点60 鉛直写真の縮尺

1 鉛直写真の縮尺

1. 地上 AB（距離 L）が写真上に ab（距離 ℓ）として投影されているとき，写真縮尺 M_b は次のとおり。

図1において，△OAB ∽ △Oab から，

$$\text{写真縮尺 } M_b = \frac{\text{ab}}{\text{AB}} = \frac{\ell}{L} = \frac{f}{H} = \frac{1}{m_b}$$

$$\text{撮影高度 } H = f \cdot m_b$$

……式（1）

但し，m_b：写真縮尺の分母数
　　　H：撮影高度（基準面上からの飛行機の高度）
　　　f：画面距離（カメラの焦点距離）

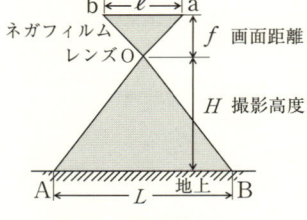

図1　写真縮尺 M_b

2. 図2において，地上の標高 h が変われば写真縮尺 M_b も変化する。

① A点の縮尺　　　② B点の縮尺　　　③ 海面上の縮尺

$$M_b = \frac{f}{H_A} = \frac{f}{H_0 - h_a} \qquad M_b = \frac{f}{H} = \frac{f}{H_0 - h} \qquad M_b = \frac{f}{H_0}$$

……式（2）

但し，H_0：飛行高度（海抜からの飛行機の高度）
　　　h_a, h：標高

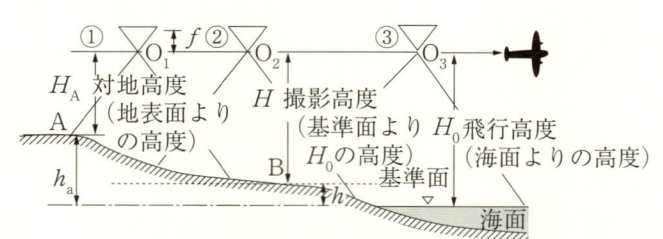

図2　飛行高度 H_0 撮影高度 H

[139 ページの解答]

問1　⑤　撮影作業完了後，速やかに撤収する。
問2　⑤　あらかじめ，土地の所有者又は管理者の許可を得る。なお，画角90°の広角カメラでは45°以上の上空視界が確保されていること。
問3　③　池の近くでは，ハレーションが生じるので避ける。

直前突破問題！ ☆☆

問1 画面距離 15cm のフィルム航空カメラを用いて，等高度鉛直空中写真の撮影を行った。このとき，ある写真の主点付近には山頂が写っており，その写真の山頂における縮尺は 1/12 500 であった。また，同じコースで撮影した別の写真の主点付近には，長さ 90m の鉄道駅のプラットホームが写真上で 5.5mm の長さで写っていた。

この鉄道駅のプラットホームが在る地点付近の標高はいくらか。

但し，山頂の標高は 880m とする。

1. 50m　　2. 180m　　3. 300m
4. 580m　　5. 700m

問2 画面距離 150mm，画面の大きさ 23.0cm×23.0cm の航空カメラを用いて，海抜高度 3 000m から平たんな土地の鉛直空中写真を撮影した。

密着空中写真上に写っている橋の長さを計測したところ 65mm であった。また，同じ橋の長さを縮尺 1/25 000 地形図上で計測したところ 50mm であった。

この橋の海抜高度はいくらか。

1. 90m　　2. 105m　　3. 115m
4. 125m　　5. 150m

問3 画面距離 15cm の航空カメラを用いて鉛直空中写真を撮影した。この撮影により得られた空中写真上で，主点付近にある橋の長さを計測したところ 9.9mm であった。

この空中写真の海抜撮影高度はいくらか。

但し，橋は水平に設置されているものとし，その標高は 225m，長さは 120m とする。

1. 2 040m　　2. 2 000m　　3. 1 920m
4. 1 860m　　5. 1 820m

> **突破のポイント**
> ・鉛直写真の縮尺公式(1)，(2)は，覚えておくこと。
> ・空中写真測量の長所は，地図の全面にわたって均一な精度が得られ，必要な基準点数が少なくてすみ，立入困難な地区でも測量が可能である。

要点61 空中写真の撮影計画（撮影縮尺・地上画素寸法）

1 空中写真の撮影縮尺及び地上画素寸法

1．空中写真の撮影縮尺及び数値写真の地上画素寸法は，地図情報レベル等に応じて定める（準則第124条）。
2．**フィルム航空カメラ**で撮影する空中写真の撮影縮尺及び地図情報レベルは，表1による。

表1　地図情報レベルと写真縮尺（準則第124条）

地図情報レベル	撮　影　縮　尺
500	1/3 000～1/4 000
1 000	1/6 000～1/8 000
2 500	1/10 000～1/12 500
5 000	1/20 000～1/25 000
10 000	1/30 000

3．**デジタル航空カメラ**で撮影する数値写真の**地上画素寸法**（空中写真の1画素に対応する撮影基準面上の長さ）及び地図情報レベルは，表2による。

表2　地図情報レベルと地上画素寸法（準則第124条）

地図情報レベル	地上画素寸法（式中のB：基線長[m]，H：対地高度[m]）
500	90mm×2×(B/H)～120mm×2×(B/H)
1 000	180mm×2×(B/H)～240mm×2×(B/H)
2 500	300mm×2×(B/H)～375mm×2×(B/H)
5 000	600mm×2×(B/H)～750mm×2×(B/H)
10 000	900mm×2×(B/H)

（注）基線高度比（B/H）を基準に地上画素寸法（解像寸法）を設定。
　　　B/H=0.32のとき，地上画素寸法は28.8mm～288mmとなる。

2 画素（ピクセル）と解像度

1．デジタル航空カメラで取得する数値写真の画像は，点の集合であり，1インチ（2.54cm）当たりの点の数，ドット数を**画素**（画像標示の最小単位）という。1インチ当たりのドット数が大きいほど解像度（キメの細かさ）は高い。

[141ページの解答]

問1　③　山頂の対地高度 $H_1=f・m_b=0.15×12 500=1 875$m。山頂の標高880mより，飛行（海抜）高度 $H_0=H_1+h=1 875+880=2 755$m。
プラットホーム地点の縮尺 $M=\ell/L=5.5$mm$/90$mm$≒1/16 360$。
撮影高度 $H=f・m_b=0.15×16 360=2 454$m。標高 $h=2 755-2 454=\underline{300\text{m}}$

問2　③　橋の実長 $L=50$mm$×25 000=1 250$m。
$M=\dfrac{f}{H-h}=\dfrac{0.15}{3 000-h}=\dfrac{0.065}{1 250}$ より，$\underline{h=115\text{m}}$

問3　①　$H=1 818$m，$H_0=H+h=1 818+225=\underline{2 043\text{m}}$

直前突破問題！ ☆☆

問1 画面距離 10.5cm のデジタル航空カメラを使用して，撮影高度 2 800m で数値空中写真の撮影を行った。

このときの撮影基準面での地上画素寸法はいくらか。

但し，撮影基準面の標高は 0 m とし，デジタル航空カメラの撮像面での画素寸法は 9 μm とする。

1. 18cm　　2. 21cm　　3. 24cm　　4. 27cm　　5. 30cm

問2 次の文は，デジタル航空カメラで鉛直方向に撮影された空中写真の撮影基線長を求める過程について述べたものである。

| ア |～| エ |に入る数値の組合せとして適当なものはどれか。

画面距離 12cm，撮像面での素子寸法 12μm，画面の大きさ 12 500 画素 × 7 500 画素のデジタル航空カメラを用いて撮影する。このとき，画面の大きさを cm 単位で表すと| ア |cm ×| イ |cm である。

デジタル航空カメラは，撮影コース数を少なくするため，画面短辺が航空機の進行方向に平行となるように設置されているので，撮影基線長方向の画面サイズは| イ |cm である。

撮影高度 2 050m，隣接空中写真間の重複度 60% で標高 50m の平たんな土地の空中写真を撮影した場合，対地高度は| ウ |m であるから，撮影基線長は| エ |m と求められる。

	ア	イ	ウ	エ
1.	9	15	2 000	1 000
2.	9	15	2 050	1 025
3.	15	9	2 000	600
4.	15	9	2 000	615
5.	15	9	2 050	615

突破のポイント

・画素（ピクセル）とは，対象物を識別し得る最小の単位をいい，dpi (dot per inch, 解像度) で表す。1/20 000 の空中写真を 300dpi の解像度で数値化する場合，1 インチ (2.54mm) に 300 画素含まれるから，空中写真の 1 画素当たりの一辺の大きさは，2.54mm ÷ 300 = 0.008 466mm となる。これに対応する地表の範囲の一辺の大きさは 0.008 466mm × 20 000 = 169.4cm となり，約 1.7m の物が識別できる。これを地上画素寸法という。

要点62 空中写真の撮影（オーバーラップ）

1 オーバーラップ・サイドラップ

1. 隣り合う写真との重複度（**サイドラップ** p）は，60%を原則とする。隣接コースとの重複度（**サイドラップ** q）は30%を標準とする（準則第125条）。
2. **撮影間隔（撮影基線長）** B とコース間隔 C は，次のとおり。なお，**主点基線長** b とは，隣り合う2枚の密着写真上の主点を結ぶ線の長さをいう。

撮影基線長 $B = a \cdot m_b \left(1 - \dfrac{p}{100}\right)$ ……式（1）

主点基線長 $b = \dfrac{B}{m_b} = a\left(1 - \dfrac{p}{100}\right)$ ……式（2）

コース間隔 $C = a \cdot m_b \left(1 - \dfrac{q}{100}\right)$ ……式（3）

撮影のシャッター間隔 t は，航空機の対地速度 V_g とすれば

シャッター間隔 $t = \dfrac{B}{V_g} = \dfrac{a \cdot m_b}{V_g}\left(1 - \dfrac{p}{100}\right)$ ……式（4）

但し，a：画面の大きさ　　p：オーバーラップ
　　　m_b：写真縮尺の分母数　q：サイドラップ

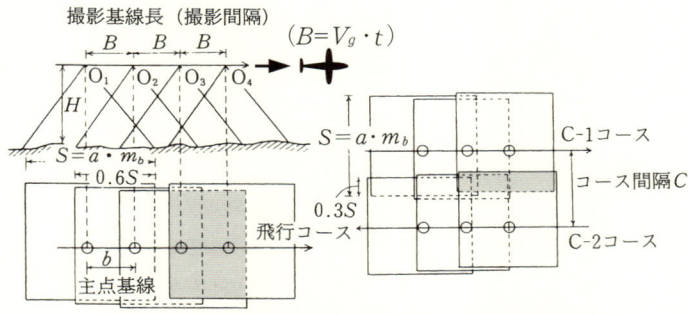

図1　オーバーラップ・サイドラップの関係

［143ページの解答］

問1　③　画面距離 $f = 0.105$ m，撮影高度 $H = 2800$ m の写真縮尺 M_b は

$$M_b = \frac{f}{H} = \frac{0.105\text{m}}{2800\text{m}} = \frac{1}{26700}$$

画素寸法 $= 9\mu\text{m} = 9 \times 10^{-6}$ m　（$1\mu\text{m} = 10^{-6}$ m）

∴　地上画素寸法 $= 9 \times 10^{-6}$ m $\times 26700$
　　　　　　　　$= 24.03 \times 10^{-2}$ m ≒ <u>24cm</u>

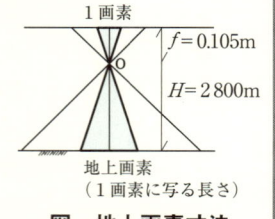

図　地上画素寸法

直前突破問題！ ☆☆

問1 画面距離 15cm，画面の大きさ 23cm×23cm のフィルム航空カメラを用いて，海面からの撮影高度 4 000m，隣接空中写真間の重複度 60%で標高 400m の平たんな土地の鉛直空中写真を撮影した。

このときの撮影基線長はいくらか。

1．1.4km　　2．1.8km　　3．2.2km　　4．2.5km　　5．3.3km

問2 図は，平たんな土地を撮影した一対の等高度鉛直空中写真を，縦視差のない状態で同一平面上に並べて置いたものである。双方の写真には共通の地物 A が写っており，主点 p 及び地物 A の間隔を計測したところ，図のとおりであった。この写真のオーバーラップはいくらか。

但し，航空カメラの両面の大きさは 23cm×23cm。

1．73%
2．75%
3．78%
4．80%
5．83%

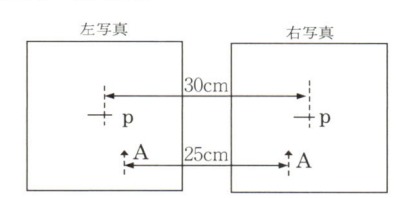

問3 画面距離 12cm，撮像面での素子寸法 12μm，画面の大きさ 14 000 画素×7 500 画素のデジタル航空カメラを用いて，海面からの撮影高度 2 400m で標高 0 m の平たんな地域の鉛直空中写真の撮影を行った。撮影基準面の標高を 0 m とし，撮影基線方向の隣接空中写真間の重複度が 60%の場合，撮影基準面における撮影基線方向の重複の長さはいくらか。

但し，画面短辺が撮影基線と平行とする。

1．540m　　2．900m　　3．1,080m　　4．1,200m　　5．1,440m

第5章 空中写真測量

問2　③　ア，イについて，1 画素 12μm＝12×10⁻⁶m，12 500 画素 ＝12×10⁻⁶×12 500＝0.15m＝15cm，12×10⁻⁶×7 500＝0.09m＝9cm，
画面の大きさ 15cm×9cm。
ウについて，対地高度 $H=2\,050-50=\underline{2\,000\text{m}}$
エについて，写真縮尺 $M_b=f/H=0.12/2\,000=1/16\,670$ より
撮影基線長 $B=a\cdot m_b\left(1-\dfrac{p}{100}\right)=9\times 16\,670\left(1-\dfrac{60}{100}\right)≒\underline{600\text{m}}$

要点63 単写真の性質（ひずみ・ぶれ）

1 比高によるひずみ

1. 写真には比高によるひずみが生じる。**ひずみ量** dr は，鉛直点nよりの距離 r，比高 h に比例し，撮影高度 H に反比例する。

$$\text{ひずみ量 } dr = \frac{h \cdot r}{H} \quad \cdots\cdots 式（1）$$

但し，H：撮影高度，h：比高
r：鉛直点nから像までの距離

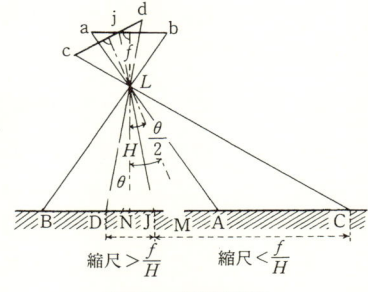

図1　垂直写真

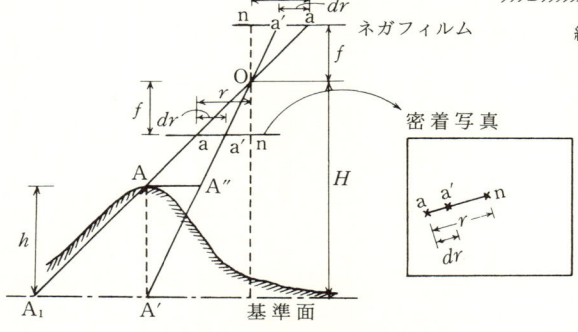

図2　比高によるひずみ

2 カメラの傾きによるひずみ

1. 垂直写真では，写真像は正しい位置からずれて写り，ずれは等角点を中心とした放射線上に生じる。等角点jから遠いところほど写真縮尺は小さく，近いところほど大縮尺で写る。

3 写真像のずれ（ぶれ）

1. 空中写真は，飛行機から撮影する関係上，カメラと被写体との相対的な運動によって写真像のずれ（ぶれ）が生じる。ずれ量は，飛行機の速度 V_g〔m/s〕，シャッター速度〔m/s〕及び写真縮尺（$1/m_b$）によって決まる。

$$写真上のずれ量 = \frac{飛行機の移動量}{シャッター速度} \times \frac{1}{m_b} \quad \cdots\cdots 式（2）$$

［145ページの解答］

問1　③　$M_b = f/(H_0 - h) = 0.15/(4\,000 - 400) = 1/24\,000$
撮影基線長 $B = a \cdot m_b(1 - p/100) = 0.23 \times 24\,000 \times (1 - 60/100) ≒ \underline{2\,200\text{m}}$

問2　③　主点基線長 $b = 5\text{cm}$，$p = 100(1 - b/a) = 100(1 - 5/23) = \underline{78.3\%}$

直前突破問題！ ☆☆

問1 画面距離が 15cm，面面の大きさが 23cm×23cm の航空カメラを用いて，海抜 2 200m の高度から撮影した鉛直空中写真に，鉛直に立っている高さ 50m の直線状の高塔が写っている。

この高塔の先端は，鉛直点から 70.0mm 離れた位置に写っており，高塔の像の長さは 2.0mm であった。

この高塔が立っている地表面の標高はいくらか。

1．30 m 2．400 m 3．450 m
4．750 m 5．850 m

問2 対地高度 1 800m で撮影した平たんな土地の鉛直空中写真に，高塔が写っている。写真の鉛直点から 12cm 離れた位置に高塔の先端が写っており，高塔の像の長さは 3.0mm であった。

高塔の高さはいくらか。

1．30 m 2．40 m 3．45 m
4．50 m 5．55 m

問3 対地高度 1 200m，対地速度 180km/h の航空機に搭載した画面距離 15cm の航空カメラにより，シャッター速度 1/500 秒で平たんな地域を撮影した。その写真像のずれの量は，写真上で何 μm か。

1．11.0 μm 2．11.5 μm 3．12.0 μm
4．12.5 μm 5．13.0 μm

問3 ③ 写真縮尺 $M = f/H_0$
$\qquad = 1/20\,000$

地上短辺寸法 $S_L = a \cdot m_b$
$= 12\mu m \times 7\,500 \times 20\,000$
$= 1\,800m$

撮影基線長 $B = S_L(1 - p/100)$
$\qquad = 720m$

重複の長さ $= 1\,800 - 720$
$\qquad = \underline{1\,030m}$

$a = 7500$画素
$b = 14\,000$画素
$f = 0.12m$
$H_0 = 2400m$
短辺 $a \cdot m_b$
長辺 $b \cdot m_b$

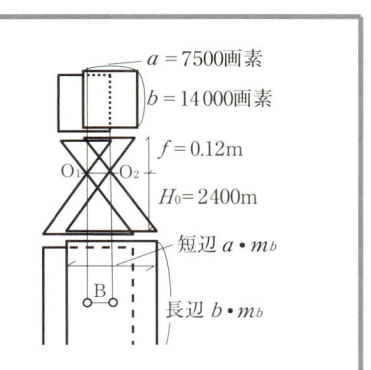

要点64 実体鏡による比高の測定（視差差）

1 視差と視差差

1. 空中写真では，観測点が変わることにより物体の位置が変位する。これを**視差**（パララックス）という。高さの異なる2地点の視差の差（**視差差**）を測定することにより，2地点間の高低差（比高）を求めることができる。

比高 $h = \dfrac{H \cdot dp}{b}$ ……式（1）

但し，H：撮影高度　　b：主点基線長　　dp：視差差（$=P_a-P_b$）

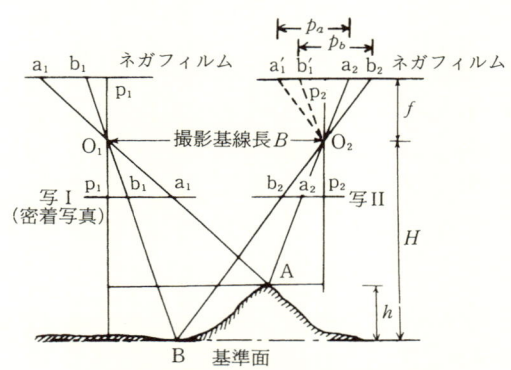

図1　視差と標高との関係

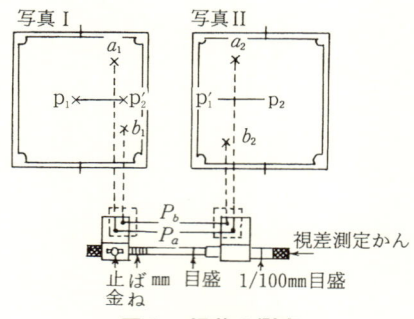

図2　視差の測定

[147ページの解答]

問1　③　$dr = h \cdot r/H$ より，$H = h \cdot r/dr = 50 \times 70/2 = 1\,750\text{m}$
∴　$h = H_0 - H = 2\,200 - 1\,750 = \underline{450\text{m}}$

問2　③　$h = H \cdot dr/r = 1\,800 \times 0.3/12 = \underline{45\text{m}}$

問3　④　$M_b = f/H = 0.15/1\,200 = 1/8\,000$，$V_g = 180\text{km/h} = 50\text{m/s}$
ずれ量 $= 50/500 \cdot 1/8\,000 = 12.5 \times 10^{-6} = \underline{12.5\,\mu\text{m}}$

直前突破問題！

問1 一対の空中写真を用いて，左写真上の刺針点Pを右写真上の対応する点P′に移写した。移写が正しく行われたかどうか確認するため，この写真を実体視したところ，刺針点が空中に浮いて見えた。原因は何か。
1．移写された点が，正しい位置から上側にずれている。
2．移写された点が，正しい位置から下側にずれている。
3．移写された点が，正しい位置から左側にずれている。
4．移写された点が，正しい位置から右側にずれている。
5．移写された点が，正しい位置から右下方にずれている。

問2 画面距離15cm，画面の大きさ23cm×23cm，対地高度1 000m，オーバーラップ60%で撮影された平たんな地域の鉛直写真がある。
　隣接する密着写真上で，比高30mに対する視差差の大きさはいくらか。
　但し，地上から撮影点までの高さがH，主点基線長がbのとき，視差差dpから比高dhを求める式は，$dh = H/b \cdot dp$とする。
1．1.84mm　　2．2.76mm　　3．3.68mm
4．5.52mm　　5．7.36mm

問3 画面距離15cm，画面の大きさ23cm×23cmのカメラで撮影された縮尺1/20 000の空中写真の基準面上のオーバーラップは60%である。
　この密着写真上で煙突の高さを求めるため，視差測定かんを用いて視差を測定したところ，頂の読み15.07mm，根元の読み14.07mmであった。
　煙突の高さはいくらか。
1．10m　　2．18m　　3．27m
4．33m　　5．41m

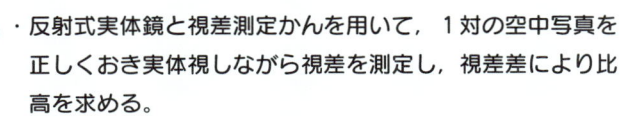

突破のポイント
・反射式実体鏡と視差測定かんを用いて，1対の空中写真を正しくおき実体視しながら視差を測定し，視差差により比高を求める。
・実体視は，1つの目標物を左右の眼で少し離れた角度で見ることによって遠近を判断する方法をいう。
・実体感は，同一目標物を両眼で見ることにより，遠くの物は近くの物より両眼に入る収束角（交角）が小さいことによって生じる。

要点65　空中三角測量

1　空中三角測量

1. **空中三角測量**は，モデルの標定に必要な外部標定要素を求める作業をいう。空中三角測量は，デジタルステレオ図化機又は解析図化機（以上，**デジタル図化機等**という）を用いて解析法で行い，調整計算は，コース又はブロックを単位としてバンドル法により行う。
2. **標定**とは，デジタル図化機等において空中写真のステレオモデルを構築し，地上座標系と結合させる作業をいう。ステレオモデルを再現させるため，画像（指標）座標から写真の主点を原点とする写真座標への変換（**内部標定**）と写真座標からモデル座標への変換（**相互標定，接続標定**）を行う。

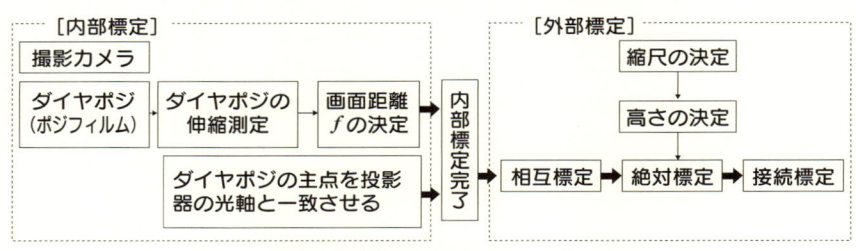

図1　標定のフローチャート

2　内部標定

1. **内部標定**は，図化機の投影器に写真を正しく取付ける作業をいい，フィルム（ポジ写真）においては4つ以上の指標を基に，デジタル航空カメラにおいては数値写真を基に行う。フィルムの画面距離の調整は，次のとおり。

$$正しい画面距離 f = f_0 + \Delta f = f_0 \frac{r}{r_0} \quad \cdots\cdots 式（1）$$

但し，f_0：撮影カメラの画面距離，r_0：標準指標間距離
　　　r：ポジ写真の指標間距離

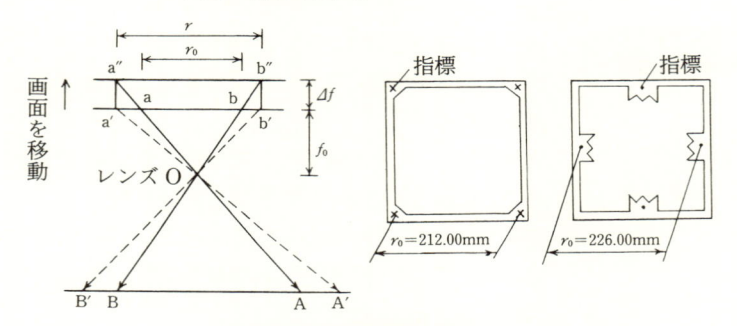

図2　画面距離の決定

直前突破問題！

問1 焦点距離 $f=150.00$mm で撮影したダイヤポジ（密着ポジフィルム）の指標間隔を測定したら 226.14mm であった。正しい指標間隔は 226.00mm である。

このダイヤポジを用いて図化した時，精度上どのような影響があるか。
但し，Δf は画面距離の補正量である。

1. 図形の位置は正しいが比高が $\Delta f/f$ だけ過小に測定される。
2. 図形の位置誤差は主点より離れるにつれて，その長さの $\Delta f/f$ だけ誤差を生じ，比高も $\Delta f/f$ だけ誤差を生じる。
3. 図形の位置は正しいが比高が $\Delta f/f$ だけ過大に測定される。
4. 位置・比高とも全く影響がない。
5. 位置誤差は生じるが比高に全く影響がない。

問2 焦点距離 $f=150.00$mm で撮影したダイヤポジの指標間隔を測定したら 226.14mm であった。図化機にセットする場合，画面距離はいくらか。
但し，正しい指標間隔を 226.00mm とする。

1. 150.04mm 2. 150.09mm 3. 151.13mm
4. 151.17mm 5. 151.21mm

> **突破のポイント** ・空中三角測量は，パスポイント，タイポイントの選定・観測などの機能が格段に優れているデジタルステレオ図化機が主流となっている。

［149ページの解答］

問1 ③ 刺針点が地表面より浮き上がって見える場合は，PP′間の距離が小さくなって交角が大きくなっている。移写点が左側にずれている。

問2 ② 主点基線長 $b=230$mm$(1-60/100)$
$\qquad\qquad =92$mm
$dp=92$mm$\times 30$m$/1\,000$m$=\underline{2.76\text{mm}}$

問3 ④ $dp=1.0$mm，$b=92$mm，$H=3\,000$m
$\therefore h=3\,000$m$\times 1$mm$/92$mm$=\underline{32.6\text{m}}$

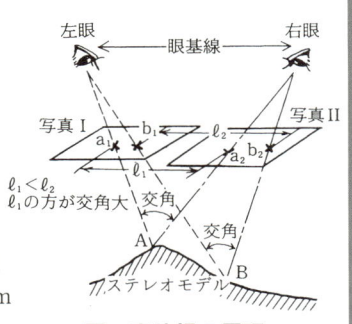

図　実体視の原理

第5章　空中写真測量

要点66 相互標定（パスポイント・タイポイント）

1 相互標定要素

1. 空中写真の撮影地点の位置を表すため，飛行方向をX軸，鉛直方向をZ軸，X・Z軸に直角方向をY軸とする。また，撮影方向を表すためカメラの旋回角（Z軸の回転）を κ（カッパー），カメラの前後の傾き（Y軸の回転）を φ（ファイ），カメラの左右への傾き（X軸の回転）を ω（オメガ）で表す。
2. 写真地点の位置・方向の決定は，写真Ⅰでは座標 (x, y, z) とカメラの傾き $(\kappa_1, \varphi_1, \omega_1)$ の6元，同様に写真Ⅱは座標差 (bx, by, bz) と傾き $(\kappa_2, \varphi_2, \omega_2)$ の6元，合計12元の要素が必要となる。

2 パスポイント，タイポイント

1. **相互標定**は，完全なステレオモデルをつくるため縦視差を消去する作業をいう。空中写真の隣接重複部を正しくつなぐための標高点を**パスポイント**，コースとコースをつなぐ点を**タイポイント**という。
2. 相互標定は，縦視差を消去するためシフトグループ (κ_1, κ_2, by) から2個，スケールグループ $(\varphi_1, \varphi_2, bz)$ から2個，オメガグループ (ω_1, ω_2) から1個の計5個の標定要素 $(\kappa_1, \varphi_1, \kappa_2, \varphi_2 及び \omega)$ を用いて操作する。

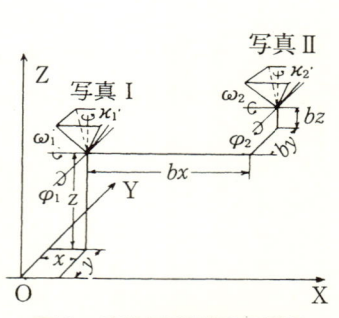

図1 実体写真測量の原理

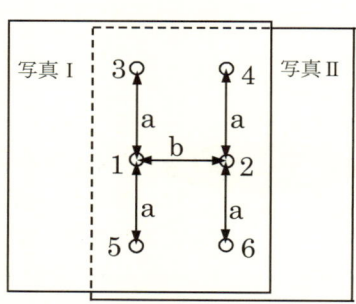

図2 パスポイント配置

1.2.3.……パスポイント番号
b…主点基線長
点3，5又は点4，6は両主点と垂直で写真上で等距離

[151ページの解答]

問1　① 比高の関係において，Δf が小さくなれば Δh は小さくなる。なお，位置関係については，絶対標定で調整するので影響はない。

問2　② $\Delta f = f_0 \dfrac{r}{r_0} = 226.14 \times \dfrac{150.00}{226.00} = \underline{150.09\mathrm{mm}}$

直前突破問題！

問1 次の文は，空中三角測量におけるパスポイント及びタイポイントについて述べたものである。間違っているものはどれか。

1. パスポイントは，撮影コース方向の写真の接続を行うために用いられる。
2. タイポイントは，隣接する撮影コース間の接続を行うために用いられる。
3. パスポイントは，一般に各写真の主点付近及び主点基線上に配置する。
4. タイポイントは，ブロック調整の精度を向上させるため，撮影コース方向に一直線に並ばないようジグザグに配置する。
5. タイポイントは，パスポイントで兼ねることができる。

問2 次の文は，空中三角測量について述べたものである。 ア ～ オ に入る語句の組合せとして適当なものはどれか。

　 ア は同一撮影コース内の隣接する空中写真の接続に用いる点であり，配置は主点付近及び主点基線に イ 両方向の3箇所以上を標準とする。
　 ウ は隣接撮影コース間の接続に用いる点であり， エ に1点を標準としてほぼ等間隔に配置する。
　また，ブロック調整の精度を向上させるため， ウ は，撮影コース方向に オ に配置する。 ウ は， ア で兼ねることができる。

	ア	イ	ウ	エ	オ
1.	パスポイント	直交する	タイポイント	1モデル	ジグザグ
2.	タイポイント	直交する	パスポイント	2モデル	一直線
3.	パスポイント	直交する	タイポイント	2モデル	一直線
4.	タイポイント	沿う	パスポイント	2モデル	ジグザグ
5.	タイポイント	沿う	パスポイント	1モデル	ジグザグ

問3 次の文は，通常の図化機による相互標定について述べたものである。間違っているものはどれか。

1. 相互標定を行うためには，5つの独立な標定要素が必要である。
2. 相互標定を行うためには，標定要素として ω が必要である。
3. 相互標定を行うためには，標定要素として κ_1, κ_2, by の中から少なくとも二つを選択しなければならない。
4. bx は，相互標定に使用しない。
5. φ は，相互標定に使用できない。

要点67 数値図化

1 数値図化

1. **数値図化**とは，数値図化機（デジタルステレオ図化機，解析図化機又は座標読取装置付アナログ図化機）を用いて数値図化データを記録する作業をいう。数値画像は，デジタル航空カメラで直接取得するか又は密着ポジフィルムの場合はカラースキャナで空中写真をデジタル化（デジタル写真）し間接的に得る。
2. **デジタルステレオ図化機**は，デジタル写真を用いて図化装置のモニターに立体表示させ図化する装置で，計測・計算をコンピュータで，画像観測及び3次元座標計測を行う3次元計測機からなる。
3. **解析図化機又は座標読取装置付アナログ図化機**は，密着ポジフィルム（アナログ写真）を用いて数値図化データを取得するものをいう。
4. 従来の写真ポジフィルム（ハードコピー）を用いる写真測量に対して，コンピュータで扱える写真画像データ（ソフトコピー）を使用して行う方法を**デジタル写真測量**という。

2 細部数値図化

1. 細部の数値図化は，線状対象物，建物，植生，等高線の順番に行い，データの位置・形状等をスクリーンモニタ又は描画テーブルに出力し，データの取得漏れのないように留意する。
2. 地形表現のためのデータ取得は，等高線法，数値地形モデル法（DTM）又はこれらの併用法で行う。

3 数値地形図データの特徴

1. 数値図化データを図形編集装置を用いて編集済データへ，最終的には数値地形図データファイルが作成される。写真測量による地図情報が，測量時の精度を保持したままデジタル形式で処理され，高精度の成果が得られる。
2. 数値地形図は，地理情報システム（GIS），施設管理システムなどの電子計算機による地図情報の管理・利用のための基礎データとなる。
3. 2次元・3次元の数値地形図の構築が可能であり，またデジタルデータは劣化しないので修正を繰り返しても精度が低下しない。
4. 特定項目だけを抽出した主題図が容易に作成できる。

[153ページの解答]

問1	③ P152，図2参照。aは密着写真上で7～10cmの等距離とする。
問2	① パスポイントの配置は，P152，図2に示すとおり。
問3	⑤ スケールグループ（φ_1, φ_2, bz）から必ず2つ必要である。

直前突破問題！ ☆☆

問1 次の文は，デジタルステレオ図化機の特徴について述べたものである。 ア ～ エ に入る語句として適当なものはどれか。

a．デジタルステレオ図化機は，コンピュータ上で動作するデジタル写真測量用ソフトウェア，コンピュータ， ア ，ディスプレイ，三次元マウス又はXYハンドル及びZ盤などから構成される。

b．デジタルステレオ図化機で使用するデジタル画像は，フィルム航空カメラで撮影したロールフィルムを，空中写真用 イ により数値化して取得するほか，デジタル航空カメラにより取得する。

c．デジタルステレオ図化機では，デジタル画像の内部標定，相互標定及び対地標定の機能又は ウ によりステレオモデルを構築する。

d．一般にデジタルステレオ図化機を用いることにより， エ を作成することができる。

	ア	イ	ウ	エ
1．	ステレオ視装置	スキャナ	デジタイザ	数値地形モデル
2．	描画台	スキャナ	外部標定要素	スキャン画像
3．	ステレオ視装置	編集装置	デジタイザ	数値地形モデル
4．	ステレオ視装置	スキャナ	外部標定要素	数値地形モデル
5．	描画台	編集装置	デジタイザ	スキャン画像

問2 次の文は，空中写真測量による図化について述べたものである。間違っているものはどれか。

1．各モデル図化範囲は，原則として，パスポイントで囲まれた区域内でなければならない。
2．等高線の図化は，高さを固定しメスマークを常に接地させながら行うが，道路縁の図化は，高さを調整しながらメスマークを常に接地させて行う。
3．陰影，ハレーションなどの障害により図化できない箇所が有る場合は，その部分の空中三角測量を再度実施しなければならない。
4．標高点の測定は2回行い，測定値の較差が許容範囲を超える場合は，更に1回の測定を行い，3回の測定値の平均値を採用する。
5．傾斜が緩やかな地形において，計曲線及び主曲線では地形を適切に表現できない場合は，補助曲線を取得する。

第5章 空中写真測量

要点68 既成図数値化・修正測量

1 既成図数値化

1. **既成図数値化**とは，既に作成された地形図等（既成図という）に表現されている情報を計測機器（デジタイザ，スキャナ等）を用いて計測し，数値化を行い数値地形図データを作成する作業をいう（準則第203条）。
（マップデジタイズ，MD，P116参照）。
2. **計測**は，デジタイザ，スキャナ等の計測機器を用いて，計測用基図の数値化を行い，数値地形図データを取得する作業をいう。
   ① **デジタイザによる計測**では，各計測項目の計測開始時及び終了時に，図郭四隅をそれぞれ2回ずつ計測し，較差が0.3mmを超えた場合は再測する。地物等の計測精度0.3mm以内とし，分類コード等を付す。なお，デジタイザで取得されたデータは，座標値をもった点列によって表現されるベクタデータである。
   ② **スキャナによる計測**では，図郭四隅又はその付近で座標が確認できる点の画素座標は，スクリーンモニターに表示して計測し，図郭四隅の誤差の許容範囲は2画素とする。なお，スキャナにより取得されたデータは，行と列に並べられた画像の配列によって構成される画像データ（ラスタデータ）である。

2 修正測量

1. **修正測量**とは，既成の数値地形図データファイル（旧数値地形図データという）を更新する作業をいう（準則第221条）。
2. 修正測量（作業方法）は，空中写真測量，TS観測，GNSS測量，既成図等によって修正を行い，周辺地物等との整合性を確認する。なお，旧数値地形図データの点検，修正箇所の抽出等を行い，作業方法を決定する（予察）。
3. 修正データを作成するために必要な各種表現事項，名称等を現地において調査確認し，必要に応じて補備測量を行う（現地調査）。
4. 図形編集装置を用いて，新たに取得した修正データと旧数値地形図データとの整合性を図るため編集等を行う（修正数値編集）。

[155ページの解答]

問1　④　デジタルステレオ図化機は，写真画像データ（デジタルデータ）を用いる座標計測システムである。

問2　③　**現地補測**（現地において補測する測量）は，判読又は数値図化が困難な地物等について，細部測量を行う（第195条 補測編集の方法）。なお，1は（第180条 数値図化の範囲），4は（第183条 標高点の測定）の規定。

直前突破問題！

問1 次の文は，数値地形図測量について述べたものである。間違っているものはどれか。
1. 数値図化作業は，座標読取装置の付いた図化機を用いて，地図情報を数値形式で取得し，記録して行う。
2. 数値地図データの精度を示す指標「地図情報レベル」は，計測に使用するデジタイザの性能によって決まる。
3. 取得する数値図化データには，地形・地物などの種類を示す分類コードを取り付ける。
4. 地形表現のための取得方法には，等高線法や数値地形モデル法がある。
5. 数値地形図データファイルは，編集済みデータの完成後，その内容を確認し，決められた形式，構造にしたがって電子記憶媒体に記録・作成する。

問2 次の文は，数値地形図測量について述べたものである。間違っているものはどれか。
1. 数値図化とは，解析図化機，座標読取装置付アナログ図化機，デジタルステレオ図化機を用いて，地形・地物の地図情報を数値として取得する作業である。
2. 座標読取装置付アナログ図化機では，スキャナによりデジタル化したデータを図化機のディスプレイ上に立体表示させて数値図化を行う。
3. 数値地形図データは，地形図作成のための編集製図作業を，コンピュータを用いた編集システムにより数値編集作業として取得する。
4. 数値地形図データは，数値編集を行った編集済みデータを，自動製図機により地形図原図として出力することができる。
5. 数値地形図測量では，三次元データの取得が可能なため，これを利用して鳥かん図に代表される三次元表現図の出力が可能である。

第5章 空中写真測量

突破のポイント
- 図化機は，空中写真を用いて縮小実体模像を作り，これを測定して地図を作成する機械である。縮小実体模像を作る投影機構，モデル上の点を実体観測する光学系，メスマークの動きを表示する描画系からなる。
- 空中写真測量の図化・修正測量では，デジタル化の進展に伴い，アナログのみを最終成果としている従来の図化，修正測量の工程が除去されている。

要点69 写真地図

1 写真地図の作成

1. **写真地図**作成とは，数値写真（中心投影）を正射投影画像へ変換した後，モザイク画像を作成し写真地図データファイルを作成する作業をいう。

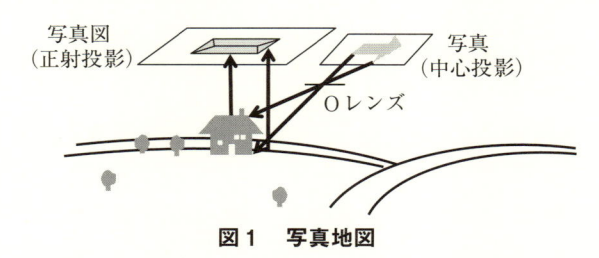

図1　写真地図

2. 写真地図の作成は，空中写真からスキャナにより数値化した数値写真又はデジタル航空カメラで撮影した数値写真をデジタル図化機等で正射変換する。
3. 工程別作業区分及び順序は，次のとおり。
   ①作業計画，②標定点の設置，③対空標識の設置，④撮影，⑤刺針，
   ⑥空中三角測量，⑦数値地形モデルの作成，⑧数値空中写真の正射変換，
   ⑨モザイク，⑩写真地図データファイルの作成となる。
4. 写真地図データファイルの作成は，隣接する正射投影画像を結合させたモザイク画像から図葉（国土基本図図郭，地図情報レベル2500の図郭）に切出し，位置情報として電磁記録媒体に記録する作業をいう。

2 写真地図の特徴

1. デジタル画像は，デジタル航空カメラ又は空中写真をスキャナで数値化し，デジタルステレオ図化機で写真地図を作成する。
2. 写真地図は，地形図と同様に縮尺は一定である。縮尺が分かれば画像計測により，2地点間の距離を求めることができる。なお，等高線が描かれていないので傾斜（斜距離）は計測できない。
3. 写真地図では，実体視はできない。

［157ページの解答］

問1　②　数値地形図データの精度（地図情報レベル）は，撮影縮尺・地上画素寸法によって決まる。デジタイザの性能とは関係がない。

問2　②　スキャナで空中写真をデジタル化した数値画像を用いるのは，デジタルステレオ図化機である。座標読取装置付アナログ図化機は，図化機のx，y，zの動きエンコーダとコンピュータで数値図化したものをいう。

直前突破問題！ ☆☆

問1 次の文は，写真地図の特徴について述べたものである。間違っているものはどれか。

1. 写真地図は画像データのため，そのままでは地理情報システムで使用することができない。
2. 写真地図は，地形図と同様に図上で距離を計測することができる。
3. 写真地図は，地形図と異なり図上で土地の傾斜を計測することができない。
4. 写真地図は，オーバーラップしていても実体視することはできない。
5. 平たんな場所より起伏の激しい場所のほうが，地形の影響によるひずみが生じやすい。

問2 図は，写真地図作成の標準的な作業工程を示したものである。 ア ～ エ に入る工程別作業区分の組合せとして，適当なものはどれか。

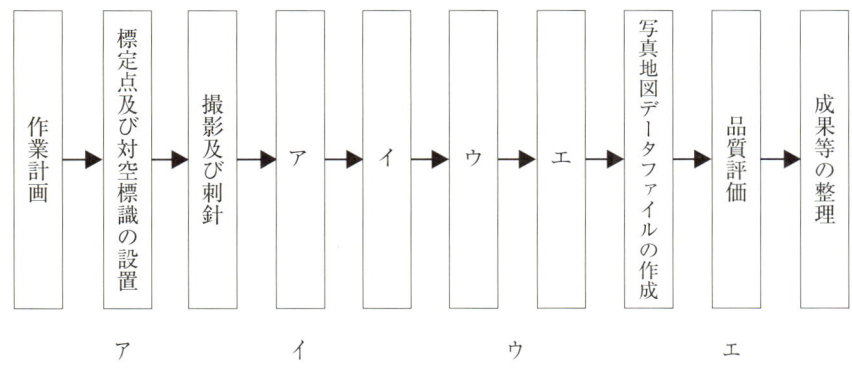

作業計画 → 標定点及び対空標識の設置 → 撮影及び刺針 → ア → イ → ウ → エ → 写真地図データファイルの作成 → 品質評価 → 成果等の整理

	ア	イ	ウ	エ
1.	現地調査	数値地形モデルの作成	モザイク	正射変換
2.	空中三角測量	正射変換	モザイク	数値地形モデルの作成
3.	現地調査	空中三角測量	数値地形モデルの作成	モザイク
4.	空中三角測量	数値地形モデルの作成	正射変換	モザイク
5.	正射変換	空中三角測量	モザイク	現地調査

> **突破のポイント**
> ・写真地図とは，空中写真を地図と同じ投影である正射投影に変換した画像である。地図と重なるように加工された空中写真をいう。実体視はできない。

第5章 空中写真測量

要点70 航空レーザ測量

1 航空レーザ測量の特徴

1. **航空レーザ測量**は，優れた地形計測技術であるが，得られる成果は格子状の標高データ（**数値標高モデル**）である。なお，標準搭載となっているデジタル航空カメラは，撮影領域が狭いなどの理由で，主に点検用に用いられる。
2. 航空レーザ測量は，植生下の地表面の標高などが計測できる画期的な技術である。一方，空中写真測量は，写真に写ったものしか計測できない。
3. 航空レーザ測量は，GNSS/IMU（GNSSとの間でのキネマティック法による飛行機の位置，ジャイロと加速度計で構成される慣性計測装置）に大きく依頼する。
4. 航空レーザ測量は，計測幅が空中写真測量に比べ狭く，地形起伏の影響を受けやすい。空中写真測量には適さない。
5. 航空レーザ測量のレーザ測距は，天候依存は低い。一方，GNSSは，空中写真と同様に天候依存が高い。その特徴を見据えた計画を立てる。
6. 航空レーザ測量の成果は，地表面の遮へい物を取り除いた標高データの**グラウンドデータ**である。グラウンドデータ作成後に**グリッドデータ**（数値標高モデル）や**等高線データ**が作成される。

2 航空レーザ測量の用語

1. **地表遮へい物**とは，建物・橋等の人工構造物や樹木等の植生で，その地表面の高さと著しく異なる土地被覆をいう。
2. **3次元計測データ**とは，計測データを統合解析し，ノイズ等のエラー計測部分を削除した標高データをいう。
3. **オリジナルデータ**は，調整用基準点等を用いて3次元計測データの点検調整を行った標高データをいう。
4. **グラウンドデータ**とは，オリジナルデータから地表遮へい部分の計測データを除去（フィルタリング）した標高データをいう。
5. **グリッドデータ**とは，グラウンドデータを必要に応じた任意のグリッド単位に整理した数値標高モデル（DEM）をいう。

[159ページの解答]

問1　①　写真地図画像データには，地図情報と地理情報が含まれており，地理情報システム（GIS）で利用する。なお，写真地図には等高線や標高値が記載されておらず傾斜の計測はできない。

問2　④　写真地図作成は，数値写真をデジタルステレオ図化機を用いて正射変換したものである。

直前突破問題！ ☆☆

問1 次の文は，航空レーザ測量による標高データの作成工程について述べたものである。ア～オに入る語句の組合せとして適当なものはどれか。

航空レーザ測量は，航空機にレーザ測距装置，ア 装置，デジタルカメラなどを搭載して，航空機から地上に向けてレーザパルスを発射し，地表面や地物で反射して戻ってきたレーザパルスから，地表の標高データを高密度かつ高精度に求めることができる技術である。

取得されたレーザ測距データは，イ での計測値との比較やコース間での標高値の点検により，精度検証と標高値補正がされて，ウ データとなる。この ウ データには構造物や植生などから反射したデータが含まれているため，地表面以外のデータを取り除くフィルタリング処理を行い，地表の標高だけを示す エ データを作成する。

またレーザ測距と同時期に地表面を撮影した画像データは，ウ データから作成された数値表層モデルを用いて正射変換されて，オ データなどの取得やフィルタリング処理の確認作業に利用される。

エ データは地表のランダムな位置の標高値が分布しているため，利用目的に応じて地表を格子状に区切ったグリッドデータに変換することが多い。グリッドデータは，エ データの標高値から，内挿補間法を用いて作成される。

	ア	イ	ウ	エ	オ
1．	GNSS/IMU	調整用基準点	オリジナル	グラウンド	水部ポリゴン
2．	GNSS/IMU	デジタルカメラ	グラウンド	オリジナル	欠測
3．	合成開口レーダ	デジタルカメラ	グラウンド	オリジナル	水部ポリゴン
4．	合成開口レーダ	調整用基準点	グラウンド	オリジナル	欠測
5．	GNSS/IMU	デジタルカメラ	オリジナル	グラウンド	水部ポリゴン

第5章 空中写真測量

突破のポイント
・航空レーザ測量は，空中から地形・地物の標高を計測する技術である。作成工程はP116の図1参照のこと。
・レーザ測距儀により左右にスキャンしながら地上までのレーザ光の照射方向と地上までの距離を計測し，レーザ光反射位置の標高を解析する。

要点71 写真の判読

① 使用フィルムの特徴

1. **パンクロマチック**（白黒）フィルムは，写真処理の容易さ，解像力，保存性，低価格等で優れているので，主に形態の判読，地形図作成に用いられる。
2. **カラー写真**（天然色カラー写真）では，色合成による自然色が得られるので樹木，果樹等の植生の判読に有効である。また，土地利用のように地表面が見えている対象の場合，色彩区分による豊富な情報をもつ。
3. **赤外線**は，水によく吸収されるので，水部は黒く，水分の少ないところは明るく写る。天候の影響を受けにくい。
4. **赤外カラー**（疑似）写真では，赤外光も感光するので，緑が赤紫色に発色するなど自然界の色彩と異なった色調を示す。活力のある植物ほど鮮明な赤に写り植生分布や種類の判読に用いられる。枯れた樹木，草木に似せた塗装等は色調によって判読できる。

② 写真判読の要素

1. **撮影条件**：撮影時期・天候・撮影高度・フィルム（パンクロ，赤外，カラー，カラー赤外）・レンズ（普通角，広角）の種類等を確認する。
2. **形状**：形状特徴は判読上最も重要である。都市・集落・河川・鉄道・道路・耕作地等は平面形で，また学校・神社・工場・病院等は建築様式と平面配列で判読する。
3. **色調又は階調（トーン）**：白黒（パンクロマチック）写真において，黒と白の濃淡（色調，階調）の変化は植生状況の判読に重要な手がかりとなる。パンクロ写真では針葉樹は黒・黒灰，広葉樹では灰白・灰の色調を示す。
4. **陰影**：北半球では影は北側につく。写真の南を上にして観察することにより立体感が得られ，地形的（形状）観察上重要な手がかりとする。なお，写真判読は実体視によるのが望ましい。
5. **パターン（模様）**：パターンは，写真像の配列の状態（巨視的模様）で，同一パターンの広がりは地理・地質・土壌・森林等の調査に役立つ。
6. **きめ（テクスチャー）**：写真のきめは，個々のものを識別するには小さすぎる地表の対象物が集合をなし，その微細な色調変化によって作られる微視的模様をいう。きめを作り出すものは，色調，形，大きさ，陰影等の組合せである。

[161ページの解答]

問1　① **水部ポリゴンデータ**とは，写真地図データを用いて水部（海部，河川等）の範囲を対象に格子間隔により作成される。内挿補間法，P124参照。

直前突破問題！

問1 次の文は，各種の空中写真の特徴について述べたものである。間違っているものはどれか。
1. 地形図作成のための図化作業では，パンクロマチック（白黒）写真が用いられることが多い。
2. カラー写真は，植生の判読に有効である。
3. カラー写真は，パンクロマチック（白黒）写真に比べて情報量が多い。
4. 赤外線写真では，水分の多い土壌や水部は白っぽく写る。
5. 赤外カラー写真では，枯れた樹木は色調によって判読できる。

問2 次の文は，夏季に撮影した縮尺 1/30 000 のパンクロマチック空中写真の判読の結果について述べたものである。間違っているものはどれか。
1. 水田地帯に適度の間隔をおいて高塔が直線状に並んでいたので，送電線と判読した。
2. 谷筋にあり，階調が暗く，樹冠と思われる部分がとがって見えたので，広葉樹と判読した。
3. 耕地の中に規則正しく格子状の配列を示す樹冠らしきものがみられたので，果樹園と判読した。
4. 道路と比べて階調が暗く，直線又はゆるいカーブを描いていたので，鉄道と判読した。
5. コの字型の大きな建物と運動場やプールなどの施設が同じ敷地内にあることから，学校と判読した。

問3 次の文は，夏季に撮影した縮尺 1/10 000 のパンクロマチック（白黒）空中写真の判読について述べたものである。間違っているものはどれか。
1. 耕地の中に，規則正しく格子状の配列を示す樹冠がみられたので，果樹園と判読した。
2. 一面一面が平たんな耕地で，長方形に近い規則正しい形で配列し，あぜがみられたので，水田と判読した。
3. 傾斜地の中に，色調が暗く，丸みをおびた大きな樹冠がみられたので竹林と判読した。
4. 耕地の中に，黒色の細長い筋状に並んでいる列が何本もみられたので茶畑と判読した。
5. 谷筋にあり，全体的に黒い色調で，とがった樹冠がみられたので針葉樹林と判読した。

第5章 空中写真測量

[163 ページの解答]

問1　④　水部は黒く，水分の少ないところは明るく写る。
問2　②　樹冠がとがって見えるのは針葉樹である。広葉樹は丸く，こんもりしている。
問3　③　竹林は白っぽい色調であり，樹冠は不明瞭である。丸みをおびた大きな樹冠より広葉樹と判読する。

ard
地図編集
（GIS を含む）

第6章

○ 地図編集は，出題問題 28 問中，No. 21～No. 24 までの 4 問出題されます。
○ 出題傾向として，地図投影法，地図編集の基本原則，地形図（電子国土）の読図，GIS に関するものがよく出題されています。

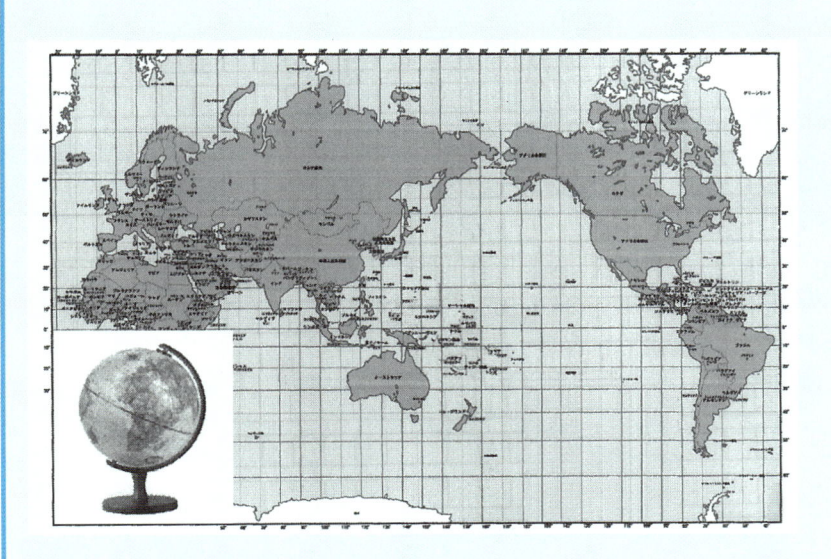

地球儀・世界地図（メルカトル図法）

要点72 地図投影法

1 地理学的経緯度

1. 地球の中心で地軸に直交する平面を**赤道面**，赤道面によって地球楕円体表面にできる線を**赤道**という。
2. 地軸を含む平面よって地球楕円体表面にできる線を**子午線（経線）**，赤道面に平行な平面によってできる線を**平行圏（緯線）**という。
3. **経度**は，英国グリニッジ天文台を通る子午線を基準0°として，東回りを東経，西回りを西経とし，それぞれ180°まで数える。任意の点Pの経度はグリニッジ天文台の子午線とPを通る子午線とのなす角を λ（ラムダ）で表す。
4. **緯度**は，その地点における地球楕円体の法線と赤道面のなす角を φ（ファイ）で表し，赤道を0°として南北に90°まで数える。

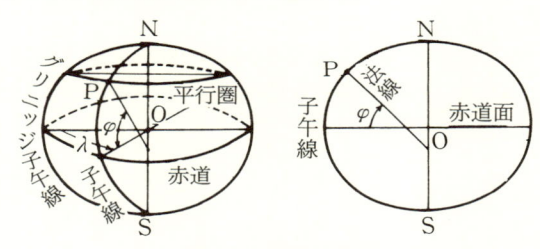

図1　緯度と経度

2 地図投影のひずみ

1. 球面（地球）から平面（地図）に投影するとき，角度・距離・面積にひずみが生じる。これらのひずみを同時になくすことは不可能であるが，どの関係が正しいかにより，次の3つの図法に分ける。
   ① **正角（等角）図法**：地図上の任意の2点を結ぶ線が，経線に対して正しい角度となる。メルカトル図法，ガウス・クリューゲル図法など。
   ② **正距（等距離）図法**：特定の線群のみ，地球上とこれに対応する地図上の距離が正しい比率で表される。任意の2点間の比率を正しく表すことはできない。正射図法，正距円筒図法など。
   ③ **正積（等積）図法**：任意地点の地図上の面積とそれに対応する地球上の面積が正しい比率で表される。ランベルト図法，モルワイデ図法など。

直前突破問題の解答は，次の項目の下にあります。

直前突破問題！ ☆☆

問1 次の文は，地図投影について述べたものである。間違っているものはどれか。

1. 平面上に描かれた地図において，距離（長さ），方位（角度）及び面積を同時に正しく表すことはできない。
2. 投影法は，地図の目的，地域，縮尺に合った適切なものを選択する必要がある。
3. 平面直角座標系において，座標系のY軸は，座標系原点において子午線に一致する軸とし，真北に向かう値を正とする。また，座標系のX軸は，座標系原点において座標系のY軸に直交する軸とし，真東に向かう値を正とする。
4. 投影法は，投影面の種類によって分類すると，方位図法，円錐図法及び円筒図法に大別される。
5. コンピュータの画面に地図を表示したり，プリンタを使って紙に地図を出力する場合も，投影法について考慮する必要がある。

問2 三次元立体である地球を二次元平面に投影するに当たり，様々な投影法が考案されている。このうち，地球を取り巻く円筒面を投影面（地図）とするものを円筒図法という。

円筒図法のうち，メルカトル図法と呼ばれているものは，どの図法に分類されるか。

1. 平射円筒図法
2. 正射円筒図法
3. 正距円筒図法
4. 正積円筒図法
5. 正角円筒図法

突破のポイント
- 正角図法と正距図法，正距図法と正積図法の性質を同時に満足することはできるが，正角図法と正積図法の性質を同時に満足することはできない。
- 投影法は，地図の目的，地域，縮尺に応じて選択する。
  ①航空・航海図には等角図法。②各種の分布や統計には等積図法。③赤道付近では円筒図法，中緯度では円錐図法，極付近では方位図法。④精密地図では横メルカトル図法

要点 73 地図投影法，メルカトル図法

1 投影法（投影面の種類）

1．投影法は，投影面によって分類すると，次の3つに大別される。
① **方位図法**：地球の形を球として，直接平面に投影する。
② **円筒図法**：地球に円筒をかぶせその円筒に投影し，切開いて平面とする。
③ **円錐図法**：地球に円錐をかぶせその円錐に投影し，切開いて平面とする。

① 方位図法　　② 円筒図法　　③ 円錐図法

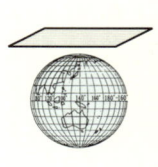

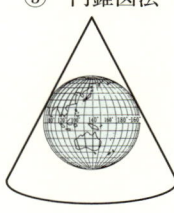

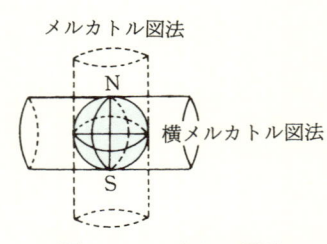

図1　投影面

2 メルカトル図法（円筒図法）

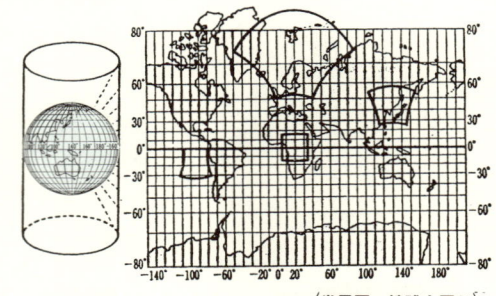

1．**メルカトル図法**は，地軸と円筒軸を一致させた正軸円筒図法に等角条件を加えたもので，経緯線網の形状は互いに直交する直線群となり，赤道は地球上の長さと等しく，経線は赤道に直交する一定間隔の直線群となる。緯度は，赤道に平行で，高緯度になるにつれその間隔は増大する。

2．地図上の2点を結ぶ直線は，同向線（等方位角）で針路を示す。

メルカトル図法
横メルカトル図法

図2　メルカトル図法　　　　**図3　メルカトル図法**（世界図，地球上同じ大きさの正方形が場所によって異なる。）

[167ページの解答]

問1　③　座標は，縦軸（子午線）をX軸，横軸をY軸とする。数学と異なる。
問2　⑤　メルカトル図法は，地軸と円筒軸を一致させた<u>正角円筒図法</u>である。なお，投影点（視点）の位置によって，投影面に平行とするものを**正射図法**，地球の中心を投影点とするものを**心射図法**という。これと投影面を組み合せて，図法を分類する。

直前突破問題！

問1 次の文は、メルカトル図法に関する説明である。間違いはどれか。
1. この図法で描かれた赤道上の距離は、地上の距離の縮尺による距離が等しい。
2. 投影された経緯線の形状は、経線は一定間隔の平行直線で、緯線は経線の投影線に直交し、各緯線の間隔は赤道を隔てて高緯度になるにつれて増大する。
3. この図法は1種の等角図法で、この投影図上で2点を結ぶ直線は地球上の等方位線を示す。
4. この図法は、地球の中心に視点をおき、赤道に接する正円筒面上に中心投影したものである。
5. この図法による投影図の縮尺は、緯度○○度において○○万分の1というように標記する必要がある。

問2 次の文は、地図の投影について述べたものである。間違いはどれか。
1. 投影法は、投影面の種類によって分類すると、方位図法、円錐図法及び円筒図法に大別される。
2. 平面上に描かれた地図において、距離（長さ）、角度（方位）及び面積を同時に正しく表すことはできない。
3. 同一の図法により描かれた地図において、正距図法と正角図法、又は正距図法と正積図法の性質を同時に満たすことは可能である。
4. ユニバーサル横メルカトル図法（UTM図法）と平面直角座標系で用いる投影法は、ともに横円筒図法の一種であるガウス・クリューゲル図法である。
5. 正距図法では、地球上の任意の2点間の距離を正しく表すことができる。

突破のポイント
- 投影面は平面（方位図法）、立体曲面であっても1つの母線で切れば平面となる円錐（円錐図法）及び円筒（円筒図法）が用いられる。
- メルカトル図法では、2点間を結ぶ直線の方位角は一定（航程線、同向線）で船や飛行機の針路を示すが、最短航路（大圏航路）ではない。

第6章 地図編集（GISを含む）

要点74 横メルカトル図法(ガウス・クリューゲル図法)

1 横メルカトル図法

1. **横メルカトル図法**は，正角条件を満たした横円筒図法（ガウス・クリューゲル図法）で，地球楕円体から直接円筒面に投影する。精密地図に用いられ，適用する条件により，**平面直角座標**と **UTM 図法**に分けられる。
2. 経緯線網は，楕円の交わりとなり，中央子午線から離れるに従い距離のひずみが増大する。経線間隔は，緯度によって異なり高緯度になるにつれて縮まり，中央子午線より離れるにつれ増大する。

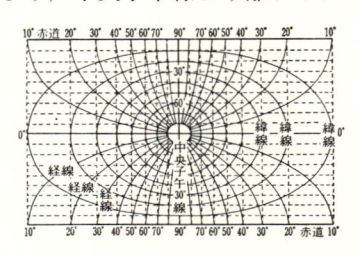

（点線はメルカトル図法の経緯線網を 90°回転したもの。）
図 1　横メルカトル図法

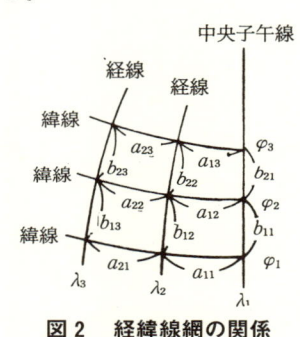

図 2　経緯線網の関係

2 縮尺係数

1. 横メルカトル図法では，中央子午線付近では経緯線が正しい関係に保たれるが，中央子午線から東西に離れるに従い，ひずみが増大し距離誤差が大きくなる。距離誤差の増大を防ぐため，東西方向の適用範囲を決め，順次，中央子午線の位置を変えて投影する。
2. 投影面上の距離（平面距離）s，これに対応する球面上の距離（球面距離）S とすると，**縮尺係数**は次のとおり。

$$縮尺係数 = \frac{平面距離}{球面距離} = \frac{s}{S} \quad \cdots\cdots 式（1）$$

3. **平面直角座標**では，距離誤差を 1/10 000 以内とするため，縮尺係数を座標原点上で 0.999 9 とし，原点から東西約 90km の地点で 1.000 0，約 130km の地点で 1.000 1 とする。**UTM 図法**では，距離誤差を 4/10 000 以内とし，中央子午線で縮尺係数を 0.999 6 とする。

[169 ページの解答]

問 1　④　メルカトル図法は，視点を地球の中心に置き，円筒面内に投影する心射円筒図法に等角条件を加えたものである。

問 2　⑤　地球上の任意の 2 点間の距離の比率を正しく表すことはできない。特定の線群に限ったことである。

直前突破問題！ ☆☆

問1 次の文は，我が国で一般的に用いられている地図の投影法について述べたものである。間違っているものはどれか。

1. ユニバーサル横メルカトル図法（UTM 図法）を用いた地形図の図郭は，ほぼ直線で囲まれた不等辺四角形である。
2. ユニバーサル横メルカトル図法（UTM 図法）は，中縮尺地図に広く適用される。
3. 各平面直角座標系の原点を通る子午線上における縮尺係数は 0.999 9 であり，子午線から離れるに従って縮尺係数は大きくなる。
4. 平面直角座標系は，横円筒図法の一種であるガウス・クリューゲル図法を適用している。
5. 平面直角座標系は，日本全国を 19 の区域に分けて定義されているが，その座標系原点はすべて赤道上にある。

問2 次の文は，我が国で一般的に用いられている地図の投影法について述べたものである。正しいものの組合せはどれか。

a．国土地理院発行の 1/25 000 地形図は，ユニバーサル横メルカトル図法（UTM 図法）を採用している。
b．平面直角座標系は，横円筒図法の一種であるガウス・クリューゲル図法を適用している。
c．平面直角座標系は，日本全国を 19 の区域に分けて定義されており，各座標系の原点はすべて同じ緯度上にある。
d．平面直角座標系における座標値は，X 座標では座標系原点から北側を「正（＋）」とし，Y 座標では座標系原点から東側を「正（＋）」としている。
e．メルカトル図法は，面積が正しく表現される正積円筒図法である。

1. a，c
2. b，e
3. a，b，d
4. a，c，d
5. b，d，e

第6章 地図編集（GISを含む）

突破のポイント
- 図葉の区画の形は，平面直角座標系では長方形，UTM 図法では不等辺四辺形となるが継ぎ合すことができる。1/2.5 万地形図，1/5 万地形図は UTM 図法である。
- 地形図の図郭の縦線は南北方向，横線は東西方向を示す。北及び東は，常に図上の上及び右になる。

要点75 平面直角座標とUTM図法1(定義)

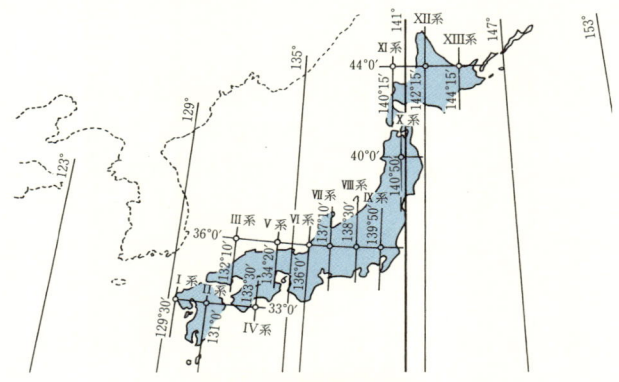

1 平面直角座標

1. **平面直角座標系**は，ガウス・クリューゲル図法を我が国に適用したもので，全国を19の座標系（緯度差約1°～2°の範囲）に分け，それぞれに原点（X＝0.000m，Y＝0.000m）を設定している。公共測量に用いられる。

図1　平面直角座標系

2 UTM（ユニバーサル横メルカトル）図法

1. 地球を経度6°ごとに60の帯（ゾーン）に分け，各経度帯の原点は，中央経線（子午線）と赤道との交点とする。
2. 各ゾーンの番号は，西経180°～174°のゾーンをNo.1とし，東回りに6°ごとに番号をつけ，東経174°～180°のゾーンをNo.60とする。
3. この投影の適用範囲は，南緯，北緯とも80°以内の範囲とする。
4. この図法は，1/2.5万，1/5万の地形図等に用いられる。

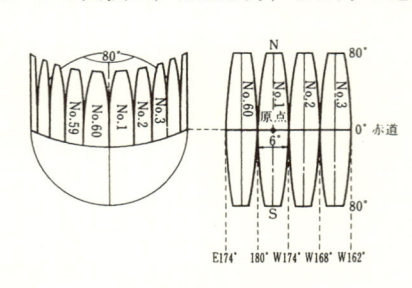

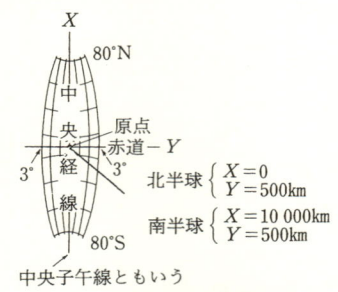

北半球 $\begin{cases} X=0 \\ Y=500\text{km} \end{cases}$

南半球 $\begin{cases} X=10\,000\text{km} \\ Y=500\text{km} \end{cases}$

図2　UTM図法　　　　**図3　UTM図法の座標原点**

[171ページの解答]

問1　⑤　平面直角座標は，全国を19の区域に分け，それぞれに原点を設ける。
問2　③　メルカトル図法は，正角円筒図法である。P174，表1参照。

直前突破問題！ ☆☆

問1 次の文は，日本における平面直角座標系について説明したものである。☐ に入る適当な用語の組合せはどれか。

- 一般に公共測量などで作成する縮尺 1/2 500〜1/5 000 程度の地図は，位置を平面直角座標系で表示している。この平面直角座標系は，日本全体を ア の区域に分割し，それぞれの区域に中央経線を設けて イ で投影し，平面上に設置された座標系である。中央経線上の縮小率を ウ とし，中央経線より約 90km 離れたところで縮小率が 1.000 0 となるようにすることにより，座標系内のひずみを小さくしている。
- 各座標系とも，原点において エ と一致する直線を一方の座標軸とし，これに直交する直線を他方の座標軸としている。また，原点の座標値は，$X = $ オ m，$Y = 0$ m と定められている。

	ア	イ	ウ	エ	オ
1.	a	c	f	i	g
2.	b	d	e	j	h
3.	a	d	f	i	g
4.	b	d	e	j	g
5.	a	c	f	i	h

用語群
- a. 19
- b. 経度幅 6°
- c. モルワイデ図法
- d. ガウスの等角図法
- e. 0.999 6
- f. 0.999 9
- g. 0
- h. 500 000
- i. 経　線
- j. 緯　線

問2 次の文は，UTM 座標系について述べたものである。ア ～ オ に入る語句又は数値の適当な組合せはどれか。

- UTM 座標系は，地球全体を東西幅 ア の南北に長い経度帯に分割している。各経度帯における座標系の原点は，中央経線と赤道の交点である。各経度帯は，経度 イ の経線を起点とし，東回りに ウ を No. 1 として No. エ までの数字で区分されている。
- UTM 座標系は，各経度帯ごとの中央経線における縮尺係数を オ とする割円筒を投影面としたガウス・クリューゲル図法を用いている。

	ア	イ	ウ	エ	オ
1.	i	d	a	e	g
2.	i	c	b	e	h
3.	k	d	a	e	g
4.	k	c	a	f	g
5.	i	d	b	f	h

語句・数値
- a. 西経 180°〜172°
- b. 西経 180°〜174°
- c. 0°
- d. 180°
- e. 45
- f. 60
- g. 0.999 9
- h. 0.999 6
- i. 6°
- k. 8°

第6章 地図編集（GISを含む）

要点 76 平面直角座標と UTM 図法 2（比較）

1 平面直角座標と UTM 図法の比較

1. **UTM 図法**と**平面直角座標系**の比較は，表 1 のとおり。1/2.5 万，1/5 万の地形図（UTM 図法）及び 1/2 500，1/5 000 の国土基本図（平面直角座標）の投影図法，1 図葉の区画など整理しておくこと。
2. UTM 図法では，各図郭は不等辺四辺形となるが，同ゾーン内では完全につなぎ合わすことができ，継目に裂け目が残らない。中縮尺（1/2.5 万以下）に適した図法である。なお，1/5 地形図は，編集図である。

表 1　国土地理院作成の大・中縮尺地図の各要素

地図の種類	1/2 500	1/5 000	1/25 000	1/50 000
	国土基本図		地形図	
投影図法	横メルカトル図法 （平面直角座標系）		ユニバーサル横メルカトル図法 （UTM 図法）	
図法の性質	正角図法（ガウス・クリューゲル図法）			
投影範囲	日本の国土を 19 の座標系に分け，その座標系ごとに適用。		東経（または西経）180°から東回りに経度差 6°ごと，北緯 80°〜南緯 80°の範囲に適用，これを経度帯（ゾーン）という。	
座標の原点	19 の座標系ごとに原点を設ける。縦軸方向を X，横軸方向を Y とし，原点の座標を X=0m，Y=0m とする。 　X 軸は北を「+」，南を「-」。 　Y 軸は東を「+」，西を「-」。		各ゾーンの中央経線と赤道との交点を原点，縦軸方向を N，横軸方向を E，原点の座標を N=0m，E=500 000m（南半球では，N=10 000 000m とする）。 我が国に関するもの No.52（E126°〜132°）E129° No.53（E132°〜138°）E135° No.54（E138°〜144°）E141° No.55（E144°〜150°）E147°	
図郭線の表示	平面直角座標による原点からの距離による表示。		経度及び緯度による表示。	
高さの表示	東京湾平均海面からの高さ。			
縮尺係数	原点で 0.999 9，原点から横座標で 90km 離れた地点で 1.000 0。		原点で 0.999 6，原点から横座標で 180km 離れた地点で 1.000 0。	
距離誤差	± 1/10 000 以内		± 4/10 000 以内	
1 図葉の区画	2km（横座標）× 1.5km（縦座標）	4km（横座標）× 3km（縦座標）	7′30″（経度差）× 5′（緯度差）	15′（経度差）× 10′（緯度差）
1 図葉の区画の形	長方形		不等辺四辺形	
1 図葉の実面積	3km^2	12km^2	約 100km^2	約 400km^2
等高線間隔	2m	5m	10m	20m

［173 ページの解答］

問 1　③　原点における子午線を X 軸，直交する軸を Y 軸とする。
問 2　⑤　中央経線上の縮尺係数は UTM 図法は 0.999 6，平面直角座標 0.999 9。

直前突破問題！ ☆☆

問1 次の文は，平面直角座標系について述べたものである。正しいものの組合せはどれか。

a．中央経線からそれと直交する方向に約180km離れた点の縮尺係数は1.0000である。
b．各座標系における原点の座標値は，$X=0.000$m，$Y=0.000$mである。
c．座標系のX軸上における縮尺係数は0.9999である。
d．地球全体を6度幅ごとの経度帯に区分している。
e．投影法は，ガウス・クリューゲル図法である。

1．a，b，d　　　2．a，b，e　　　3．b，c，d
4．b，c，e　　　5．c，d，e

問2 次の文は，ユニバーサル横メルカトル図法（UTM図法）について述べたものである。間違っているものはどれか。

1．この図法は，地球全体を6度幅の経度帯に分け，各経度帯についてガウス・クリューゲル図法で投影する図法である。
2．一つの経度帯において中央経線との経度差が同一の経線は，中央経線を軸として左右対称の形に投影される。
3．一つの経度帯を経緯線で区画に区切り，区画単位に投影して得られた地図は，そのすべてを平面上で裂け目なくつなぎ合わせることができる。
4．この図法による座標系の原点は，中央経線と赤道との交点で，その座標値は北半球の場合E＝500 000m，N＝0mである。
5．縮尺係数は，中央経線上で0.9999であり，中央経線から東西方向に約90km離れた地点で1.0000となる。

第6章 地図編集（GISを含む）

突破のポイント
・平面直角座標とUTM図法の共通点は，次のとおり。
　① 投影法がともにガウス・クリューゲル図法である。
　② 高さの表示がともに東京湾平均海面からの高さである。
・平面直角座標は，日本固有の座標系であり，UTM図法は世界共通の座標系である。

要点 77　1/2.5万地形図の図郭

1 地形図の図郭

1. 国土地理院が発行する1/2.5万地形図 NI－53－14－4－4（奈良）の図郭は，次のとおり。記号 NI－53 は，N 北半球，I は赤道から4°毎に区分した9番目のブロックで北緯32°～36°，53 ゾーン（東経132°～138°）の**国際図1/100万**を示す。

2. 国際図1/100万の図郭を 6 × 6 等分したものが1/20万の**地勢図**で，14 は36 コマの 14 番目を示す。1/20 万の地勢図を 4 × 4 等分すると，**1/5 万地形図**で，16 コマの 4 番目を示す。1/5 万地形図を 2×2 等分すると**1/2.5 万地形図**となり，4 コマの 4 番目を示す。

	132°	133°	134°	135°	136°	137°	138°	
36°00′	31	25	19	13	7	1		
35°20′	32	26	20	14	8	2		
34°40′	33	27	21	15	9	3		
34°00′	34	28	22	16	10	4		
33°20′	35	29	23	17	11	5		
32°40′	36	30	24	18	12	6		
32°00′								

図1　NI－53－14（1/20万地勢図）

	135°00′	135°15′	135°30′	135°45′	136°00′
35°20′	13	9	5	1	
35°10′	14	10	6	2	
35°00′	15	11	7	3	
34°50′	16	12	8	4	
34°40′					

図2　NI－53－14－4（1/5万地形図）

	135°45′	135°52′30″	136°00′
34°50′	3	1	
34°45′	4	2	
34°40′			

図3　NI－53－14－4－4（1/2.5万地形図）

表1　地図の図郭

地図の縮尺	経度差	緯度差
1/100万　国際図	6°	4°
1/20 万　地勢図	1°	40°
1/5 万　地形図	15′	10′
1/2.5万　地形図	7°30″	5′

［175 ページの解答］

問1　④　a と d は，UTM 図法に関するものである。

問2　⑤　UTM 図法の縮尺係数は，中央子午線上で 0.999 6，中央子午線から東西約 130km 離れた地点で 1.000 0，270km 地点で 1.000 4 となる。

直前突破問題！

問1 次の文は，東経135°00′と136°00′の経線及び北緯34°40′と35°20′の緯線を，ユニバーサル横メルカトル図法で縮尺1/200 000に展開したときの経緯線の形について述べたものである。正しいものはどれか。

1. 経線も緯線も直線である。
2. 経線も緯線も曲線である。
3. 一つの経線のみ直線で，他の経線と緯線は曲線である。
4. 経線は曲線で，緯線は直線である。
5. 経線は直線で，緯線は曲線である。

問2 図はユニバーサル横メルカトル図法により投影された1/5万地形図の図郭を示したものである。

この図の属す緯度帯の中央経線の経度は何度か。

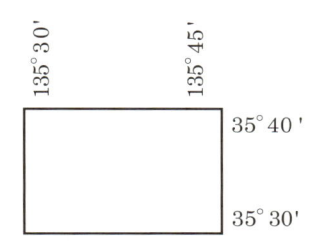

1. 東経129°　2. 東経135°　3. 東経141°
4. 西経129°　5. 東経132°

第6章 地図編集（GISを含む）

突破のポイント ・地図の種類と投影法は，次のとおり。

表　地図の種類と投影法

地図の種類	投影法	備考
1/2 500　国土基本図	平面直角座標	実測図
1/5 000　国土基本図	平面直角座標	実測図
1/10 000　地形図	UTM図法	編集図
1/25 000　地形図	UTM図法	実測図
1/50 000　地形図	UTM図法	編集図
1/200 000　地形図（地勢図）	UTM図法	編集図
1/500 000　地形図（地方図）	正角割円錐図法	編集図
1/1 000 000　日本（国際図）	正角割円錐図法	編集図

要点78 地図編集作業

1 地図編集

1. **地図編集**とは，既成の数値地形図データを基図として，測量成果等の編集資料を参考に新たな数値地形図データを作成する作業をいう。
2. **実測図**は，現地で地形・地物を測定して作成された地図をいう。1/2 500の国土基本図，1/2.5万地形図は実測図である。**編集図**は，実測図を基図として編集により作成された地図である。1/5万地形図等は編集図である。
3. **図式**は，地表の状態をどのような様式で表現するかを具体的に決めた約束ごとをいう。図法，縮尺，位置・高さの基準，図郭の大きさ，地図記号の形式・大きさ等，地形図作成に必要な全ての事項について規定している。

2 地図の種類

1. **一般図**とは，他の地図の基図となるもので，地物や地形を定められた図式に基づき表現したもの。国土地理院が作成する。
2. **主題図**とは，特定の目的・利用のために作成された地図で，目的の「主題」が明確に分かるように表されている。土地利用図や地質図，地籍図，都市計画図，統計地図などがある。

3 読図の留意事項

1. 読図の問題は，1/2.5万地形図及び電子国土基本図（P194）を中心に出題される。出題内容は，取捨選択・転移・総描及び地図記号，図上計測（面積，経緯度，斜面距離，縮尺）などです。

[177 ページの解答]

問1 ③ 東経135°00′の位置するゾーンは，
$(135°+180°) \div 6 = 52.5$（No.53のゾーン）
53のゾーン（E132°〜138°）の経度帯の中央子午線の経度は135°である。
　この図葉の1つは，中央子午線に該当する。故に，中央子午線と赤道のみが直線で他のすべての経緯線は曲線である。

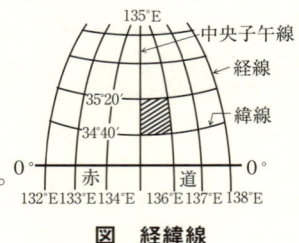

図　経緯線

問2 ② 東経135°30′〜135°45′の地図が属する経度帯は，180°（西経分）＋135°30′＝315°30′，315.5°÷6°≒52.6（切り上げ）で，No.53のゾーン。
（ゾーン数）×6°−180°（西経の分）−(6°/2) ＝ 中央経線の経度
No.53の中央経線は，$53×6°−180°−(6°/2) = 135°$
故に，この地形図の属する経度帯の中央経線の経度は，東経135°である。

直前突破問題！ ☆☆

問1 次の文は，地図の種類と表現方法について述べたものである。 ア ～ オ に入る語句の組合せとして適当なものはどれか。

a． ア は，地形の状況や交通施設・建物などの地物の状況，地名・施設の名称などを イ に従って表示し， ウ に使用できるように作成された地図をいう。

b． エ は，特定の主題内容に重点を置いて表現した地図をいい， ア を エ の オ として用いることが多い。

c．特殊図は， ア や エ の分類に入らないその他の地図である。例えば，視覚障害者地図（触地図），立体地図などをいう。

d． イ とは，地図を表現する際の約束ごとをいい，地図で表示する記号や文字などの表現様式を規定している。

	ア	イ	ウ	エ	オ
1．	主題図	編 集	多目的	一般図	編集素図
2．	主題図	図 式	特定目的	一般図	基 図
3．	一般図	図 式	特定目的	主題図	編集素図
4．	一般図	図 式	多目的	主題図	基 図
5．	一般図	編 集	多目的	主題図	編集素図

問2 次の文は，編集により一般図を作成する場合に使用する基図の一般的な選定要件について述べたものである。間違っているものはどれか。

1．基図は，特定の主題のみを扱った図でないこと。
2．基図の図式は，新しく編集する地図の図式に類似していること。
3．基図の縮尺は，新しく編集する地図より小さく，かつ，近いこと。
4．基図は精度の高いものであること。
5．基図は，作成又は修正の時期が明確であり，かつ，内容が新しいものであること。

第6章 地図編集（GISを含む）

突破のポイント
・現在，地理空間情報活用推進基本法の趣旨を踏え，従来の1/2.5万地形図を中心とした基本図体系からデジタルを中心とする基本図体系（電子国土基本図）へ移行している。
・電子国土基本図（縮尺レベル2 500～25 000）は，基盤地図情報に基づき，1/2.5万地形図に代わる新たな基本図です。

要点79 編集描画

1 地図編集の描画の順序

1. **編集**は，編集資料を参考に図形編集装置を用いて編集原図データを作成する作業をいう。基準点（電子基準点，三角点，水準点など）を最優先とし，次に自然の骨格地物である河川・水涯線等の水部，人工の骨格地物である鉄道・道路，そして建物などの順に行う。
2. 編集描画の順序は，次のとおり。
①図郭線の展開，②基準点，③自然骨格物，④人工骨格物，⑤建物・諸記号，⑥地形，⑦行政区界の境界，⑧植生界・植生記号。

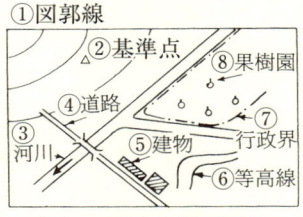

図1　図式と描画順序

2 取捨選択・転位・総描

1. 地図情報レベルが小さくなるほど表示対象物を実形，実幅で表示できなくなり，定形化された記号となる。編集する地図情報レベルに応じて，取捨選択，総描（総合描示），転位して描画する。
2. **取捨選択の原則**は，次のとおり。
   ① 表示対象物は，地図情報レベルに応じて適切に取捨選択する。
   ② 重要度の高い対象物（学校・病院・神社等）は省略しない。
3. **総描（総合描示）の原則**は，次のとおり。
   ① 必要に応じ，図形を多少誇張しても，その特徴を表現する。
   ② 現地の状況と相似性を持たせる。
   ③ 形状の特徴を失わないようにする。
4. **転位の原則**は，次のとおり。
   ① 位置を表す基準点は，転位しない（水準点の転位はあり得る）。
   ② 有形自然物（河川・海岸線）は，転位しない。
   ③ 有形線と無形線（等高線・境界等）では，無形線を転位する。
   ④ 有形の自然物と人工地物（建物等）では，人工地物を転位する。
   ⑤ 骨格となる人工地物（道路・鉄道等）とその他の地物（建物等）では，その他の地物を転位する。
   ⑥ 重要度の等しい人工地物が重なる場合は，中間点を真位置とする。

[179ページの解答]

問1　④　地図は，利用目的から一般図と主題図に分類する。
問2　③　基図の選定要件は，一般図であること，内容が新しくかつ精度が良好であること，作成する編集図より縮尺が大きいこと。

直前突破問題！ ☆☆

問1 国土地理院発行の1/25 000地形図の，真位置に編集描画すべき地物の優先順位について示したものである。適当なものはどれか。
1. 電子基準点 → 道路 → 一条河川 → 行政界 → 建物
2. 一条河川 → 電子基準点 → 建物 → 道路 → 行政界
3. 電子基準点 → 一条河川 → 道路 → 建物 → 行政界
4. 一条河川 → 電子基準点 → 道路 → 行政界 → 建物
5. 電子基準点 → 一条河川 → 建物 → 道路 → 行政界

問2 次の文は，地図を編集するときの原則について述べたものである。間違っているものはどれか。
1. 山間部の細かい屈曲のある等高線は，地形の特徴を考慮して総描する。
2. 編集の基となる地図は，新たに作成する地図の縮尺より大きく，かつ，作成する地図の縮尺に近い縮尺の地図を採用する。
3. 水部と鉄道が近接する場合は，水部を優先して表示し，鉄道を転位する。
4. 描画は，三角点，水部，植生，建物，等高線の順で行う。
5. 道路と市町村界が近接する場合は，道路を優先して表示し，市町村界を転位する。

問3 次の文は，地図編集の原則について述べたものである。間違っているものはどれか。
1. 注記は，地図に描かれているものを分かりやすく示すため，その対象により文字の種類，書体，字列などに一定の規範を持たせる。
2. 有形線（河川，道路など）と無形線（等高線，境界など）とが近接し，どちらかを転位する場合は無形線を転位する。
3. 取捨選択は，編集図の目的を考慮して行い，重要度の高い対象物を省略することのないようにする。
4. 山間部の細かい屈曲のある等高線を総合描示するときは，地形の特徴を考慮する。
5. 編集の基となる地図（基図）は，新たに作成する地図（編集図）の縮尺より小さく，かつ最新のものを使用する。

> **突破のポイント**　・地図情報レベルが大きくなるに従って地形・地物を真位置で表現することが困難になる。描画の順序及び転位の原則は，覚えておくこと。

第6章　地図編集（GISを含む）

要点80 地形図の図式記号

1 1/2.5万地形図の図式記号（平成14年図式）

(1) 道路・鉄道

- 4車線以上
- 2車線道路
- 1車線道路
- 軽車道
- 徒歩道
- 庭園路
- 建設中
- 石段
- 有料道路・料金所
- 橋・高架
- 切土部・盛土部
- (14) 高速・国道（番号）
- 単線　駅　複線以上　貨物　建設中
- JR線
- JR線以外
- 地下鉄
- 路面鉄道
- リフト等
- 特殊鉄道

(2) 境界

- 都府県界
- 支庁界
- 郡市界
- 町村界
- 所属界
- 植生界
- 特定地区界
- 土堤
- 送電線
- 輸送管
- へい
- 擁壁

(3) 建物等

- 建物
- 建物密集地
- 温室等

(4) 基準点

- △52.6 三角点
- ⚑18.2 電子基準点
- ⊡21.7 水準点
- －52－ 水面標高

(5) 建物記号・目標物

◎ 市役所	🏭 煙突
○ 町村役場	📡 電波塔
ｏ̊ 官公署	✿ 風車
⚖ 裁判所	☼ 灯台
◇ 税務署	⌂ 城跡
⊕ 病院	∴ 史跡名勝天然記念物
⊕ 保健所	⊥ 墓地
T 気象台	🜂 噴火口・噴気口
Y 消防署	♨ 温泉・鉱泉
⊗ 警察署	✕ 採鉱地
X 交番	⛏ 採石地
⌐ 自衛隊	⌒ 坑口
★ 小・中学校	⊔ 擁壁・ダム
⊛ 高等学校	≡ 水制
✺ 森林管理署	= せき
命 老人ホーム	‥ 滝
✿ 発電所	⚓ 水門
✾ 工場	⚓ 重要港
📖 図書館	⚓ 地方港
血 博物館・美術館	⚓ 漁港
⛩ 神社	渡し船・フェリー
卍 寺院	¦ 雨裂
⊕ 郵便局	⌒ 土がけ
⌂ 高塔	〰 岩がけ
⌂ 記念碑	⌒ 岩

(6) 植生

田		荒地	
畑		その他の樹木畑	
果樹園		広葉樹林	
桑畑		針葉樹林	
茶畑		ハイマツ	
竹林		ヤシ科樹林	
笹地			

直前突破問題！ ☆☆

問1 次の各表は，国土地理院発行の1/25 000地形図の地図記号とその名称を対応させたものである。次の中で，記号と名称がすべて正しく対応しているものはどれか。

1.	記号	🏛	⛩	⊗
	名称	博物館・美術館	神社	交番

2.	記号	📖	⊗	〒
	名称	図書館	小・中学校	郵便局

3.	記号	Y	♂	⼭
	名称	桑畑	広葉樹林	荒地

4.	記号	🌬	△	☼
	名称	風車	電子基準点	灯台

5.	記号	🏠	♂	♨
	名称	老人ホーム	官公署	温泉・鉱泉

問2 1/25 000地形図に用いる記号に，平面図形と側面図形のものがある。平面図形でないものはどれか。

1. 水準点　2. 高塔　3. 煙突　4. 油井・ガス井　5. 灯台

突破のポイント

- 読図は，1/2.5万地形図及び電子国土を中心に出題される。
- 電子国土基本図は，1/2.5万地形図体系からデジタルを中心とする基本図体系へ移行するため，平成21年から開始された新しい基本図です。
- 平面記号は図形の中心線を，側面記号は下辺の中心を真位置に表示する。

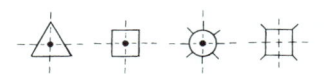

(1) 平面記号　　　　　　　　(2) 側面記号

（三角点）（水準点）（灯台）（高塔）　　（記念碑）（煙突）（電波塔）

［181ページの解答］

問1	③ 編集描画の優先順位は，覚えておくこと。
問2	④ 三角点，水部，建物，等高線，植生の順となる。
問3	⑤ 基図は，精度保持のため，新たに作成される地図より縮尺（地図情報レベル）の大きい地図を使用する。

第6章 地図編集（GISを含む）

要点81 地形図の読図1（道路・鉄道）

1 道路の表示

1. 道路の表示は，真幅道路と記号道路に区分して表示する。国道は茶色で表示し，一般国道には国道番号を，高速自動車国道にはその名称を表記する。
2. **記号道路**は，道路の幅員により5段階に区分して記号化して表示する。**真幅道路**は，道路幅を1/2.5万に縮小して，一般の道路では1.0mm（実幅25m）以上，街路では0.4mm（実幅10m）以上について表示する。幅1.5m～10mまでの街路は，すべて0.4mmの幅で表示する。

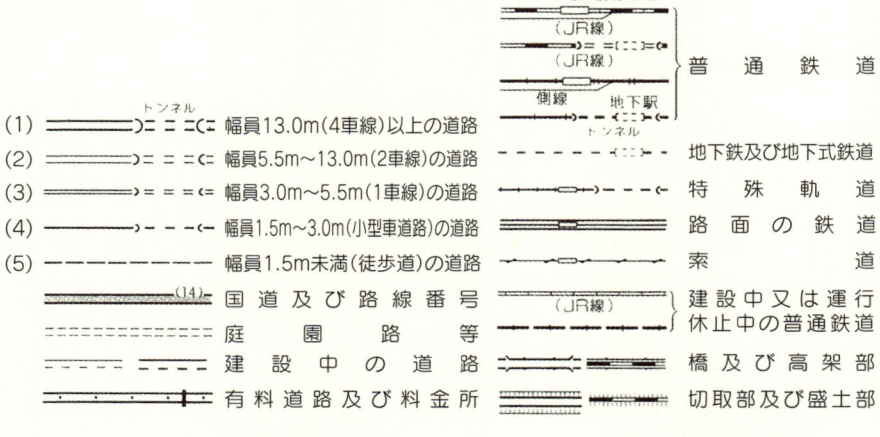

図1　道路記号

(1) 幅員13.0m（4車線）以上の道路
(2) 幅員5.5m～13.0m（2車線）の道路
(3) 幅員3.0m～5.5m（1車線）の道路
(4) 幅員1.5m～3.0m（小型車道路）の道路
(5) 幅員1.5m未満（徒歩道）の道路
国道及び路線番号
庭園路等
建設中の道路
有料道路及び料金所

図2　鉄道記号

普通鉄道（単線／駅／複線以上／（JR線）／（JR線以外）／側線／地下駅／トンネル）
地下鉄及び地下式鉄道
特殊軌道
路面の鉄道
索道
建設中又は運行休止中の普通鉄道（JR線）
橋及び高架部
切取部及び盛土部

2 鉄道の表示

1. 鉄道の表示は，普通鉄道（JR線とJR線以外），地下鉄・地下式鉄道，特殊軌道，路面の鉄道，索道について，単線と複線以上に区分して表示する。
2. 地下鉄及び地下式鉄道は，トンネル記号と破線の茶色で表示する。索道は，空中ケーブル，スキーリフト，ベルトコンベヤー等をいう。

[183ページの解答]

問1　④　1/2.5万地形図は，国土全域4342面でカバーされ，図式は「平成14年1/2.5万地形図図式」である。今後刊行される新刊地形図はすべて**電子基準点記号**が表示され，新たに「博物館」，「図書館」，「風力発電用風車」，「老人ホーム」が新設された。1の交番，2の小・中学校，3の広葉樹林，5の温泉・鉱泉が正しく対応していない。

問2　③　地形図記号は，水準点（⊡21.7），高塔（ロ），煙突（凸），油井・ガス井（ロ），灯台（※）であり，このうち，煙突は側面図形である。

直前突破問題！ ☆

問1 図は，国土地理院発行の 1/25 000 地形図（一部変更）である。この地形図を読図することにより次の結果を得た。間違っているものはどれか。

図

1．A 城の北側には，裁判所及び神社がある。
2．JR 駅の東方約 1.5km の地点に，599m の標石のない標高点がある。
3．A 城の東側には標高 592.2m の水準点がある。
4．女鳥羽川の流水方向を示す記号のすぐ下流の橋を渡り国道を横断すると，堀に出る。それを渡った左手に市役所がある。
5．JR 駅前の道路を約 1 km 北に進み，左折すると右手に高等学校がある。その南側には保健所がある。

突破のポイント
・1/2.5 万地形図は，3 色刷（青：河川等水部，茶：等高線等，黒：その他）であるが，試験では 1 色刷（黒）であるので注意する。図の国道は濃く塗りつぶされている。
・色エンピツで 1 つ 1 つ塗りながら図式を確認すること。

要点82 地形図の読図2（建物等・建物記号）

1 建物等の表示

1. **建物等**は，独立建物，総描建物（建物の密集地），高層建築街及び建物類似の構造物（温室，畜舎，タンク等）に区分して表示する。
2. **独立建物**は，個々の建物を区別して表示するもので，図上の短辺1.0mm未満の建物（小）とそれ以上の建物（大），さらに（大）の独立建物で3階建以上の高層建物（大）に区分して表示する。
3. **総描建物**は，建物が密集している地区で個々の建物を区別して表示することが困難な場合，数戸以上の建物を一つのブロックにまとめて表示する。
   高層建築街は，建物の密集地のうち3階建以上の建築が密集している地区をいう。

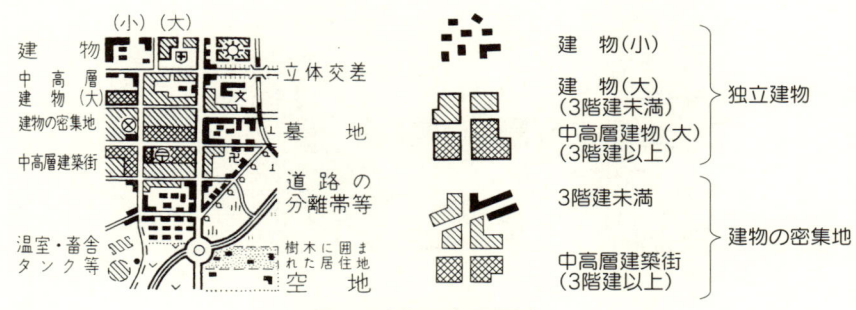

図1 建物の表示原則

2 建物記号

1. **建物記号**は，地形図に表示された建物のうち，その用途あるいは機能を示す必要がある場合に表示する記号をいう。

◎ 市役所	✧ 税務署	Y 消防署	★ 小・中学校	☼ 発電所	〒 神社
○ 町村役場	⊕ 病院	⊗ 警察署	⊛ 高等学校	✿ 工場	卍 寺院
ö 官公署	⊕ 保健所	X 交番	✱ 森林管理所	🏛 図書館	⊖ 郵便局
♤ 裁判所	T 気象台	〒 自衛隊	🏛 老人ホーム	🏛 博物館・美術館

図2 建物記号

[185ページの解答]

問1 ⑤ 駅前東方1.5kmとは，図上右6cmに標石のない599mの標高点（・599）がある。駅前より北4km，図上4cm上に高等学校（⊛）があり，その南に病院（⊕）がある。なお，標石のある標点は小数点1位まで表示（・599.4），小中学校は（★），保健所は（⊕）である。

直前突破問題！ ☆☆

問1 図は，電子国土ポータルから国土地理院が提供している地図である。次の文は，この図に表現されている内容について述べたものである。間違っているものはどれか。

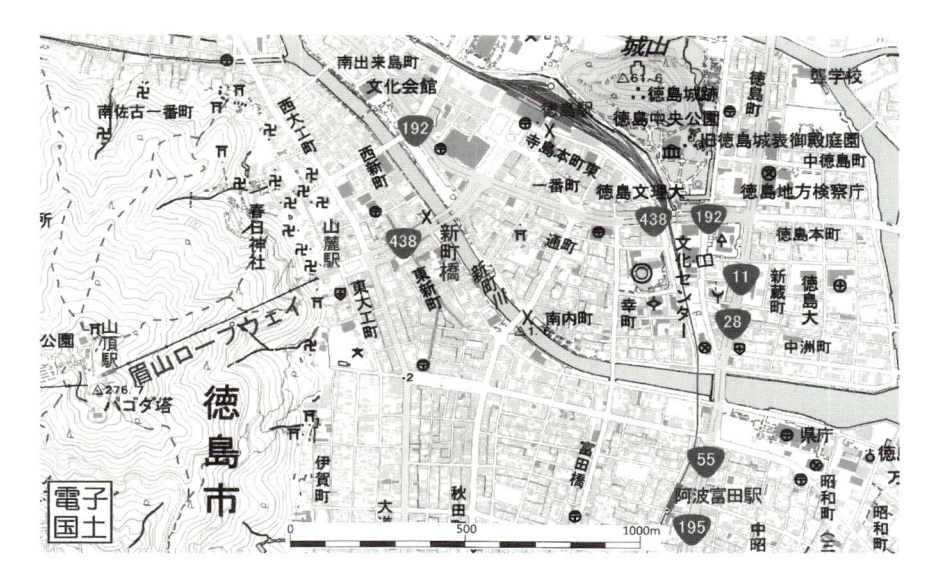

1. 山麓駅と山頂駅の標高差は約 250m である。
2. 税務署と裁判所の距離は約 460m である。
3. 消防署と保健所の距離は約 350m である。
4. 裁判所の南側に消防署がある。
5. 市役所の東側に図書館がある。

突破のポイント
・電子国土（電子地図）では，地図の縮小・拡大が自由であるため，地図上に表示されているスケールを利用して，縮尺を求めること。

要点83 地形図の読図3（水部・陸部の地形）

1　等高線・等深線の表示

1．等高線・等深線は，主曲線，計曲線，補助曲線に区分して表示する。等高線相互の間隔は，傾斜が一様な場合には等しく，急傾斜では狭くなる。

表1　地形図の等高線間隔〔単位　m〕

縮尺 等高線 の種類	$\frac{1}{2\,500}$	$\frac{1}{5\,000}$	$\frac{1}{10\,000}$ 基本	$\frac{1}{10\,000}$ 山岳	$\frac{1}{25\,000}$	$\frac{1}{50\,000}$
主曲線	2	5	2	4	10	20
補助曲線	1	2.5	1	2	5	10
	0.5	1.25	—	—	2.5	5
計曲線	10	25	10	20	50	100

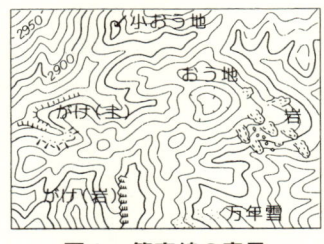

図1　等高線の表示

2　河川及び湖・海等

1．水部の地形は，河川，湖，海等の水涯線のほか流水方向，滝，かれ川，干がた及び水面標高，等深線の記号で表示する。

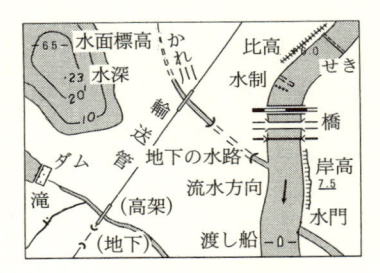

図2　河川記号 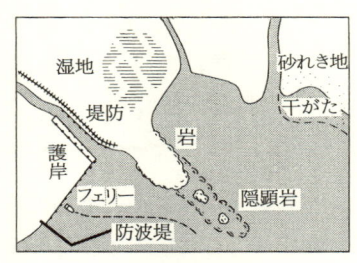　　　図3　海の記号

3　目標物記号・基準点等

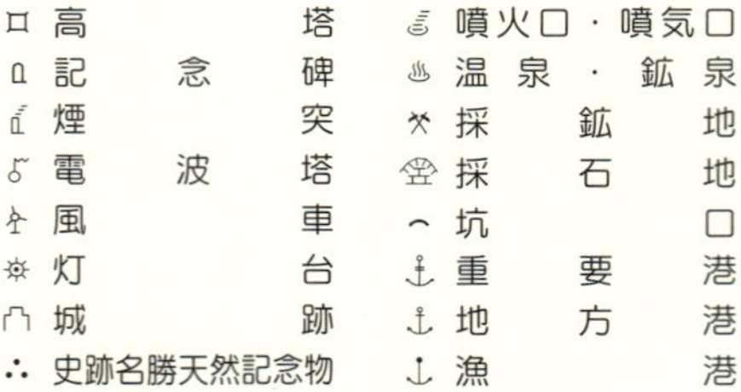

```
口 高        塔    噴火口・噴気口
Ω 記  念    碑    温泉・鉱泉
占 煙        突    ⚒ 採 鉱 地
ξ 電  波    塔    採 石 地
⌁ 風        車    坑 口
☼ 灯        台    ⚓ 重  要  港
⌂ 城        跡    ⚓ 地  方  港
∴ 史跡名勝天然記念物    ⚓ 漁  港
```

△52.6 三 角 点　　　現地測量による（標石あり）
　　電子基準点　　・124.7　　　　　　　標高点
□21.7 水 準 点　　・125　写真測量による（標石なし）

図4　目標物記号 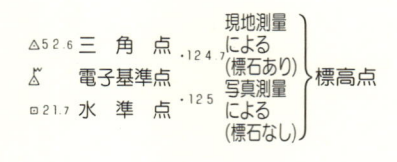　　　図5　基準点等

［187ページの解答］

問1　②　税務署（◆）と裁判所（♠）を物指しで測り，図上のスケールで実距離を求める（約270m）。なお，建物記号は建物の中央に，建物が小さい場合は建物の上方に，あるいは側方・下方に表示する。

直前突破問題！ ☆☆

問1 図は，国土地理院発行の 1/25 000 地形図の一部である。この地形図の読図により，次の結果を得た。間違っているものはどれか。

1. ロープウェイのさんちょう駅から湯元集落にある神社は，見えない。
2. 魚野川は，南東から北西へ流れている。
3. ロープウェイのさんろく駅から北へ約700mの距離のところに水準点がある。
4. 魚野川と湯之沢川の合流点付近にせきがある。
5. ロープウェイのさんろく駅からとさんちょう駅との標高差は，約490mである。

突破のポイント
・1/2.5万地形図は，等高線間隔が10m，図上1cmは250mを表す。実距離 = 図上距離 × 25 000 である。
・電子国土では，縮尺が固定していないので，地図上に記載されているスケールで距離を測る。

第6章 地図編集（GISを含む）

要点84 地形図の図上計測（経緯度）

1 地形図から経緯度の求め方

1. 地形図上に示されている緯度・経度の値を利用する。図1に示す点Pの緯度 φ，経度 λ は次のとおり。

$$\left. \begin{array}{l} 緯度\ \varphi = \varphi_1 + \dfrac{a}{\ell}(\varphi_2 - \varphi_1) \\[6pt] 経度\ \lambda = \lambda_1 + \dfrac{b}{d}(\lambda_2 - \lambda_1) \end{array} \right\} \quad \cdots\cdots 式（1）$$

但し，φ_1, φ_2：下線・上線の緯度
 a, ℓ ：地形図上の $\overline{NP}$, $\overline{AB}$ の長さ
 λ_1, λ_2：左線・右線の経度
 b, d ：地形図上の $\overline{AN}$, $\overline{AC}$ の長さ

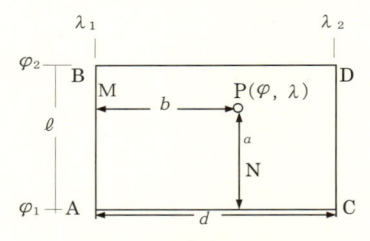

図1 経緯度の求め方　　**図2 面積計算**

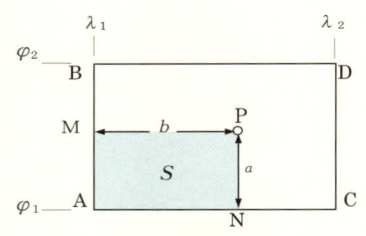

2 地形図から面積の求め方

1. 地形図上から面積 S を求めるには，地形図上の距離 a, b を測定し，地形図の縮尺の分母数 m_k を掛けて求める。

 面積 $S = L \times D$
 NP 間の実長 $L = a \times m_k$ 　　　　　　　　　　　　　$\cdots\cdots$ 式（2）
 MP 間の実長 $D = b \times m_k$

 但し，a, b：NP，MP 間の図上距離
 $1/m_k$：地形図の縮尺

［189ページの解答］

問1　⑤　高低差 $h = 900 - 360 = 540$ m
なお，さんちょう駅から湯元集落の神社の断面図は図に示す。
図より，さんちょう駅から湯元集落の神社は見通しができない。

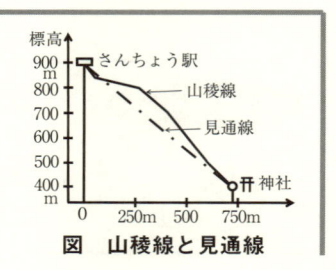

図　山稜線と見通線

直前突破問題！ ☆☆

問1 図は，国土地理院発行の1/25 000地形図の一部（縮尺を変更，一部を改変）である。この図に在る交番の建物の経緯度はいくらか。
但し，図の四隅に表示した数値は，経緯度を表す。

図 （注：国家試験問題を70%に縮小）

	緯度	経度
1.	北緯 36°04′53″	東経 140°07′01″
2.	北緯 36°04′55″	東経 140°07′01″
3.	北緯 36°04′59″	東経 140°06′42″
4.	北緯 36°05′01″	東経 140°06′57″
5.	北緯 36°05′04″	東経 140°06′42″

突破のポイント
・1/2.5万地形図の図郭の経度差は7′30″，緯度差は5′である。1′に対する経線距離1.853km, 経線距離1.419km, 実面積100km^{2}となる。

第6章 地図編集（GISを含む）

要点 85　GIS（地理情報システム）

1　地理情報システム（GIS）

1. **地理情報システム**（GIS）は，地理空間情報を活用するシステムをいい，その骨格となる地図データベース（**基盤地図情報**）に，地理的な様々な情報を加え，各種の調査・分析・表示を可能とするシステムである。
2. GISでは図形を点，線，面の3要素で表し，経路探索や面積計算等の空間分析を行うため，図形間の関係を位相構造化している。
3. 地理的検索機能として，ある地点・ある線からx km以内の情報の検索，ある閉じた区域内の情報検索ができ，編集・分析機能として，情報の分類や統合，その結果の数値化・統計解析など，地図・グラフ表示機能として，得られた情報の地図・グラフ・分析表等の表示，メッシュマップが可能となる。

2　基盤地図情報

1. **地理空間情報**は，空間上の特定の地点又は区域の位置を示す情報及びこれらの情報に関連付けられた情報（デジタルデータ）をいう。
2. **基盤地図情報**は，電子地図上に地理空間情報を定めるための基準となる測量の基準点，海岸線，公共施設の境界線，行政区画等の位置情報を電磁的方式により記録されたものをいう。

3　メタデータ・クリアリングハウス

1. **メタデータ**は，地理空間情報の種類，所在，内容，品質，利用条件等の情報を別途，詳細に示したデータをいう。データを利用するためのデータであり，利用者はメタデータを見れば必要なデータがどれか分かる。
2. **クリアリングハウス**は，活用したい地理空間情報を検索するシステムをいい，検索対象はメタデータである。
3. **地理情報標準**は，GISの基盤となる地理空間情報を，異なるシステム間で相互利用する際の互換性確保のために定められた標準（ルール）をいう。測量成果は，地理情報標準プロファイル（JPGIS）に準拠した製品仕様書のメタデータで作成する。

[191ページの解答]

問1　③　緯度差 $= 36°5'10'' - 36°4'40'' = 30''$

　　　　　緯度 $= 36°4'40'' + \dfrac{5.3}{8.5} \times 30'' = \underline{36°4'59''}$

　　　　　経度差 $= 140°7'10'' - 140°6'30'' = 40''$

　　　　　経度 $= 140°6'30'' + \dfrac{2.8}{9.2} \times 40'' = \underline{140°6'42''}$

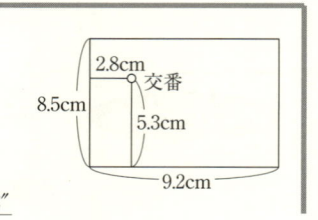

直前突破問題！ ☆☆

問1 GISは，地理的位置を手掛かりに，位置に関する情報を持ったデータ（地理空間情報）を総合的に管理・加工し，視覚的に表示し，高度な分析や迅速な判断を可能にする情報システムである。

次の文は，様々な地理空間情報とGISを組み合わせることによってできることについて述べたものである。間違っているものはどれか。

1. 地中に埋設されている下水管の位置，経路，埋設年，種類，口径などのデータを基盤地図情報に重ね合わせて，下水道管理システムを構築する。
2. 地球観測衛星「だいち」で観測された画像から市町村の行政界を抽出し，市町村合併の変遷を視覚化するシステムを構築する。
3. コンビニエンスストアの位置情報及び居住者の数に関する属性をもった建物データを利用し，任意の地点から指定した距離を半径とする円内に出店されているコンビニエンスストアの数や居住人口を計算することで，新たなコンビニエンスストアの出店計画を支援する。
4. 植生分類ごとにポリゴン化された植生域データのレイヤとカモシカの生息域データのレイヤを重ね合わせることにより，どの植生域にカモシカが生息しているかを分析する。
5. 構造化された道路中心線データを利用し，火災現場の位置座標を入力することにより，消防署から火災現場までの最短ルートを表示し，到達時間を計算するシステムを構築する。

問2 次の文は，地理空間情報の利用について述べたものである。 ア ～ エ に入る語句の組合せとして適当なものはどれか。

地理空間情報をある目的で利用するためには，目的に合った地理空間情報の所在を検索し，入手する必要がある。 ア は，地理空間情報の イ が ウ を登録し， エ がその ウ をインターネット上で検索するための仕組みである。

ウ には，地理空間情報の イ ・管理者などの情報や，品質に関する情報などを説明するための様々な情報が記述されている。

	ア	イ	ウ	エ
1．	地理情報標準	作成者	メタデータ	利用者
2．	クリアリングハウス	利用者	地理情報標準	作成者
3．	クリアリングハウス	作成者	メタデータ	利用者
4．	地理情報標準	作成者	クリアリングハウス	利用者
5．	メタデータ	利用者	クリアリングハウス	作成者

要点86 GIS（データ形式）・電子国土基本図

1　GISで扱う数値地形図データの形式

1. GISで扱う数値地図データの形式は，ベクタデータとラスタデータである。デジタイザを用いて数値化されたデータはベクタデータであり，スキャナを用いて数値化されたデータはラスタデータである。
2. **ベクタデータ**は，座標値をもった点列によって表現される図形データである。**ラスタデータ**は，行と列に並べられた画素の配列によって構成される画像データである。
3. ベクタデータは，点（ポイント），線（ライン），面（ポリゴン）で構成され，それぞれに属性を付与することができるため，GISによるネットワーク解析に適している。

2　電子国土基本図・電子国土ポータル

1. **電子国土基本図**（地図情報）は，基盤地図情報に土地の状況をまとめたデジタルデータ（ベクトル形式）で，これまでの1/2.5万地形図（紙地図）に替わる新たな総合的な地理空間情報をもつ**数値地図**をいう。
2. **電子国土**（電子地図）は，数値化された国土に関する様々な地理情報を位置情報に基づいて統合し，コンピュータ上で再現するサイバー国土をいう。
3. 電子国土基本図は，基盤地図情報（電子地図上の地理空間情報の位置を定める基準）と統合した情報から成る。従来の1/2.5万地形図の更新は，今後，電子国土基本図（地図情報）に基づいて行われる。
4. 電子国土基本図は，従来の1/2.5万地形図のように読図し易いように図式表現された地理空間情報として，電子国土ポータルサイトで閲覧できる。なお，**電子国土ポータル**とは，場所・位置に関する様々な情報の提供者と利用者を繋ぎ，情報を相互に利用しあう場で「電子国土の入口」をいう。利用者は，必要な情報を探し，目的に応じて加工し利用できる。
5. 電子国土基本図は，国が整備する全国土の現状を示す最も基本的な地理空間情報で，平成21年から整備が始まり，地図情報，オルソ画像，地名情報の3種類がある。

[193ページの解答]

問1　②　市町村の行政界は，地上に形のない無形線である。衛星画像データから行政界を抽出することはできない。

問2　③　地理空間情報は，P28の地理空間情報活用推進基本法とあわせて整理しておくこと。

直前突破問題！ ☆☆

問1 次の文は，地理情報標準に基づいて作成された，位置に関する情報を持ったデータ（以下「地理空間情報」という。）について述べたものである。間違っているものはどれか。

1．ベクタデータは，点，線，面を表現できる。また，それぞれに属性を付加することができる。
2．衛星画像データやスキャナを用いて取得した地図画像データは，ベクタデータである。
3．鉄道の軌道中心線のような線状地物を位相構造解析に利用する場合は，ラスタデータよりもベクタデータの方が適している。
4．地理情報標準は，地理空間情報の相互利用を容易にするためのものである。
5．空間データ製品仕様書は，空間データを作成するときにはデータの設計書として，空間データを利用するときにはデータの説明書として利用できる。

問2 次の文は，ラスタデータとベクタデータについて述べたものである。間違っているものはどれか。

1．ラスタデータは，ディスプレイ上で任意の倍率に拡大や縮小しても，線の太さを変えずに表示することができる。
2．ラスタデータは，一定の大きさの画素を配列して，写真や地図の画像を表すデータ形式である。
3．ラスタデータからベクタデータへ変換する場合，元のラスタデータ以上の位置精度は得られない。
4．ベクタデータは，地物をその形状に応じて，点，線，面で表現したものである。
5．道路中心線のベクタデータをネットワーク構造化することにより，道路上の2点間の経路検索が行えるようになる。

突破のポイント
・ラスタデータとベクタデータの特徴をまとめておくこと。GISでは，ベクタデータが用いられ，図形の位置関係（トポロジー）を点（ノード），線（チェイン），面（ポリゴン）の位相構造で表す。

第6章 地図編集（GISを含む）

問3　図は，電子国土ポータルとして国土地理院が提供している図（一部改変）である。次の文は，この図に表現されている内容について述べたものである。間違っているものはどれか。

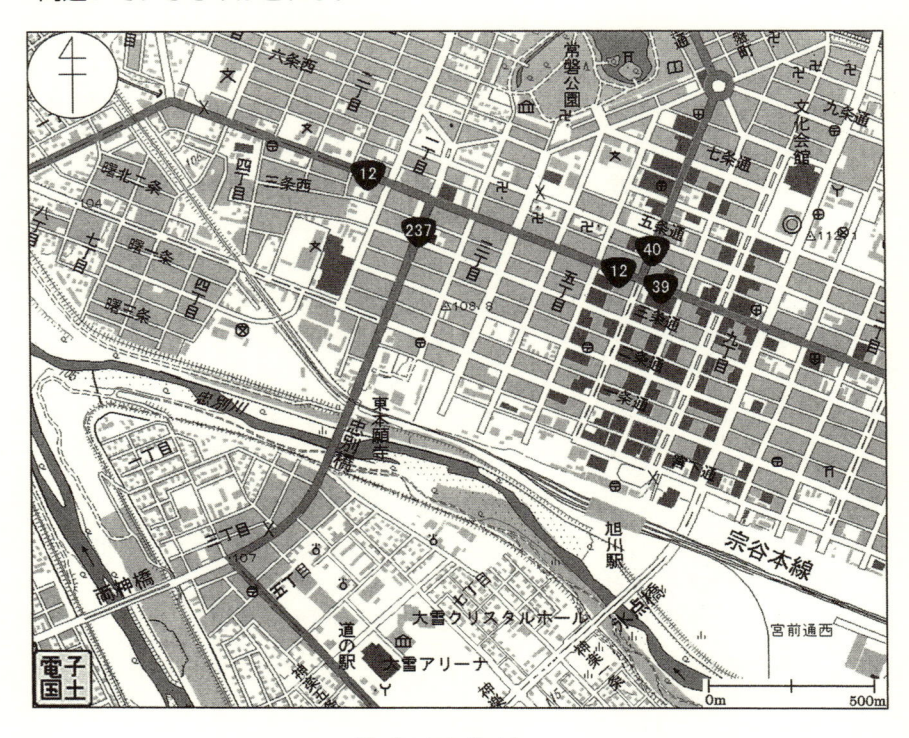

図（70％に縮小）

1．両神橋と忠別橋を結ぶ道路沿いに交番がある。
2．常盤公園の東側には図書館がある。
3．旭川駅の建物記号の南西角から大雪アリーナ近くにある消防署までの水平距離は，およそ850mである。
4．図中には複数の老人ホームがある。
5．忠別川に掛かる二本の橋のうち，上流にある橋は氷点橋である。

[195 ページの解答]

問1　②　衛星画像データやスキャナを用いて取得した地図画像データは，ラスタデータである。

問2　①　ラスタデータは，図形を画素で表現する。画素は，階調を持ち内部情報は不明であり，拡大すると地図表現が粗くなる。

応用測量

第7章

- 応用測量は，出題問題28問中，No.25～No.28までの4問出題されます。
- 出題分野は，路線測量，用地測量，河川測量の分野です。
- 路線測量では，偏角法による曲線設置計算が，用地測量では座標法による面積計算が，河川測量では作業内容に関するものが，よく出題されています。

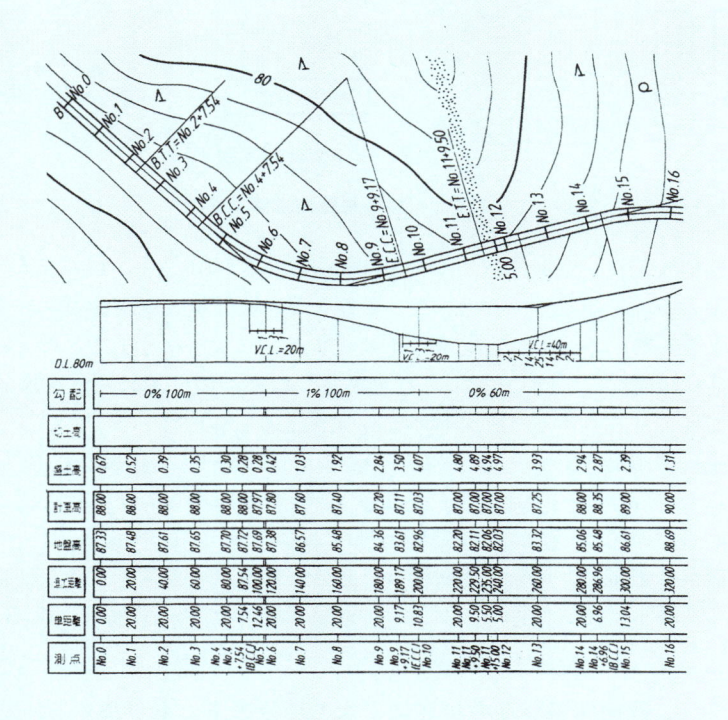

要点87 路線測量の概要

1 路線測量

1. **応用測量**は，基準点測量，水準測量，地形測量などの基本となる測量方法を活用し，道路，河川，公園等の計画・調査・実施設計，用地取得，管理等に用いられる測量をいう。応用測量は，目的により路線測量，河川測量，用地測量等に区分する（準則第340条）。
2. 平成20年の作業規定の準則の改正により，応用測量においてネットワーク型RTK法による間接観測法やキネマティック法の利用が拡大された（P7，表1参照）。
3. **路線測量**は，道路・水路など幅に比べて延長の長い線状築造物建設のための調査・計画・実施設計等に用いられる測量をいう（準則第347条）。

2 路線測量の作業工程

1. 路線測量は，図1に示す測量等に細分する（準則第348条）。

作業計画 → 線形決定 → IPの設置 → 中心線測量 → 縦断測量／横断測量／詳細測量／用地幅杭設置測量 → 品質評価 → メタデータの作成 → 点検 → 納品

仮BM設置測量

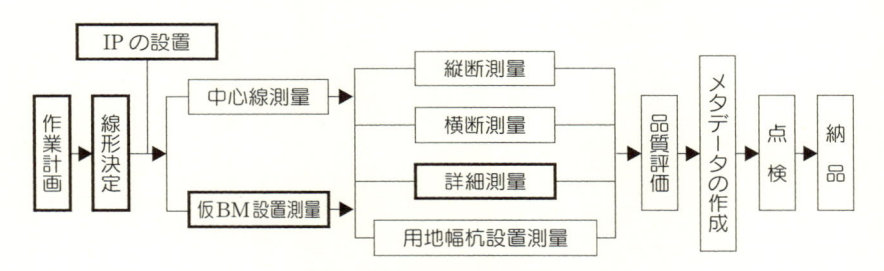

図1　路線測量の作業工程

2. **線形決定**は，地図情報レベル1000以下の地形図において，設計条件及び現地の状況を勘案して行う。設計条件となる条件点（道路に接する移動不可能な構造物）の座標は，近傍の4級基準点等により放射法により求める。
3. **IPの設置**は，線形決定により定められた座標値を4級基準点等による放射法により設置する。IPには標杭を設置する。
4. **中心線測量**の主要点（交点IP，起点BP，終点EP，円曲線始点BC，円曲線終点EC，曲線の中点SP等）の設置は，4級基準点等より放射法により行う。中心点の間隔は，実施設計で20mとする。
5. **仮BM設置**は，縦断・横断測量に必要な水準点を平地で3級水準測量，山地で4級水準測量で行う。仮BMの設置間隔は0.5kmを標準とする。

直前突破問題の解答は，次の項目の下にあります。

直前突破問題！ ☆☆

問1 図は，路線測量の作業工程を示したものである。ア～オに入る作業名の組合せとして適当なものはどれか。

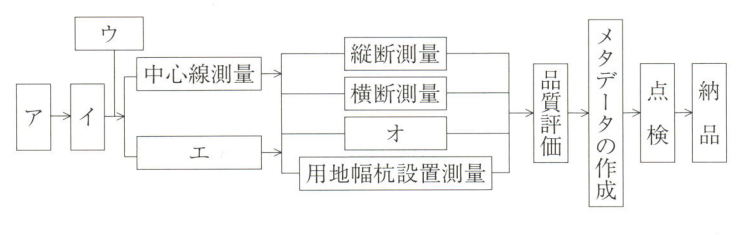

```
      ┌─── ウ ───┐
      │          ↓
 ア → イ → 中心線測量 →┬→ 縦断測量 ─┐
              │          ├→ 横断測量 ─┤
              │          └→ オ      ─┤→ 品質評価 → メタデータの作成 → 点検 → 納品
              └→ エ ────→ 用地幅杭設置測量 ┘
```

	ア	イ	ウ	エ	オ
1.	作業計画	線形決定	IPの設置	仮BM設置測量	詳細測量
2.	作業計画	線形決定	仮BM設置測量	IPの設置	法線測量
3.	線形決定	作業計画	IPの設置	仮BM設置測量	詳細測量
4.	作業計画	線形決定	仮BM設置測量	IPの設置	詳細測量
5.	線形決定	作業計画	仮BM設置測量	IPの設置	法線測量

問2 次の文は，道路を新設するために実施する路線測量について述べたものである。間違っているものはどれか。

1. 線形決定では，計算などによって求めた主要点及び中心点の座標値を用いて線形図データファイルを作成する。
2. 中心線測量における中心点は，近傍の4級基準点以上の基準点，IP及び主要点に基づき，放射法などにより一定の間隔に設置する。
3. 引照点杭は，重要な杭が亡失したときに容易に復元できるように設置し，必要に応じて近傍の基準点から測定し，座標値を求める。
4. 縦断面図データファイルは，縦断測量の結果に基づいて作成し，図紙に出力する場合は，高さを表す縦の縮尺を線形地形図の縮尺の2倍で出力することを原則とする。
5. 横断測量は，中心杭などを基準にして，中心点における中心線の接線に対して直角方向の線上に在る地形の変化点及び地物について，中心点からの距離及び地盤高を測定する。

第7章 応用測量（路線測量）

突破のポイント
・IPは，線形計算の基準となる重要なポイントではあるが，必ずしも現地に設置する必要はない。
・IP杭を設置しなくても線形計算及び中心点測量はできる。

要点88 路線測量の作業工程

1 路線測量の作業工程・作業内容

作業区分	概　要
作業計画	資料の収集，計画路線の踏査，作業方法，工程，使用器材等を計画準備し，計画書を作成する。
線形決定	路線選定の結果に基づき，地形図上のIPの位置を座標として定め，線形図を作成する。
IPの設置	線形決定で定められた，IPの座標を現地に測設又は，直接に基準点等から測量して座標値を与える。IPは，4級以上の基準点に基づき放射法等により設置する。
中心線測量	主要点，中心点を現地に設置し，線形地形図を作成する。中心杭の設置は，4級以上の基準点，IP及び主要点に基づき，放射法等により行う。
仮BM設置測量	縦断測量，横断測量に必要な水準点（仮BM）を現地に測設し，標高を求める。仮BM設置測量は，平地においては3級水準測量，山地においては4級水準測量により行う。仮BMの設置間隔は0.5kmを標準とする。
縦断測量	中心杭高，中心点ならびに中心線上の地形変化点の地盤高及び中心線上の主要な構造物の標高を仮BM又はこれと同等以上の水準点に基づき，平地においては4級水準測量，山地部においては簡易水準測量により測定する。縦断面図データファイルを図紙に出力する場合は，距離を表す横の縮尺は，平面線形を表した地形図と同一。高低差を表す縦の縮尺は，横の縮尺の5倍から10倍を標準とする。
横断測量	中心杭等を基準として，中心点における中心線の接線に対して直角方向の線上にある地形変化点や地物について，中心点からの距離及び地盤高を定め，横断面図データファイルを作成する。
詳細測量	主要構造物の設計に必要な詳細平面図，縦断面図，横断面図（各データファイル）を作成する作業。詳細平面図データファイルの地図情報レベルは，250を標準とする。
用地幅杭設置測量	取得等に係わる用地の範囲を示すため，所定の位置に用地幅杭を設置し，杭打図を作成する。
品質評価	路線測量成果について，製品仕様書が規定するデータ品質を満足しているか評価する。
メタデータの作成	路線測量のメタデータは，製品仕様書に従い，ファイルの管理及び利用において必要となる事項について作成する。

[199ページの解答]

問1 ①　路線測量の範囲は，P198の図1に示すとおり。

問2 ④　**縦断面図データファイル**を図面に出力する場合は，縦断面図の距離を表す横の縮尺は線形地形図の縮尺と同一とし，高さを表す縦の縮尺は，線形地形図の縮尺の5倍から10倍までを標準とする。

直前突破問題！

問1 次の文は，路線測量について述べたものである。間違っているものはどれか。
1. 中心線測量における中心杭は，中心線上で一定の間隔に設置するほか，設計上必要な箇所にも設置する。
2. IP杭は，道路の設計・施工上重要な杭であるので，必ず打設する。
3. 縦断測量及び横断測量に必要な仮BMは，原則として施工区域外に設置する。
4. 横断測量は，中心杭が設置された位置ごとに行うが，設計上必要な箇所でも行う。
5. 用地幅杭は，主要点及び中心点から中心線の接線に対し，直角方向に設置する。

問2 次の文は，道路新設における路線測量について述べたものである。間違っているものはどれか。
1. 交点（IP）を最寄りの基準点から放射法により設置した場合，通常は使用した基準点以外の基準点から同様の方法により点検を行う。
2. 中心線測量における中心杭は，一定間隔に設置する他，地形の変化点などに設置する。
3. 縦断及び横断測量に必要な水準点（仮BM）は，なるべく中心線上に設置する。
4. 横断測量は，中心杭が設置された位置ごとに行うが，特に設計上必要な箇所は中心杭がなくても行う。
5. 用地幅杭は，中心杭などから中心線の接線に対して直角方向の所定の位置に設置する。

第7章 応用測量（路線測量）

突破のポイント
- 条件点の観測，IPの観測，中心点の観測，横断測量，用地幅杭設置測量等の路線測量は，TS等を用いて行われるが，RTK法，キネマティック法，ネットワーク型RTK法の活用も図られている。
- 路線測量の作業区分とその作業内容については，整理して覚えておくこと。

要点89 円曲線の公式

1 円曲線の名称と記号

1．円曲線の名称と記号は，表1，図1に示すとおり。

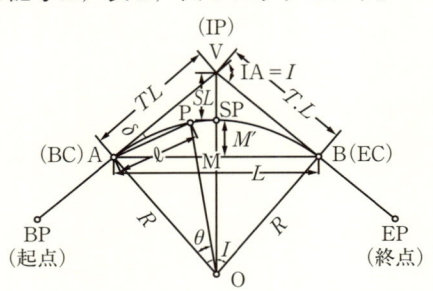

図1　円曲線各部の記号

表1　円曲線の名称と略号

名称	略号	名称	略号	名称	略号	名称	略号
交　　　点	IP	曲　線　長	CL	曲線の中点	SP	弦　　　長	ℓ
交角（中心角）	$I(IA)$	外　線　長	SL	中央縦距	M'	偏　　　角	δ
曲線半径	R	円曲線始点	BC	弧　　　長	c	中　心　角	θ
接　線　長	TL	円曲線終点	EC	弦長（長弦）	L	総　偏　角	$\dfrac{I}{2}$

2 円曲線の公式

1．接線長　$TL = R\tan\dfrac{I}{2}$ 　……式（1）

2．曲線長　$CL = RI = \dfrac{\pi RI°}{180°} = 0.017\ 453\ 3RI$

　　弧　長　$c = R\theta = 2R\delta$ 　……式（2）

3．外線長　$SL = R\left(\sec\dfrac{I}{2} - 1\right)$ 　……式（3）

4．中央縦距　$M' = R\left(1 - \cos\dfrac{I}{2}\right)$ 　……式（4）

5．弦長（長弦）　$L = 2R\sin\dfrac{I}{2}$，弦長 $\ell = 2R\sin\delta$ 　……式（5）

6．偏　角　$\delta = \dfrac{\theta}{2} = \dfrac{\ell}{2R}[\text{rad}] = \dfrac{\ell}{2R} \times \dfrac{180° \times 60' \times 60''}{\pi} = \dfrac{\ell}{2R}\rho''$ 　……式（6）

[201ページの解答]

問1　② IPの設置は，現地において直接設置する<u>必要のある場合</u>に行う。

問2　③ 仮BMは，信頼度の高い点に設置し，<u>中心線上に設ける必要はない</u>。

直前突破問題！ ☆☆

問1 図に示すように，起点を BP，終点 EP とし，始点 BC，終点 EC，曲線半径 $R=200$m，交角 $I=90°$ で，点 O を中心とする円曲線を含む新しい道路の建設のために，中心線測量を行い，中心杭を起点 BP を No.0 として，20m ごとに設置する。

このとき，BC における，交点 IP からの中心杭 No.15 の偏角 $δ$ はいくらか。

但し，IP の位置は，BP から 270m，EP から 320m，円周率 $π=3.14$ とする。

1. $19°$
2. $25°$
3. $33°$
4. $35°$
5. $57°$

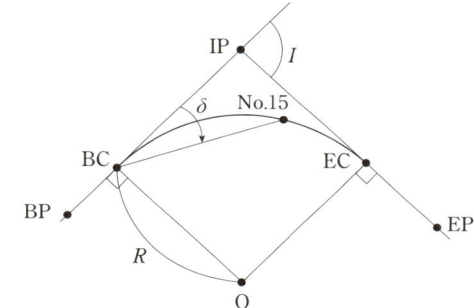

問2 中心線測量において，交点 (IP) の位置が起点から 680.00m，曲線半径 (R) 300.00m，交角 (I) 120° の単曲線を設置する。曲線終点 (EC) の標杭の位置はいくらか。

但し，中心杭は，起点 (No.0) から 20m 間隔で設置する。また，$\sqrt{3}=1.73$，$π=3.14$ とする。

1. No.39＋9.00m
2. No.39＋15.00m
3. No.40＋0.60m
4. No.40＋11.00m
5. No.41＋7.60m

突破のポイント

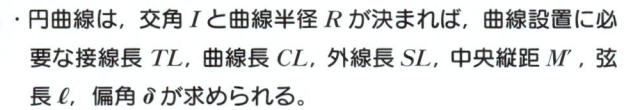

- 円曲線は，交角 I と曲線半径 R が決まれば，曲線設置に必要な接線長 TL，曲線長 CL，外線長 SL，中央縦距 M，弦長 ℓ，偏角 $δ$ が求められる。
- 円曲線の性質は，次のとおり。
    ① 接線と円曲線が交わる角度は 90°である。
    ② 円曲線の内角は交角 I と等しい。
    ③ ∠AOV，∠VAB は交角 I の半分 ($I/2$) である。
- 偏角が微小のとき，弧長 $c ≒$ 弦長 ℓ とする。

要点90 偏角法による曲線の設置

1 偏角弦長法

1. **偏角弦長法**は，円曲線始点BCにセオドライトを設置し偏角と巻尺で曲線の弦長を測って曲線を設置する方法である。**偏角 δ**は，円曲線の接線と曲線上の任意の点Pに挟まれた角をいう。

2. 円曲線始点BCからの弧長 c，弦長 ℓ，偏角 δ とすると，$I=2\delta$ より，

$$\left.\begin{array}{l} \text{弧長 } c=2\delta R \\ \text{弦長 } \ell=2R\sin\delta \\ \text{偏角 } \delta=\dfrac{c}{2R} \fallingdotseq \dfrac{\ell}{2R}[\text{rad}]=\dfrac{\ell}{2R}\cdot\rho'' \end{array}\right\} \quad \cdots\cdots 式（1）$$

3. 偏角の計算方法は，次のとおり。
   ① 接線長 TL と曲線長 CL を求める。
   ② 曲線始点BC，終点ECの追加距離を求める。
   ③ 始短弦 ℓ_1，弦長 $\ell=20\text{m}$，終短弦 ℓ_n に対する偏角 δ_1，δ，δ_n を求める。

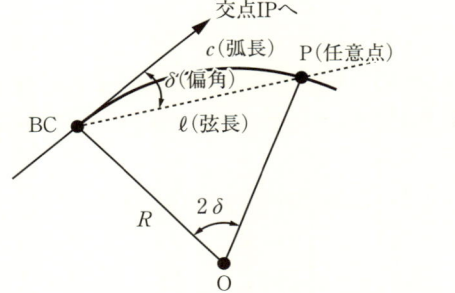

図1 偏角弦長法　　　**図2 弧長と弦長との関係**

2 弧長と弦長との関係

1. 曲線の設置は，弧長 c に変えて弦長 ℓ によって設置する。弧長と弦長との差 $(\ell-c)$ は次式のとおり。$c/R \leqq 1/10$ のとき，$\ell \fallingdotseq c$ とする。

$$c-\ell=\dfrac{c^3}{24R^2} \quad \cdots\cdots 式（2）$$

[203ページの解答]

問1　③　$TL = R\tan I/2 = 200 \times \tan 45° = 200\text{m}$

BCの位置 $= 270 - 200 = 70\text{m}$

BCからNo.15までの距離 $= 300 - 70 = 230\text{m}$

No.15の偏角 $\delta = \dfrac{\ell}{2R} \times \dfrac{180°}{\pi} = \dfrac{230}{2 \times 200} \times \dfrac{180°}{\pi} \fallingdotseq \underline{33°}$

直前突破問題！

問1 図に示す円曲線 ab を含む路線の中心線を設置する。偏角法により円曲線を設置する場合，次の1〜5に示す作業手順のうち実施不可能なものはどれか。

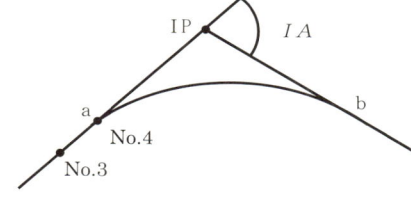

但し，交角（IA），曲率半径（R）はすでに定められており，交点（IP）も設置済みである。また，作業の内容は，①〜⑤のとおり。

① 曲線区間内に中心杭 No.4（始点 a の直後の中心杭）を設置する。
② 始点 a（BC）を設置する。
③ 接線長（TL），曲線長（CL）を計算で求める。
④ 終点 b（EC）を設置する。
⑤ 起点から交点（IP）までの距離を測定する。

1. ③ → ⑤ → ② → ① → ④
2. ⑤ → ③ → ② → ① → ④
3. ③ → ⑤ → ② → ④ → ①
4. ⑤ → ② → ③ → ① → ④
5. ⑤ → ③ → ④ → ② → ①

問2 円曲線の半径 100m〜600m の R に対する弧長 $c=20$m の $c-\ell$（弧長－弦長）を計算した。正しいものはどれか。

	R (m)	100	200	400	600
1.	$c-\ell$ (cm)	1.5	0.4	0.1	0.0
2.	$c-\ell$ (cm)	2.0	0.6	0.1	0.1
3.	$c-\ell$ (cm)	2.6	0.7	0.2	0.1
4.	$c-\ell$ (cm)	3.3	0.8	0.2	0.1
5.	$c-\ell$ (cm)	4.0	1.2	0.3	0.2

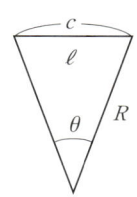

> **突破のポイント** ・主要点には役杭（BC，EC 等の標杭）を，中心点には中心杭を設置する。役杭には，引照杭又は保護杭を設置する。

問2
1. 接線長 $TL = R\tan I/2 = 300 \times \tan 60° = 519.00$m
  曲線長 $CL = RI = 0.01745\,3 \times 300 \times 120 = 628.00$m
  BC の位置 ＝ IP の位置 － TL ＝ 680.00 － 519.00 ＝ 161.00m
  EC の位置 ＝ BC の位置 ＋ CL ＝ 161.00 ＋ 628.00 ＝ <u>No.39 ＋ 9.00</u>m

要点91 路線変更計画

1 路線変更

1. **路線変更計画**は，現道路の曲線半径を大きくしてカーブを緩やかにする場合あるいは新設道路計画において重要な古墳が発見され路線を変更しなければならない場合などが考えられる。
2. 問1 の図を参考に，現道路の始点 BC 及び交点 IP の位置を変えないで，交角を β に円曲線を緩和する場合，曲線長 CL は次のように計算する。なお，EC′ は新しい終点，O′ は新しい円曲線の中心とする。
   ① 現道路と新道路の接線長 TL は変わらない。$TL = R\tan\alpha/2$
   ② 新道路の半径を R_0 とすれば，次の関係が成り立つ。

$$TL = R\tan\frac{\alpha}{2} = R_0\tan\frac{\beta}{2} \text{ より}$$

$$\text{新道路の半径 } R_0 = \frac{TL}{\tan\frac{\beta}{2}} = \frac{R\tan\frac{\alpha}{2}}{\tan\frac{\beta}{2}} \quad \cdots\cdots \text{式（1）}$$

$$\text{新道路の曲線長 } CL = R_0\beta = \frac{\pi R_0 \beta°}{180°} = 0.017\,453\,3R_0\beta \quad \cdots\cdots \text{式（2）}$$

2 円曲線の設置方法

1. **偏角弦長法**は，セオドライトを用いて偏角を，巻尺等を用いて弦長を測定して曲線を設置する偏角法による方法をいう。
2. **弦角弦長法**は，BC 又は EC からの見通しに障害がある場合に用いられる偏角法による曲線設置法をいう。
3. **前方交角法**は，BC 及び EC の 2 点から各点の視通が得られる場合，BC，EC にセオドライトを据えて交角法によって曲線を設置する偏角法による曲線設置の方法をいう。
4. **接線支距法**は，基準線とする接線から垂直に支距をとり，オフセットにより曲線を設置する方法をいう。
5. **中央縦距法**は，円曲線上の 2 点間の 2 等分線上の垂線に縦距をとり，オフセットにより曲線を設置する方法をいう。

[205 ページの解答]

問1 ４ ③の接線長 TL を求めないと，始点 BC の位置が決まらない。
問2 ４ $c - \ell = c^3/24R^2$ より，$c = 20$m として R について求める。

直前突破問題！ ☆☆

問1 図に示すように，曲線半径 $R=600$m，交角 $\alpha=90°$ で設置されている，点 O を中心とする円曲線からなる現在の道路（現道路）を改良し，点 O′ を中心とする円曲線からなる新しい道路（新道路）を建設することとなった。

新道路の交角 $\beta=60°$ としたとき，新道路 BC〜EC′ の路線長はいくらか。

但し，新道路の起点 BC 及び交点 IP の位置は，現道路と変わらないものとし，円周率 $\pi=3.14$ とする。

1．1 016m
2．1 039m
3．1 065m
4．1 088m
5．1 114m

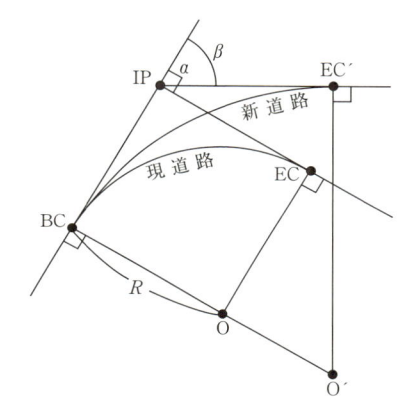

問2 図に示すように，交角 64°，曲線半径 400m である。始点 BC から終点 EC までの円曲線からなる道路を計画したが，EC 付近で歴史的に重要な古墳が発見された。このため，円曲線始点 BC 及び交点 IP の位置は変更せずに，円曲線終点を EC2 に変更したい。

変更計画道路の交角を 90° とする場合，当初計画道路の中心点 O を BC 方向にどれだけ移動すれば変更計画道路の中心 O′ となるか。

1．116m
2．150m
3．188m
4．214m
5．225m

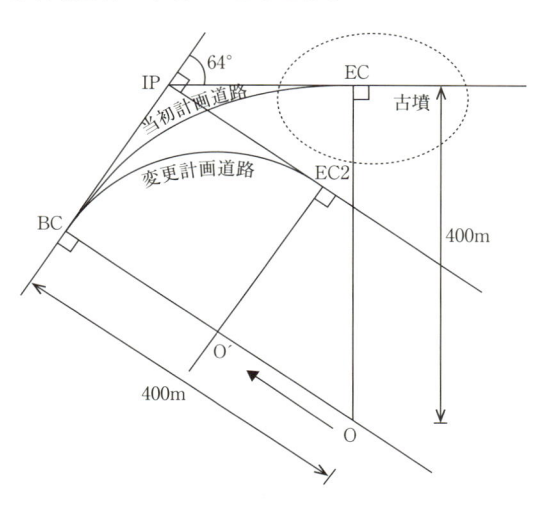

要点92 障害物がある場合の曲線設置

1 IP杭が設置できない場合の測設

1. 曲線設置作業中に障害物があって，視通や測距ができない場合，あるいはIP，BCに障害物があって，役杭が打てない場合には，トラバースあるいは補助基線を設けて曲線を設置する。
2. IPに障害物がある場合は，図1に示すように任意の補助基線を設けて，角 α，β 及び距離を測定し，測設に必要な要素を計算する。

交角 $I=\alpha+\beta$，$\sin r=\sin(\alpha+\beta)$，正弦定理より

$$CV=\frac{\sin\beta}{\sin r}\ell=\frac{\sin\beta}{\sin(\alpha+\beta)}\ell,\quad DV=\frac{\sin\alpha}{\sin r}\ell=\frac{\sin\alpha}{\sin(\alpha+\beta)}\ell$$

$$AC=AV-CV=R\tan\frac{I}{2}-\frac{\sin\beta}{\sin(\alpha+\beta)}\ell \qquad \cdots\cdots 式（1）$$

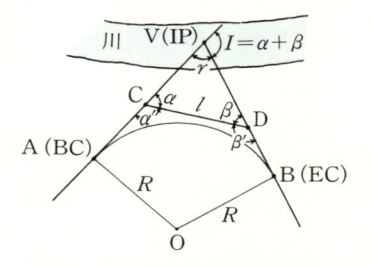

図1　IPに障害物がある場合 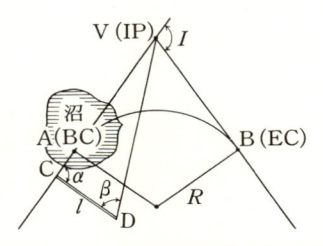　　　**図2　BCに障害物がある場合**

2 BC（EC）に障害物がある場合の測設

1. BCに障害物がある場合，図2に示す任意の補助基線を設ける。

$$CV=\frac{\sin\beta}{\sin(\alpha+\beta)}\ell,\quad AV=TL=R\sin\frac{I}{2} より，$$

$$CA=CV-TL=\frac{\sin\beta}{\sin(\alpha+\beta)}\ell-R\tan\frac{I}{2} \qquad \cdots\cdots 式（2）$$

［207ページの解答］

問1　④　現道路の接線長 $TL=600\times\tan45°=600$m，

新道路の半径 $R_0=600/\tan30°=1\,039.2$m，

新道路の曲線長 $CL=R_0\beta\cdot\rho°=1\,039.2\times60\times0.017\,453=\underline{1\,088.2\text{m}}$

問2　②　接線長 $TL=R\tan\frac{I}{2}=400\times\tan\frac{64°}{2}\fallingdotseq 249.95$m

変更後の $R'=\frac{249.95}{\tan45°}=249.95$m

∴　移動距離 $\overline{OO'}=400.00-249.95=150.05\text{m}\fallingdotseq \underline{150\text{m}}$

直前突破問題！ ☆☆

問1 円曲線始点 BC，円曲線終点 EC からなる円曲線の道路の建設を計画している。交点 IP の位置に川が流れており杭を設置できないため，BC と IP を結ぶ接線上に補助点 A，EC と IP を結ぶ接線上に補助点 B をそれぞれ設置し観測を行ったところ，$\alpha=112°$，$\beta=148°$ であった。

曲線半径 $R=300$m とするとき，円曲線始点 BC から円曲線の中点 SP までの弦長はいくらか。

1. 221.3m
2. 237.8m
3. 253.6m
4. 279.8m
5. 316.5m

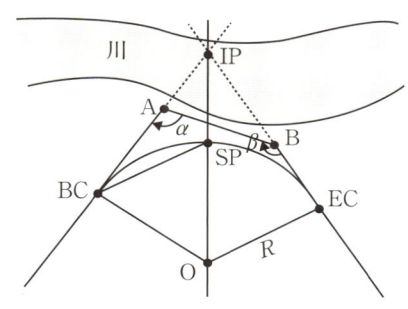

問2 図に示すように P から Q まで，円曲線を含む路線を設定しようとしたが，路線中に池があって，曲線始点 (BC) が池の中に落ちる。そこで点 P から 180m の点 C において，長さ 50m の基線 CD を設け，図の角度 α と β を測定した。

交角 I を 90°0′ とし，円曲線の半径 R を 60m と定めたとき，C 点から曲線始点 (BC) までの距離はいくらか。

但し，

$\alpha=82°20′$ $\beta=67°40′$

$\sin 67°40′=0.9250$

$\sin 82°20′=0.9911$

$\rho=57.3°$ とする。

1. 26.4m   2. 32.5m
3. 46.3m   4. 48.4m
5. 63.8m

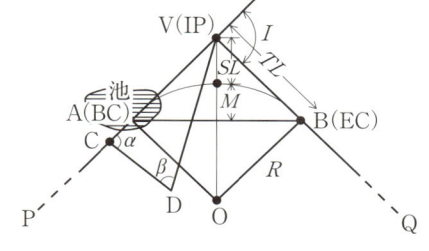

突破のポイント
・BC 点にセオドライトが設置できない場合，曲線上の2点間の2等分線上に垂直に縦距をとり，曲線を設置する中央縦距法などを用いる。

第7章 応用測量（路線測量）

要点93 用地測量概要（作業工程）

1 用地測量の作業工程

1. **用地測量**とは，道路・河川等の新築・改修にあたり，用地取得のために行うものであり，土地及び境界等について調査し，用地取得等に必要な資料及び図面を作成する作業をいう（準則第391条）。
2. 用地測量は，次のように細分する（準則第392条）。

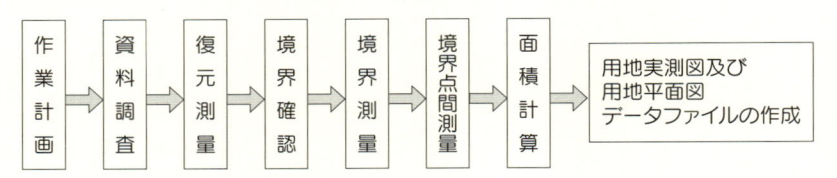

作業計画 → 資料調査 → 復元測量 → 境界確認 → 境界測量 → 境界点間測量 → 面積計算 → 用地実測図及び用地平面図データファイルの作成

① **作業計画**：作業計画は，測量の実施区域の地形，土地の利用状況，植生の状況等を把握し，用地測量の細分ごとに作成し，計画機関の承認を得る。
② **資料調査**：土地の取得に係る土地について，用地測量に必要な資料等を整理・作成する。法務局にて，公図等の転写，登記記録の調査を行う。
③ **復元測量**：境界確認に先立ち，地籍測量図等により境界杭の位置を確認し，亡失等があれば，権利関係者に事前説明の後，復元すべき位置に仮杭（復元杭）を設置する。
④ **境界確認**：現地において一筆ごとに土地の境界を権利者立会いの上確認し，標杭を設置する。
⑤ **境界測量**：現地において境界点を測定し，座標値等を求める。境界測量は，4級基準点以上の基準点に基づき，放射法等により行う。TS等を用いる観測は，水平角・鉛直角0.5対回，距離は2回測定，較差の許容範囲5 mmとする。キネマティック法，RTK法，又はネットワーク型RTK法による場合は，P108表2による。
⑥ **境界点間測量**：隣接する境界点間の距離を測定してその精度を確認する。
⑦ **面積計算**：境界測量の成果に基づき，取得用地及び残地の面積を算出する。面積計算は，原則として座標法による。

[209ページの解答]

問1　③ $I=100°$，BCから曲線中点SPまでの弦長 ℓ に対する中心角 $\theta=50°$，
$\ell=2R\sin(\theta/2)=2\times300\times\sin25°=\underline{253.6m}$

問2　② $\angle V=\angle CVD=30°$，$CV=CD\sin\beta/\sin V=90\times0.925/0.5=92.5$，
$TL=60\times\tan45°=60.0m$
$CA=CV-TL=92.5-60.0=\underline{32.5m}$

直前突破問題！ ☆☆

問1 次の文は，用地取得のために行う測量について述べたものである。作業の順序として正しいものはどれか。

a．土地の取得等に係る土地について，用地測量に必要な資料等を整理及び作成する資料調査
b．現地において一筆ごとに土地の境界を確認する境界確認
c．取得用地等の面積を算出し，面積計算書を作成する面積計算
d．現地において境界点を測定し，その座標値を求める境界測量

1. a→c→d→b
2. d→b→c→a
3. b→a→d→c
4. c→a→d→b
5. a→b→d→c

問2 次の文は，用地測量について述べたものである。ア〜オに入る語句の組合せとして適当なものはどれか。

a．境界測量は，現地において境界点を測量し，その　ア　を求める。
b．境界確認は，現地において　イ　ごとに土地の境界（境界点）を確認する。
c．復元測量は，境界確認に先立ち，地積測量図などに基づき　ウ　の位置を確認し，亡失などがある場合は復元するべき位置に仮杭を設置する。
d．　エ　測量は，現地において隣接する　エ　の距離を測定し，境界点の精度を確認する。
e．面積計算は，取得用地及び残地の面積を　オ　により算出する。

	ア	イ	ウ	エ	オ
1.	座標値	一筆	境界杭	境界点間	座標法
2.	標高	街区	境界杭	基準点	座標法
3.	座標値	一筆	基準点	境界点間	三斜法
4.	座標値	街区	基準点	境界点間	座標法
5.	標高	一筆	境界杭	基準点	三斜法

第7章 応用測量（用地測量）

突破のポイント
・用地測量の細分内容（作業の順序等）については，よく出題されるので整理しておくこと。
・ここで扱う用地測量は，道路・河川等の新設・改修のための用地取得等のために行う測量をいう。

要点94 多角形の面積（座標法）

1 座標法による面積計算

1. 面積計算は，原則として座標法により行う。
2. 多角形 ABCDE の Y 軸への垂線の足を A′，B′…とすると，面積 S は，

$S=$（台形 A′ABB′）＋（台形 B′BCC′）－（台形 A′ADD′）－（台形 D′DCC′）

① （台形 A′ABB′）$=1/2(x_1+x_2)(y_2-y_1)$
② （台形 B′BCC′）$=1/2(x_2+x_3)(y_3-y_2)$
③ （台形 A′ADD′）$=1/2(x_1+x_4)(y_4-y_1)$
④ （台形 D′DCC′）$=1/2(x_4+x_3)(y_3-y_4)$

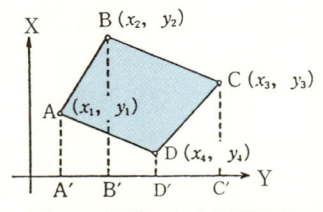

図1 座標による面積計算

$$\therefore S=\frac{1}{2}\{(x_1+x_2)(y_2-y_1)+(x_2+x_3)(y_3-y_2)-(x_1+x_4)(y_4-y_1)-(x_4+x_3)(y_3-y_4)\}$$

$$=\frac{1}{2}\{x_1(y_2-y_4)+x_2(y_3-y_1)+x_3(y_4-y_2)+x_4(y_1-y_3)\}$$

$$=\frac{1}{2}\sum_{i=1}^{n}x_i(y_{i+1}-y_{i-1})=\frac{1}{2}\sum_{i=1}^{n}y_i(x_{i+1}-x_{i-1}) \quad \cdots\cdots 式（1）$$

但し，$x_1, x_2, x_3, x_4, y_1, y_2, y_3, y_4$：各測点の $x\cdot y$ 座標値

面積 $S=\dfrac{1}{2}\Sigma[X_n\{(Y_{n-1})-(Y_{n+1})\}]$

$=\dfrac{1}{2}\Sigma[($その測線の X 座標$)\{(1$ つ先の Y 座標$)-(1$ つ前の Y 座標$)\}]$

$\cdots\cdots$式（2）

3. 計算は，下表により機械的に行う。なお，行列式で求める方法を 問1 で示す。

表1 座標法の面積計算表

境界点	X	Y	$(y_{i+1}-y_{i-1})$	$x_i(y_{i+1}-y_{i-1})$
A	x_1	y_1	y_2-y_n	$x_1(y_2-y_n)$
B	x_2	y_2	y_3-y_1	$x_2(y_3-y_1)$
……	……	……	……	……
	x_n	y_n	y_1-y_{n-1}	$x_n(y_1-y_{n-1})$
		y_1		
			倍面積 $2S$	
			面積 S	

[211 ページの解答]

問1　⑤　資料調査 → 境界確認 → 境界測量 → 面積計算となる。

問2　①　作業の工程と各項目の概要は理解しておく必要がある。面積計算は，座標法による。

直前突破問題！ ☆☆

問1 境界点 A，B，C 及び D を結ぶ直線で囲まれた四角形の土地の測量を行い，表に示す平面直角座標系上の座標値を得た。

この土地の面積はいくらか。

表

境界点	X 座標〔m〕	Y 座標〔m〕
A	+25.000	+25.000
B	−40.000	+12.000
C	−28.000	−25.000
D	+5.000	−40.000

1．2 303m² 2．2 403m² 3．2 503m²
4．2 603m² 5．2 703m²

問2 ある三角形の土地の面積を算出するため，公共測量で設置された4級基準点から，トータルステーションを使用して測量を実施した。

表は，4級基準点から三角形の頂点にあたる地点 A，B，C を測定した結果を示している。この土地の面積はいくらか。

1．173m²
2．195m²
3．213m²
4．240m²
5．266m²

表

地点	方向角	平面距離
A	0°00′00″	32.000m
B	60°00′00″	40.000m
C	330°00′00″	24.000m

第7章 応用測量（用地測量）

突破のポイント
- 表1の計算表は覚えておくこと。なお，行列式を用いれば計算は容易になる。
- 原点を適当に移動することにより，端数がなくなり，計算が容易になる。

要点95 境界線の整正

1 境界線の整正

1. **境界線の整正**とは，多角形の土地を面積を変えることなく台形又は長方形の土地に区画整理することをいいます。境界条件を明確にした上で，座標法により求めます。

2. 図1のようなPQ，QRを境界とする甲，乙の土地がある。Pを通り甲，乙の面積を変えずに1つの直線で分割するには，次のようにする。

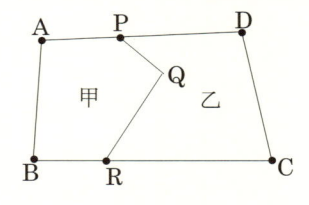

図1　分割前の土地　　　**図2　土地の分割**

3. 甲，乙の土地の面積を変えずに1つの直線で分割するには，図2のようにPRを結び，Q点を通りPRに平行な直線QSを引く。

4. △PQRと△PSRについて考えると，底辺PRは共通で，PR∥QSであるから，高さも等しい。故に，△PQRと△PSRの面積は等しくなる。故に，直線PSで分割すればよい。

[213ページの解答]

問1 ③

境界点	Xm	Ym	$(y_{i+1}-y_{i-1})$	$x_i(y_{i+1}-y_{i-1})$
A	+25.0	+25.0	+52.0	+1 300.0
B	-40.0	+12.0	-50.0	+2 000.0
C	-28.0	-25.0	-52.0	+1 456.0
D	+5.0	-40.0	+50.0	+ 250.0
			倍面積　m²	$2S=$ 5 006.0
			面　積　m²	$S=$ 2 503.0

（別解）式（1）を行列式で表すと，$\begin{vmatrix} x_1 & y_1 \\ x_2 & y_2 \end{vmatrix} = x_1 y_2 - y_1 x_2$ より

$$S = \frac{1}{2}\left(\begin{vmatrix} x_1 & y_1 \\ x_2 & y_2 \end{vmatrix} + \begin{vmatrix} x_2 & y_2 \\ x_3 & y_3 \end{vmatrix} + \cdots\cdots + \begin{vmatrix} x_n & y_n \\ x_1 & y_1 \end{vmatrix}\right)$$

$$= \frac{1}{2}\left(\begin{vmatrix} 25 & 25 \\ -40 & 12 \end{vmatrix} + \begin{vmatrix} -40 & 12 \\ -28 & -25 \end{vmatrix} + \begin{vmatrix} -28 & -25 \\ 5 & -40 \end{vmatrix} + \begin{vmatrix} 5 & -40 \\ 25 & 25 \end{vmatrix}\right) = 2\,503 \text{m}^2$$

直前突破問題！ ☆☆

問1 図のように五角形の土地，ABCDE を同じ面積の土地に整形するため，直線 ED の延長線上に D′ を設け，四角形 ABD′E の土地を作った。DD′ 間の距離はいくらか。

但し，CD＝45m，∠BDC＝30°，
∠BDE＝100°，sin80°＝0.985。

1．22.0m　　2．22.2m　　3．22.4m
4．22.6m　　5．22.8m

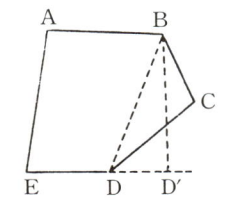

問2 五角形の土地 ABCDE を，同じ面積の長方形 AFGE に整正したい。近傍の基準点に基づき，境界点 A，B，C，D，E の平面直角座標系に基づく座標値を求めたところ，表の結果を得た。境界点 G の X 座標値はいくらか。

表

境界点	X 座標	Y 座標
A	−11.520m	−28.650m
B	＋37.480m	−28.650m
C	＋26.480m	＋3.350m
D	＋6.480m	＋19.350m
E	−11.520m	＋11.350m

1．＋32.680m　　2．＋33.180m
3．＋33.680m　　4．＋34.180m
5．＋34.680m

問2 ⑤ 基準点の座標を (0, 0) として，A，B，C の座標を求める。

境界点	X	Y	$y_{i+1}-y_{i-1}$	$x_i(y_{i+1}-y_{i-1})$
4 級基準点	0	0		
A	32	0	46.641	1492.512
B	20	34.641	−12.000	−240.000
C	20.785	−12.000	−34.641	−720.013
			倍面積(m²)	$2S$＝532.500
			面　積(m²)	S＝266.250

要点96 体積の計算

1 点高法

1. **点高法**は，土地を同じ大きさの多角形（三角形，長方形）に区分し，その1つの立体を取り出して体積 V を求め，各隅点の地盤高より基準面上の全体積を ΣV を計算し，**施工基面 H** を求める方法である。

2. **三角形に区分する方法**は，次のとおり。

    体積 $V = \dfrac{S}{3}(h_a + h_b + h_c)$ 　　但し，h_a, h_b, h_c：3隅点の地盤高

    全体積 $\Sigma V = \dfrac{S}{3}(\Sigma h_1 + 2\Sigma h_2 + \cdots + 6\Sigma h_6)$ 　　……式（1）

3. **長方形に区分する方法**は，次のとおり。

    体積 $V = \dfrac{S}{4}(h_a + h_b + h_c + h_d)$

    但し，$h_a, \cdots, h_d$：4隅点の地盤高

    全体積 $\Sigma V = \dfrac{S}{4}(\Sigma h_1 + 2\Sigma h_2 + 3\Sigma h_3 + 4\Sigma h_4)$ 　　……式（2）

    但し，S：1個の長方形の面積，ΣS：全体の面積
    Σh_1：1個の長方形のみに関係する点の地盤高の合計
    Σh_2：1個の長方形に共有する点の地盤高の合計

    Σh_6：6個の長方形に共有する点の地盤高の合計

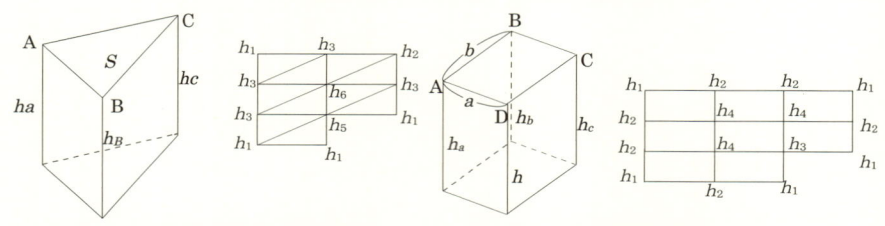

図1　三角形に区分する方法　　**図2　長方形に区分する方法**

[215 ページの解答]

問1　⑤　点 C から BD に，点 B から ED の延長線上にそれぞれ垂線を引く。
$\angle BDD' = 180° - 100° = 80°$，$BD = a$，$DD' = x$
とすると，
$\triangle BDC$ の面積 $= (a \times CD \times \sin 30°)/2$
$\triangle BDD'$ の面積 $= (x \times BD \times \sin 80°)/2$
$(a \times 45 \times 0.5)/2 = (x \times a \times 0.985)/2$
∴　$x = \underline{22.8 \text{m}}$

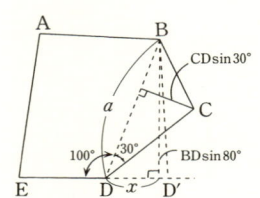

直前突破問題！

問1 水平に整地された長方形の土地 ABCD において水準測量を行ったところ，地盤が不当沈下していたことが判明した。水準測量を行った点の位置関係及び沈下量（m単位）は，図に示すとおり。盛土により，元の地盤高にするには，どれだけの土量が必要か。

但し，土地の平面形の変化及び盛土による新たな沈下の発生はないものとする。また，土量は，下図に示すとおり土地 ABCD の面積の等しい4個の長方形に区分して，点高法により求めるものとする。

1. 361.50m^3
2. 361.78m^3
3. 363.50m^3
4. 363.78m^3
5. 365.50m^3

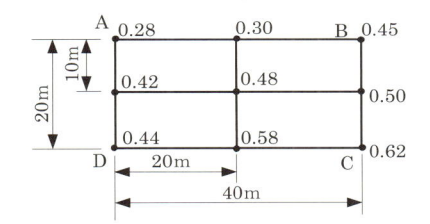

突破のポイント
- 点高法による土量計算問題は，最近出題されていないが，長方形に区分する方法については覚えておくこと。
- 点高法は土量計算に，等高線法は地形図の等高線を利用して，体積を計算する方法である。
- 等高線法は，貯水池の容積，砂防ダムの堆砂量，土取場の掘削量の計算に用いられる。

問2 ① 五角形の面積は，次のとおり。

	X (m)	Y (m)	$(y_{i+1}-y_{i-1})$	$x_i(y_{i+1}-y_{i-1})$
A	-11.520	-28.650	-40.000	460.800
B	37.480	-28.650	32.000	1 199.360
C	26.480	3.350	48.000	1 271.040
D	6.480	19.350	8.000	51.840
E	-11.520	11.350	-48.000	552.960
			$2S$	$3\,536.000\text{m}^2$
			S	$1\,768.000\text{m}^2$

$AE = Y_E - Y_A = 40\text{m}$ より，$EG = 1\,768/40 = 44.2\text{m}$

G の X 座標 $X_G = X_E + 44.2 = -11.520 + 44.200 = \underline{32.68\text{m}}$

要点97 河川測量の概要

1 河川測量

1. **河川測量**は，河川，海岸等の調査及び河川の維持管理等に用いる測量をいう。設計・施工に必要な基礎資料を得るため，河川の形状，水位，深さ，断面，流速等を測定し，平面図，縦断図，横断図を作成する（準則第371条）。
2. 河川測量は，次に掲げる測量等に細分する（準則第372条）。

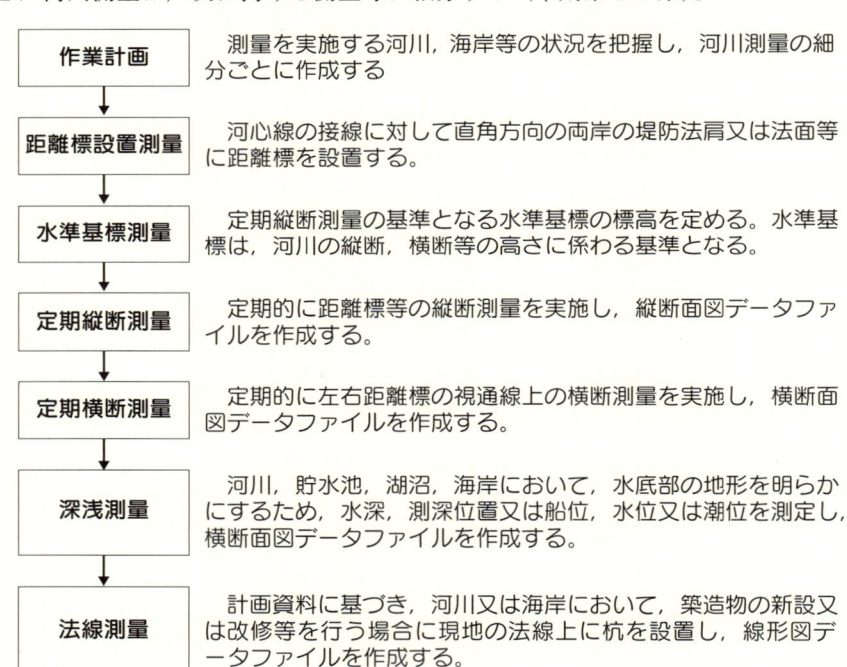

作業計画	測量を実施する河川，海岸等の状況を把握し，河川測量の細分ごとに作成する
距離標設置測量	河心線の接線に対して直角方向の両岸の堤防法肩又は法面等に距離標を設置する。
水準基標測量	定期縦断測量の基準となる水準基標の標高を定める。水準基標は，河川の縦断，横断等の高さに係わる基準となる。
定期縦断測量	定期的に距離標等の縦断測量を実施し，縦断面図データファイルを作成する。
定期横断測量	定期的に左右距離標の視通線上の横断測量を実施し，横断面図データファイルを作成する。
深浅測量	河川，貯水池，湖沼，海岸において，水底部の地形を明らかにするため，水深，測深位置又は船位，水位又は潮位を測定し，横断面図データファイルを作成する。
法線測量	計画資料に基づき，河川又は海岸において，築造物の新設又は改修等を行う場合に現地の法線上に杭を設置し，線形図データファイルを作成する。
海浜測量及び汀線測量	海浜測量とは，前浜と後浜（海浜）を含む範囲の等高・等深線図データファイルを作成する作業をいう。 汀線測量とは，最低水面と海浜との交線を定め，汀線図データファイルを作成する作業をいう。

[217ページの解答]

問1　　5　$\Sigma h_1 = 1.79$m，$\Sigma h_2 = 1.80$m，$\Sigma h_3 = 0$（該当なし），$\Sigma h_4 = 0.48$m，

体積 $V = \dfrac{200}{4} \times (1.79 + 2 \times 1.80 + 3 \times 0 + 4 \times 0.48) = \underline{365.50\text{m}^3}$

直前突破問題！ ☆☆

問1 河川測量について述べたものである。間違っているものはどれか。
1. 河川測量は，河川のほかに湖沼や海岸等についても行う。
2. 距離標の設置位置は，両岸の堤防表法肩又は表法面が標準である。
3. 水準基標は，2級水準測量により行い水位標の近くに設置する。
4. 定期横断測量は，陸部において堤内地の20m〜50mの範囲についても行う。
5. 深浅測量は，流水部分の縦断面図を作成するために行う。

問2 河川測量について述べたものである。間違っているものはどれか。
1. 対応する両岸の距離標を結ぶ直線は，河心線の接線と直交する。
2. 距離標は，努めて堤防の法面や法肩を避けて設置する。
3. 水準基標の標高を定める作業は，2級水準測量で行う。
4. 定期横断測量は，水際杭を境にして，陸部は横断測量，水部は深浅測量により行う。
5. 深浅測量における測深位置を，GNSS測量機を用いて測定した。

問3 公共測量における河川測量について述べたものである。間違っているものはどれか。
1. 河心線の接線に対して直角方向の両岸の堤防法肩又は法面に距離標を設置した。
2. 定期縦断測量において，平地においては3級水準測量を行い，山地においては4級水準測量を行った。
3. 定期横断測量において，水際杭を境として陸部は横断測量，水部は深浅測量を行った。
4. 水位標から離れた堤防上の地盤の安定した場所に水準基標を設置した。
5. 深浅測量において，測深位置（船位）をトータルステーションを用いて測定した。

第7章 応用測量（河川測量）

突破のポイント
- 河川測量は，河川の洪水，高潮等による災害発生の防止等の調査，河川の適正利用，流水の正常な機能等，治水及び利水の総合的な管理に必要な資料を得るための測量をいう。
- 河川測量―距離標の設置測量―水準基標測量―定期縦断測量―定期横断測量
  　　　　―法線測量―海浜・汀線測量―深浅測量

要点98 河川測量の内容（距離標等）

1 河川測量の作業内容

1. **距離標**は，河心線の接線に対して直角方向の両岸の堤防法肩又は法面等に200m間隔に設置する。3級基準点等から放射法により設置する。
2. **水準基標**は，定期縦断測量の基準となる水準基標の標高を2級水準測量により，水位標に近接した位置に5〜20km間隔に設ける。

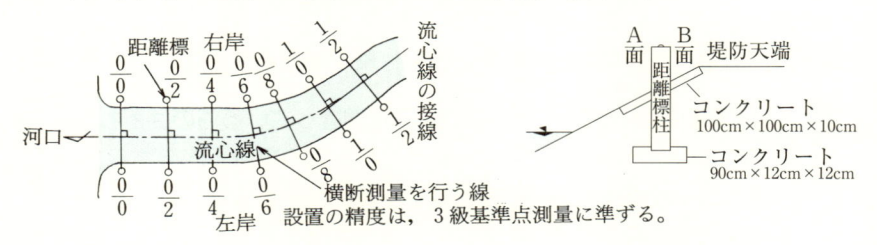

設置の精度は，3級基準点測量に準ずる。

図1　距離標の設置　　　　**図2　距離標**

3. **定期縦断測量**は，定期的に距離標等の縦断測量を実施して縦断面図データファイルを作成する。縦断面図は，横の縮尺1/1 000〜1/100 000，縦の縮尺1/100〜1/200を標準とする。
4. **定期横断測量**は，定期的に左右距離標の視通線上の横断測量を実施して横断面図データファイルを作成する。横断面図は，横の縮尺1/100〜1/1 000，縦の縮尺1/100〜1/200を標準とする。

2 河川の断面形状

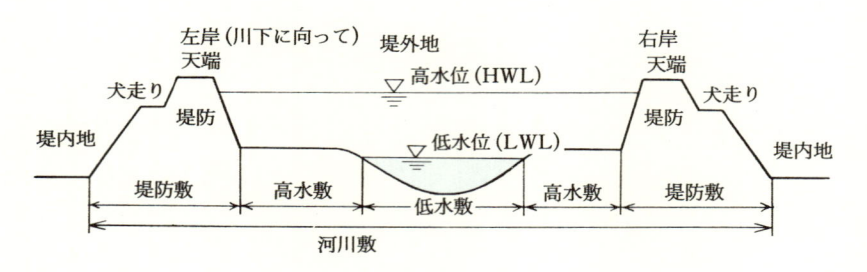

図3　河川域

[219ページの解答]

問1	⑤ 深浅測量は，水面を基準として測深位置と水深を同時に測定し，<u>横断面図データファイル</u>を作成する作業をいう。
問2	② 距離標は，両岸の<u>堤防法肩又は法面</u>を標準として設置する。
問3	④ 水準基標は，<u>水位標に近接した位置</u>に設置する。

直前突破問題！ ☆☆

問1 次の文は，河川の距離標設置測量について述べたものである。 ア ～ エ に入る語句の組合せとして適当なものはどれか。

河川における距離標設置測量は， ア の接線に対して直角方向の左岸及び右岸の堤防法肩又は法面などに距離標を設置する作業をいう。なお，ここで左岸とは イ を見て左，右岸とは イ を見て右の岸を指す。

距離標の設置は，あらかじめ地形図上に記入した ア に沿って，河口又は幹川への合流点に設けた ウ から上流に向かって200mごとを標準として設置位置を選定し，その座標値に基づいて，近傍の3級基準点などから放射法などにより行う。また，距離標の埋設は，コンクリート又は エ の標杭を，測量計画機関名及び距離番号が記入できる長さを残して埋め込むことにより行う。

	ア	イ	ウ	エ
1．	河心線	下流から上流	終点	木
2．	河心線	上流から下流	起点	プラスチック
3．	河心線	上流から下流	終点	プラスチック
4．	堤防中心線	上流から下流	起点	プラスチック
5．	堤防中心線	下流から上流	終点	木

問2 次の文は，河川測量について述べたものである。間違っているものはどれか。

1．河川測量とは，治水工事，利水工事の計画や河川の維持管理等のために行う測量をいう。
2．法線測量は，河心線の接線に対して垂直方向の両岸の堤防法肩等に距離標を設置する。
3．定期縦断測量とは，定期的に左右両岸の距離標及び堤防の変化点の地盤等について，距離標からの距離及び標高を定め，縦断面図を作成する作業をいう。
4．定期横断測量とは，定期的に左右両岸の距離標の視通線上の地形の変化点等について，距離標からの距離及び地盤高を定め，横断面図を作成する作業をいう。
5．深浅測量とは，河川，貯水池，湖沼又は海岸において，水底部の地形を明らかにするため，横断面図又は深浅図を作成する作業をいう。

第7章 応用測量（河川測量）

要点99 深浅測量・法線測量等

1 深浅測量

1. 河川，貯水池，湖沼又は海岸において，水底部の地形を明らかにするため，**深浅測量**（水深，測深位置（船位）及び水位（潮位）の測定）をし，横断面図データファイルを作成する。水深の測定は，**音響測深機**を用いて行う。但し，水深が浅い場合は，ロッド及びレッドによる直接測定による。

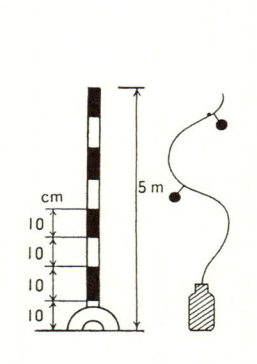

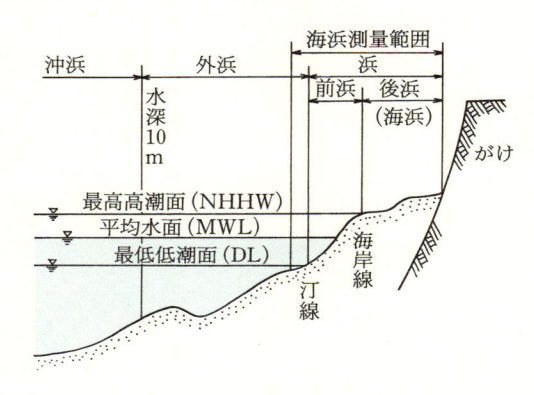

図1　ロッド及びレッド　　　図2　海浜測量範囲

2 法線・海浜・汀線測量

1. **法線測量**は，計画資料に基づき，河川又は海岸における築造物の新設又は改修等を行う場合に現地の法線上に杭を設置し線形図データファイルを作成する作業をいう。
2. **海浜測量**は，前浜と後浜（「海浜(かいひん)」という）を含む範囲の等高・等深線図データファイルを作成する作業をいう。
3. **汀線測量**は，最低水面と海浜との交線（汀線(ていせん)という）を定め，汀線図データファイルを作成する作業をいう。

[221ページの解答]

問1　② 距離標は，左右両岸に設け，河床の変動状況を調べるための横断面等を作成する基準となる。

問2　② 法線測量は，河川又は海岸において築造物の新築・改修等を行う場合の法面上に杭を設置し，線形図データファイルを作成する作業をいう。
2の記述は距離標設置測量である。

直前突破問題！

問1 次の文は，河川の定期横断測量について述べたものである。 ア ～ オ に入る語句の組合せとして適当なものはどれか。

河川における定期横断測量は，定期的に河川の横断面の形状の変化を調査するもので， ア の接線に対して直角方向の左岸及び右岸の堤防法肩または法面に設置された イ の視通線上の地形の変化点について， イ からの距離及び ウ を測定して行う。

その方法は， エ を境にして陸部と水部に分け，陸部については横断測量，水部については オ により行い，横断面図を作成する。

	ア	イ	ウ	エ	オ
1.	河心線	距離標	標高	水ぎわ杭	深浅測量
2.	河心線	基準水位標	水平位置	水位標	深浅測量
3.	河心線	距離標	標高	水ぎわ杭	縦断測量
4.	堤防裏法肩	水準基標	標高	水ぎわ杭	縦断測量
5.	堤防裏法肩	水準基標	水平位置	水位標	汀線測量

問2 ある河川において，水位観測のための水位標を設置するため，水位標の近傍に仮設点が必要となった。BM1，中間点1及び水位標の近傍に在る仮設点Aとの間で直接水準測量を行い，表に示す観測記録を得た。高さの基準をこの河川固有の基準面としたとき，仮設点Aの高さはいくらか。

但し，観測に誤差はないものとし，この河川固有の基準面の標高は，東京湾平均海面（T.P.）に対して1.300m低いものとする。

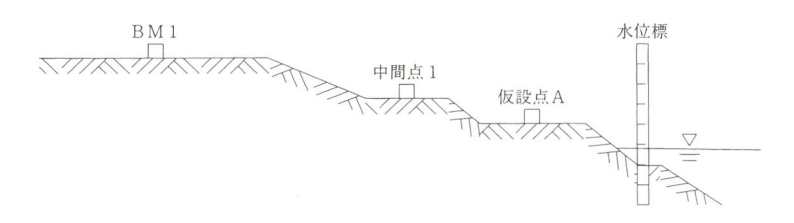

図

1. 1.035m
2. 2.335m
3. 3.635m
4. 4.191m
5. 5.226m

表

測　点	距　離	後　視	前　視	標　高
BM1	42m	0.238m		6.526m（T.P.）
中間点1	25m	0.523m	2.369m	
仮設点A			2.583m	

第7章 応用測量（河川測量）

平均流速公式及び流量測定

1 平均流速公式

1. 水面からの水深の 0.2, 0.4, 0.6, 0.8 倍の深さの点の流速を測定し, それぞれの流速を $v_{0.2}$, $v_{0.4}$, $v_{0.6}$, $v_{0.8}$ とすれば, 平均流速 v_m は次式のとおり。

① 1点法　$v_m = v_{0.6}$　……式（1）

② 2点法　$v_m = \dfrac{v_{0.2} + v_{0.8}}{2}$　……式（2）

③ 3点法　$v_m = \dfrac{v_{0.2} + 2v_{0.6} + v_{0.8}}{4}$　……式（3）

④ 4点法　$v_m = \dfrac{1}{5}\left\{(v_{0.2} + v_{0.4} + v_{0.6} + v_{0.8}) + \dfrac{1}{2}\left(v_{0.2} + \dfrac{v_{0.8}}{2}\right)\right\}$　……式（4）

2 流速計，水深・流速測線，流量

1. 流速計は，水の流れを流速計の羽で受け，回転数から流速を求める。

$v = an + b$　（n：回転数, a, b：定数）　……式（5）

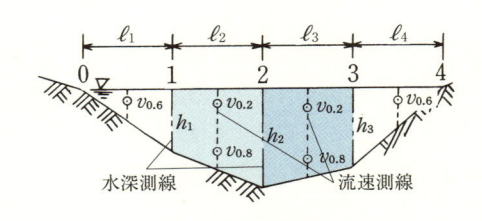

図1　水深・流速測線

図2　流速計

2. 流量 Q (m³/s) は, 河川の区分断面を S_1, S_2, …, 各区分の平均流速 v_1, v_2, …とすれば, 次式で表される。

流量 $Q = S_1 v_1 + S_2 v_2 + \cdots\cdots + S_n v_n$　……式（6）

[223ページの解答]

問1　① 定期横断測量は，定期的に河床の変動を調査するもので，距離標ごとに横断面図データファイルを作成する。

問2　③ 仮設点 A の標高を河川固有の基準面の標高に換算する。T.P. に対して，−1.300m であるから，基準面の標高 = 2.335 − (−1.300) = 3.635m

測点	距離〔m〕	後視〔m〕	前視〔m〕	(+)〔m〕	(−)〔m〕	標高〔m〕
BM1	42	0.238				6.526
中間点1	25	0.523	2.369		2.131	4.395
仮設点 A			2.583		2.060	2.335

直前突破問題！ ☆

問1 表は河川のある点における鉛直方向各点の流速である。平均流速を2点法により求めるといくらか。

但し、この点における水深は5mであり、測定誤差は考えない。

河床からの距離〔m〕	0.0	0.5	1.0	1.5	2.0	2.5	3.0	3.5	4.0	4.5	5.0
流速〔m/秒〕	0.40	0.70	1.10	1.40	1.58	1.70	1.80	1.88	1.94	1.98	2.00

1. 1.52m/秒
2. 1.61m/秒
3. 1.64m/秒
4. 1.66m/秒
5. 1.69m/秒

問2 表は、低水流量観測野帳の一部である。測線番号4〜6における区間流量はいくらか。

1. 2.00m³/s
2. 2.45m³/s
3. 5.72m³/s
4. 9.80m³/s
5. 11.44m³/s

表

測線番号	左岸よりの距離〔m〕	水深〔m〕	器深〔m〕	流速〔m/s〕
3	15	0.40	0.24	0.05
4	20	0.80		
5	25	1.40	0.28 1.12	0.56 0.32
6	30	1.60		
7	35	1.80	0.36 1.44	0.63 0.37

第7章 応用測量（河川測量）

突破のポイント
- 流速は水面付近で最大となり、水深60％で平均流速を示し、河床で最小となる。
- 流速公式（2点法，3点法）は覚えておくこと。

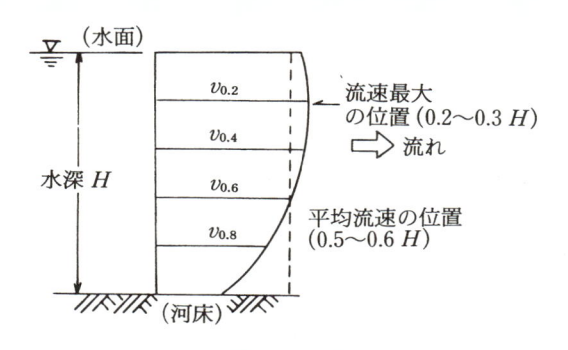

図 流速分布

[225ページの解答]

問1

1 表は河床からの距離で与えられているので，水面からの距離に注意して $v_{0.2}=1.94$m/s, $v_{0.8}=1.10$m/s を読む。
$v_m = \underline{1.52\text{m/s}}$

問2

3 $v_{0.2}=0.56$m/s, $v_{0.8}=0.32$m/s
$v_m=0.44$m/s, 断面積 $S=13.0$m² より，
流量 $Q=13.0\times 0.44=\underline{5.72\text{m}^3/\text{s}}$

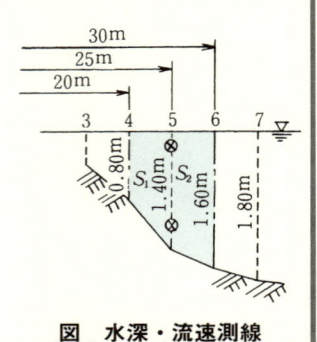

図 水深・流速測線

関 数 表

問題文中に数値が明記されている場合は，その値を使用すること（試験時配布）。

平方根

	$\sqrt{}$		$\sqrt{}$
1	1.00000	51	7.14143
2	1.41421	52	7.21110
3	1.73205	53	7.28011
4	2.00000	54	7.34847
5	2.23607	55	7.41620
6	2.44949	56	7.48331
7	2.64575	57	7.54983
8	2.82843	58	7.61577
9	3.00000	59	7.68115
10	3.16228	60	7.74597
11	3.31662	61	7.81025
12	3.46410	62	7.87401
13	3.60555	63	7.93725
14	3.74166	64	8.00000
15	3.87298	65	8.06226
16	4.00000	66	8.12404
17	4.12311	67	8.18535
18	4.24264	68	8.24621
19	4.35890	69	8.30662
20	4.47214	70	8.36660
21	4.58258	71	8.42615
22	4.69042	72	8.48528
23	4.79583	73	8.54400
24	4.89898	74	8.60233
25	5.00000	75	8.66025
26	5.09902	76	8.71780
27	5.19615	77	8.77496
28	5.29150	78	8.83176
29	5.38516	79	8.88819
30	5.47723	80	8.94427
31	5.56776	81	9.00000
32	5.65685	82	9.05539
33	5.74456	83	9.11043
34	5.83095	84	9.16515
35	5.91608	85	9.21954
36	6.00000	86	9.27362
37	6.08276	87	9.32738
38	6.16441	88	9.38083
39	6.24500	89	9.43398
40	6.32456	90	9.48683
41	6.40312	91	9.53939
42	6.48074	92	9.59166
43	6.55744	93	9.64365
44	6.63325	94	9.69536
45	6.70820	95	9.74679
46	6.78233	96	9.79796
47	6.85565	97	9.84886
48	6.92820	98	9.89949
49	7.00000	99	9.94987
50	7.07107	100	10.00000

三角関数

度	sin	cos	tan	度	sin	cos	tan
0	0.00000	1.00000	0.00000				
1	0.01745	0.99985	0.01746	46	0.71934	0.69466	1.03553
2	0.03490	0.99939	0.01746	47	0.73135	0.68200	1.07237
3	0.05234	0.99863	0.05241	48	0.74314	0.66913	1.11061
4	0.06976	0.99756	0.06993	49	0.75471	0.65606	1.15037
5	0.08716	0.99619	0.08749	50	0.76604	0.64279	1.19175
6	0.10453	0.99452	0.10510	51	0.77715	0.62932	1.23490
7	0.12187	0.99255	0.12278	52	0.78801	0.61566	1.27994
8	0.13917	0.99027	0.14054	53	0.79864	0.60182	1.32704
9	0.15643	0.98769	0.15838	54	0.80902	0.58779	1.37638
10	0.17365	0.98481	0.17633	55	0.81915	0.57358	1.42815
11	0.19081	0.98163	0.19438	56	0.82904	0.55919	1.48256
12	0.20791	0.97815	0.21256	57	0.83867	0.54464	1.53986
13	0.22495	0.97437	0.23087	58	0.84805	0.52992	1.60033
14	0.24192	0.97030	0.24933	59	0.85717	0.51504	1.66428
15	0.25882	0.96593	0.26795	60	0.86603	0.50000	1.73205
16	0.27564	0.96126	0.28675	61	0.87462	0.48481	1.80405
17	0.29237	0.95630	0.30573	62	0.88295	0.46947	1.88073
18	0.30902	0.95106	0.32492	63	0.89101	0.45399	1.96261
19	0.32557	0.94552	0.34433	64	0.89879	0.43837	2.05030
20	0.34202	0.93969	0.36397	65	0.90631	0.42262	2.14451
21	0.35837	0.93358	0.38386	66	0.91355	0.40674	2.24604
22	0.37461	0.92718	0.40403	67	0.92050	0.39073	2.35585
23	0.39073	0.92050	0.42447	68	0.92718	0.37461	2.47509
24	0.40674	0.91355	0.44523	69	0.93358	0.35837	2.60509
25	0.42262	0.90631	0.46631	70	0.93939	0.34202	2.74748
26	0.43837	0.89879	0.48773	71	0.94552	0.32557	2.90421
27	0.45399	0.89101	0.50953	72	0.95106	0.30902	3.07768
28	0.46947	0.88295	0.53171	73	0.95630	0.29237	3.27085
29	0.48481	0.87462	0.55431	74	0.96126	0.27564	3.48741
30	0.50000	0.86603	0.57735	75	0.96593	0.25882	3.73205
31	0.51504	0.85717	0.60086	76	0.97030	0.24192	4.01078
32	0.52992	0.84805	0.62487	77	0.97437	0.22495	4.33148
33	0.54464	0.83867	0.64941	78	0.97815	0.20791	4.70463
34	0.55919	0.82904	0.67451	79	0.98163	0.19081	5.14455
35	0.57358	0.81915	0.70021	80	0.98481	0.17365	5.67128
36	0.58779	0.80902	0.72654	81	0.98769	0.15643	6.31375
37	0.60182	0.79864	0.75355	82	0.99027	0.13917	7.11537
38	0.61566	0.78801	0.78129	83	0.99255	0.12187	8.14435
39	0.62932	0.77715	0.80978	84	0.99452	0.10453	9.51436
40	0.64279	0.76604	0.83910	85	0.99619	0.08716	11.43005
41	0.65606	0.75471	0.86929	86	0.99756	0.06976	14.30067
42	0.66913	0.74314	0.90040	87	0.99863	0.05234	19.08114
43	0.68200	0.73135	0.93252	88	0.99939	0.03490	28.63625
44	0.69466	0.71934	0.96569	89	0.99985	0.01745	57.28996
45	0.70711	0.70711	1.00000	90	1.00000	0.00000	*****

ギリシア文字

大文字 [立体]	大文字 [イタリック]	小文字	読み方	大文字 [立体]	大文字 [イタリック]	小文字	読み方
A	*A*	α	アルファ	N	*N*	ν	ニュー
B	*B*	β	ベータ	Ξ	*Ξ*	ξ	クシー グザイ
Γ	*Γ*	γ	ガンマ	O	*O*	o	オミクロン
Δ	*Δ*	δ	デルタ	Π	*Π*	π ϖ	ピー パイ
E	*E*	ε ϵ	エプシロン イプシロン	P	*P*	ρ	ロー
Z	*Z*	ζ	ゼータ	Σ	*Σ*	σ ς	シグマ
H	*H*	η	エータ イータ	T	*T*	τ	タウ
Θ	*Θ*	θ ϑ	シータ テータ	Υ	*Υ*	υ	ウプシロン
I	*I*	ι	イオタ	Φ	*Φ*	φ ϕ	フィー ファイ
K	*K*	κ	カッパ	X	*X*	χ	キー カイ
Λ	*Λ*	λ	ラムダ	Ψ	*Ψ*	ψ ϕ	プシー プサイ
M	*M*	μ	ミュー	Ω	*Ω*	ω	オメガ

接頭語

10^0	1	10^0	1
10^1	da（デカ）	10^{-1}	d（デシ）
10^2	h（ヘクト）	10^{-2}	c（センチ）
10^3	k（キロ）	10^{-3}	m（ミリ）
10^6	M（メガ）	10^{-6}	μ（マイクロ）
10^9	G（ギガ）	10^{-9}	n（ナノ）
10^{12}	T（テラ）	10^{-12}	p（ピコ）

付録3．測量用語

アナログデータ：0と1の離散的な数値（デジタル）ではなく波形により連続的に表示したデータ。衛星の搬送波は，アナログデータである。

緯距：測線ABのX軸方向の成分。測線の長さℓ，X軸からの方向角θのとき，緯距$L=\ell\cos\theta$。

位相構造化：コンピュータが認識できるように，図形間の位置関係（トポロジー）を表すデータ構造を構築することをいう。ベクタデータが持つ図形の位置関係を，点（ノード），線（チェイン），面（ポリゴン）で表し，ノード位相構造，チェイン位相構造，ポリゴン位相構造を構築することをいう。

1対回：セオドライトの望遠鏡の正位と反位で1回ずつ測定すること。

一般図：対象地域の状況を全般的に表現して多目的に利用するように作成された地形図。

引照点：IP杭，役杭及び主要中心杭などの損傷，亡失に備え，復元できるように設ける控え杭。

永久標識：三角点標石，図根点標石，方位標石，水準点標石，磁気点標石，基線尺検定標石，基線標石等を標示する恒久的な標石。

衛星測位：人工衛星からの位置情報（時刻を含む）の信号の取得，移動径路の情報の取得により，測点の位置を決定することをいう。

エポック：干渉測位法において，データを記録した時刻又は記録するデータ間隔（15～30秒程度）をいう。

応用測量：基準点測量，水準測量，地形測量及び写真測量などの基本となる測量方法を活用し，目的に応じて組み合せて行う測量。具体的には路線測量，河川測量，用地測量などを示す。

オーバーラップ：空中写真測量において，連続して撮影する写真のコース方向の重複度をいう。なお，コースとコースの重複度はサイドラップという。

オリジナルデータ：航空レーザ測量から得られた三次元計測データを調整用基準点を用いて点検調整を行った標高データをいう。

オンザフライ法（OTF）：on the fly。2周波の搬送波を用いて任意の場所で，短時間で整数値バイアスを解く方法。RTK法で用いられる。

ガウス・クリューゲル図法：横メルカトル図法のこと。正角図法。

河川測量：河川に関する計画・調査・設計・管理のための測量。

画素（ピクセル）：画面・画像表示の最小単位（受光素子）。モノクロ画像の場合，輝度（物体の明るさ）を，カラー画像の場合は色と輝度の情報をもつ。画面をX，Y方向の基盤の目に区切り，一つひとつのピクセルを取り扱う。例えば，解像度が640×480ドットでは1画面307,200ピクセルで，各ドットが階調をもつときピクセルとドットは同じ意味である。

干渉測位法：GNSS衛星の電波を固定局（基準となる点）と移動局（観測点）で受信し，電波の到達時刻の差から基線ベクトルを求める相対測位法。スタティック法，キネマティック法がある。

観測差：各対回中の同一視準点に対する較差の最大と最小の差。

観測方程式：観測された値によって未知数間の関係を表した条件式。

緩和曲線：直線から円曲線へ接続する場

合，半径無限大から徐々に減少させ円曲線の半径となる曲線をいう。クロソイド曲線など。
基準点：測量の基準となる座標が与えられている点。三角点（1等～4等），公共基準点（1級～4級），水準点（1～2等，1級～4級），電子基準点など。
基準点成果表：国土地理院が設置した基準点（三角点・水準点・多角点・電子基準点）の測量成果・記録を表にしたもの。これに基づき，公共測量を実施する。
基準点測量：既知点に基づき，未知点の位置又は標高を定める作業をいう。基準点は，測量の基準とするために設置された測量標で位置に関する数値的な成果をもつ。
既成図数値化：既に作成された地形図等の数値化を行い，数値地形図データを作成する作業をいう。
基線解析：干渉測位法において，受信したデータを基に基線の長さと方向を決定することをいう。
基線ベクトル：固定局の座標を基準に，移動局（観測点）までのベクトル（$\Delta X, \Delta Y, \Delta Z$）をいう。移動局のベクトルは，固定局のベクトルに基線ベクトルを加えたものである。なお，ベクトルは距離と方向をもち，GNSS測量では基線ベクトルという。
既知点：座標又は標高の分かっている点。
キネマティック法：固定局にGNSS受信機を設置し，移動局でGNSS搬送波を数秒ごとに観測，各測点を移動して各基線ベクトルを求める方法（RTK法，ネットワーク型RTK法）。
基盤地図情報：電子地図上における基準点，海岸線，行政区界などの電磁的方式により記録された地図情報。

基本測量：すべての測量の基礎となる測量で，国土地理院が実施する測量。
球差・気差・両差：鉛直角や距離の観測において，地球の曲率によって生じる誤差を球差，光の屈折によって生じる誤差を気差，球差と気差を合せたものを両差という。
球面距離：GRS80楕円体上の距離。
球面座標系：地球自転軸と赤道の交点及びグリニッジ天文台の子午線を基準とする地球表面を表す座標。
境界測量：用地測量において，現地で境界点を測定し，その座標値を求める測量をいう。
距離標：河川の河口から上流に向かって両岸に設けられる距離を示す杭。
距離標設置測量：河川測量において，河心線の接線に対して直角方向の両岸の堤防法肩又は法面等に距離標を設置する測量。
杭打ち調整法：レベルの望遠鏡気泡管軸と視準線（軸）を平行にする調整法。
偶然誤差（不定誤差）：測定値から系統的誤差を除去しても，存在する誤差で，種々雑多な原因による誤差。
空中三角測量：パスポイント，タイポイント，基準点の写真座標から投影関係を解き，地上の水平位置・標高を求める測量。現在，投影関係をコンピュータで解く解析空中三角測量で行う。
グラウンドデータ：オリジナルデータから地表面の遮へい物を除いた地表面の標高データ。このデータにより格子状のグリッドデータ，等高線データを作成する。
クリアリングハウス：GISを構築するシステムで，分散している地理情報の所在をインターネット上で検索できるシステム。空間データ（測量成果）を検

索するための仕組み。

グリッドデータ：格子状の標高データ。

経距：測線 AB の Y 軸方向の成分。測線の長さ ℓ，X 軸からの方向角 θ のとき，経距 $D=\ell\sin\theta$。

軽重率（重量）：測定値の信用の度合いを数値で示したもの。

系統的誤差（定誤差）：測定の結果に対し，ある定まった様相で影響を与える誤差で，観測方法や計算で除去できるもの。

結合多角方式：多角測量において，複数の路線で構成された基準点網（結合多角網）。既知点3点以上により，新点の平均座標と平均標高を求める。

結合トラバース：多角測量において，路線の中にどこにも交点を持たない単路線をいう。

現地測量：現地において TS 等又は GNSS 測量機を用いて，地形・地物等を測定し，数値地形図データを作成する測量。

公共基準点：地方公共団体が設置した基準点。1〜4級基準点，1〜4級水準点及び簡易水準点をいう。

公共測量：基本測量以外の測量で，費用の全部又は一部を国又は公共団体が負担し又は補助して実施する測量。

航空レーザ測量：航空機に搭載したレーザ測距儀から地上に向けてレーザ光（電磁波を増幅してつくられた人工の光）を照射し，地上からの反射波と時間差により地上までの距離を求める。GNSS と IMU（慣性計測装置）から航空機の位置情報を知り，標高を求める測量。

交点：路線と路線が結合する点。交点からは辺が3辺以上出ている。

光波測距儀：光波の速度を基準にして，その到達時間を測ることにより直接距離を測定する測距儀。

国土基本図：国土地理院が測量し作成する基本図のうち，1/2 500，1/5 000 の大縮尺図。

国家基準点：基本測量によって設置された基準点で，全ての測量の基準となる点。一等〜四等三角点など。

固定局・移動局：GNSS 測量において，基準となる GNSS 測量機を整置する観測点（固定局）及び移動する観測点（移動局）をいう。

最確値：平均計算で求めた測定値の最も確からしい値。

サイクルスリップ：干渉測位において観測中に衛星電波受信に瞬断があるとデータにずれ（誤差）が生じること。

最小二乗法：ある値を決定するため，最小限必要な個数以上の観測値から最も確からしい値を求める計算方法。

作業規程の準則：測量法に基づいて国土交通大臣が定める全ての公共測量の規範となるルール。

座標系変換：人工衛星を用いる GNSS 測量で得られる WGS-84 系から平面直角座標に変換すること。WGS-84 系→ITRF94 座標系→球面座標系→平面座標系へ変換される。なお，標高はジオイド高，楕円体高から決定する。

残差：測定値 − 最確値。測定値の誤差。

ジオイド：標高を求めるときの基準面。標高はジオイドからの高さをいう。GNSS 衛星から直接に標高を求めることはできない。標高は，GRS80 楕円体面上からの高さから，ジオイド高を差し引いて求める。

ジオイド測量：標高が既知の水準点で GNSS 観測を行い，楕円体高からジオイド高を求める測量。

ジオイド高：準拠楕円体からジオイドま

での高さ。高さ０ｍの水準面。ジオイドからの高さを標高という。GNSS観測で得られる楕円体高と測地座標の標高では，高さの定義が違う。

ジオイド高＝楕円体高－標高

視差（パララックス）：観測点が変わることによって生じる物体の偏位。セオドライトの視度調節が不良な場合，写真測量の縦横の位置のずれ等。

視準距離：レベルと標尺の間の距離。視準距離を等しくすることにより，視準軸誤差，球差・気差による誤差を消去できる。

刺針：空中三角測量及び数値図化において基準点等の写真座標を測定するため，基準点等の位置を現地において空中写真上に表示する作業をいう。

視通：観測点と目標点との見通し。

実測図：測量機器を使用して，地形・地物を測定して作成された地形図。

自動（オート）レベル：円形気泡管の気泡を中央にもってくれば，自動補正装置（コンペンセータ）と制動装置（ダンパ）によって自動的に視準線が水平となる構造のレベル。

写真地図：中心投影である空中写真を地図と同じ正射投影に変換した写真画像。

写真判読：空中写真に写し込まれた地上の情報を，その色調や形状，陰影などを手がかりに判定する技術。

修正測量：旧数値地形図データを更新する測量をいう。

縮尺係数：球面距離 S と平面距離 s の比 (s/S)。

主題図：道路状況，土地利用状況など，特定の目的（テーマ）のために作成された地形図。

準拠楕円体：測量計算に用いる地球の大きさ，形状をいう。現在，GRS80楕円体（世界測地系）を採用している。

条件方程式：観測値とその他の値の間に存在する理論的な関係式。

深浅測量：河川・貯水池・湖沼又は海岸において，水底部の地形を明らかにするため，水深・測深位置又は船位，水位・潮位を測定し，横断面図データファイルを作成する測量。

新点：測量の基準とするために新たに設置する基準点。永久標識を埋設する。

水準環（水準網）：既知水準点間を結ぶ水準路線に対し，既知水準点を環状に閉合するものをいう。新設水準路線によって形成され，その内部に水準路線のないものを単位水準環という。水準路線の閉合差，水準環の環閉合差は許容範囲内とする。

水準基標：河川水系全体の高さの基準となる標高を示す杭。

水準路線：２点以上の既知点を結合する路線をいう。

数値図化：解析図化機等を用いて，地形・地物の位置・形状を表す座標値，その属性を測定し磁気媒体に記録すること。

数値地形測量：地上の地形・地物をデジタルデータ（コンピュータで扱える数値地形図データ）により測定・取得し，数値地形図を作製する測量。

数値地形図データ：地形・地物等に係る地図情報の位置・形状を表す座標データ及び内容を表す属性データ等を計算処理可能な形態で表現したもの。

数値標高モデル（DEM）：対象区域を等間隔の格子（グリッド）に分割し，各格子点の平面位置・標高 (x, y, z) を表したデータのうち，地表データをいう。なお，地表から植生や建物を取り除いた表面データが数値表層モデル（DSM）である。

スキャナ：画像データを光学的に読み込み，デジタルデータに変換する画像入力装置。

図式：地表の状態をどのような様式で地図に表現するかを具体的に決めた約束ごと。

スタティック法：GNSS衛星の電波を同時に未知点と既知点で観測し，数値バイアスを定め基線ベクトルを求めるもので，長時間（60分以上）かかるが精度は最もよい。

ステレオモデル：空中写真の重複部を用いて，図化機で再現した被写体の形状と類似した立体的な模像。

正射投影：視点を無限大において，平面に直角に交わるように対象物を写した投影法。

整数値バイアス：干渉測位方式では搬送波の位相を1サイクルの波の数（整数値バイアス）Nと1波以内の端数の位相φで表す。測定するのはφであり，整数値バイアスNは不明である。初期化によって整数値バイアスを確定してから観測する。

正標高：ジオイド面（重力ポテンシャル面）は，地球の引力と遠心力により，極に近づくにつれ狭くなる（重力＝引力－遠心力）。この楕円補正した高さを正標高といい，測量成果2000で用いられる。

セオドライト：水平角と鉛直角の測定機能をもち，鉛直軸・水平軸・視準軸，水平目盛盤・高度目盛盤及び上盤気泡管から成る。

世界測地系：GRS80楕円体と座標の中心を地球の重心と一致させ，短軸（Z軸）を地球の自転軸とする地心直交座標を合せもつ座標系（ITRF94座標系）。地理学的経緯度を表す。

セッション：GNSS観測（干渉測位法）において，一連の観測をいう。複数回の観測で，各セッションの多角網に区分された重複辺に共通する基線ベクトルの較差により精度を確認する。

節点：TS等を用いる基準点測量で点間の視通がない場合に，経由点として設置する点（仮設点）。

線形決定：路線選定の結果に基づき，地形図上の交点IPの位置を座標として定め，線形図データファイルを作成する作業。

選点図：基準点測量等の作業計画において，平均計画図に基づいて，地形図上に新点の位置を決定・作成したもの。

相互標定：空中写真測量において，3次元空間における投影中心，地上，写真像点が同一平面上にある共面条件式を用いて，写真座標からモデル座標への変換をする操作をいう。

測地学的測量：測量区域が広く，地球の曲率を考えて実施する測量。地球表面を平面とみなすとき，平面測量という。

測地基準系：地球上の位置を経度・緯度で表す座標系及び地球の形状を表す楕円体の総称。

測地成果2000：世界測地系に基づく我国の測地基準点（電子基準点，三角点等）成果で，従来の日本測地系に基づく測地基準点と区別するために用いられる呼称。

測量計画機関：土地の測量に関する測量を計画する者（国，地方公共団体）。

測量作業機関：測量計画機関の指示又は委託を受けて測量作業を実施する者（測量業者）。

測量成果：基本測量・公共測量等の最終目的として得た結果をいう。測量成果を得る過程において得た作業記録を測

量記録という。

測量標：三角点標石・水準点標石等の永久標識，測標，標杭等の一時標識，標旗・仮杭等の仮設標識をいう。

対空標識：空中写真測量（空中三角測量及び数値図化）において，基準点の写真座標を測定するため，基準点等に設置する一時標識。

楕円体高：GRS80 楕円体（準拠楕円体）面上からの高さ。ジオイドと準拠楕円体との間にはずれがある。GNSS 測量において，標高は，楕円体高からジオイド高を差し引いて求める。

楕円補正：地球の遠心力により水準面とジオイド面が完全に平行でないために必要な水準測量の補正。1・2級水準測量で実施。緯度によってその値は異なる。

多角測量：トラバース測量。与点より新点の水平位置を求めるため，測点間の角度と距離を順次測定して，その地点の座標値を求める測量。観測方法により結合多角方式，単路線方式などがある。

単点観測法：ネットワーク型 RTK 法において，仮想点又は電子基準点を固定点とした放射法による観測をいう。

単独測位：受信機1台で衛星からの情報によりリアルタイムに位置決定を行う方式で，既知点の座標は必要としない。観測距離には大きな誤差が含まれている。

単路線方式：路線の中に，どこにも交点（路線と路線が結合する点）を持たない路線をいう。

地心直交座標系：地球の重心を原点とする X，Y，Z の3次元座標。

地図情報レベル：数値地形図データの地図表現精度を表す。数値地形図の地図情報は，縮尺によらない測地座標を用いて記録されている。縮尺に代って用いられ，従来の縮尺との整合性を考慮して同じ縮尺の分母数で表す。1/2 500 地形図の地理情報レベルは2 500である。

地図投影法：地図は地球表面を平面上に投影して作成する。球面から平面上への投影方法をいう。

地図編集：各種縮尺の地図や実測図，基図などの地図作成に必要な資料を編集し，必要に応じ現地調査を行い，目的の地図を編集して作成する作業。

地性線：地表の不規則な曲面をいくつかの平面の集合と考え，これらの平面が互いに交わる線。山りょう線，谷合線，傾斜変換線など。

中心線測量：路線測量等で，中心線形を現地に設置する作業で，線形を表す主要点及び中心点の座標を用いて測設する作業。

中心投影：光がレンズの中心を通りフィルム面に写される投影。対象物とレンズの中心とフィルム面が一直線にある関係をいう。

地理学的経緯度：世界測地系で表す。回転楕円体として GRS80 楕円体，座標系として地心直交座標系の ITRF94 座標系に基づき，グリニッジ天文台を通る子午線を経度0度，赤道を緯度0度とする座標。

地理空間情報：コンピュータ上で位置・属性に関する情報をもったデータ。都市計画図・地形図などの地図データ，空中写真データ，道路・河川などの台帳データ，人口などの統計データなど。

地理情報システム（GIS）：デジタルで記録された地理空間情報を電子地図（デジタルマップ）上で電子計算機によ

付録3 測量用語

り一括処理するシステム。

地理情報標準：GISの基盤となる空間データを，異なるシステム間で相互利用する際の互換性を確保するためにデータの設計・品質・記述方法，仕様の書き方を定めたもの。

チルチングレベル：鉛直軸とは無関係に望遠鏡（視準線）を微動調整できる構造のレベル。気泡管の気泡を中央に導びけば，視準線は水平となる。

デジタイザ：画像データをデジタル化（図面座標値）して入力する装置。

デジタル航空カメラ：従来の銀塩フィルムを使用するフィルム航空カメラに対して，撮影した画像をデジタル信号として記録するカメラ。レンズから入った光を電気信号に変換する映像素子（CCD）と画像取得用センサーを搭載する複数のレンズで，分割して撮影し，つなぎ合せて一枚の写真とする。パンクロ撮影と同時にカラー，近赤外を撮影するため，高画質でゆがみのない写真ができる。

デジタル写真測量：デジタルステレオ図化機を用いて，数値画像・画像データ処理を行う測量。数値画像はデジタルカメラによって直接取得，又は高精度カラースキャナで空中写真をデジタル化する。階調数8～11ビット，1画素の大きさは10～15μmを標準とする。デジタルステレオ図化機は，デジタル写真を用いて，図化装置のモニターに立体表示させる。

デジタルステレオ図化機：デジタル写真を用いて，図化装置のモニターに立体表示させ図化する装置。

デジタルデータ：0又は1のいずれかの離散的な数値を用いて，これを組み立てる数値で示されるデータ。

電子基準点：高精度の測地網の基準となる点で，GNSSの連続観測システムの新しい基準点。

電子国土ポータル：数値化されたサイバー上の電子地図（電子国土）にアクセスし，必要な地図情報を得るための「電子国土の入口」をいう。

電子地図：電子国土。地形・地物などの地図情報をデジタル化された数値データとして記録した地図。コンピュータで直接，表示・編集・加工することを前提とする。拡大・縮小が自由で立体表示も可能な数値地図。

電子平板：トータルステーションとの接続を想定して開発された，測量現場専用の小型コンピュータ。観測データをそのまま平板画面上へ描くことができ細部測量に活用される。

電子レベル：コンペンセータと電子画像処理機能を有し，電子レベル専用標尺を検出器で認識し，高さ及び距離を自動的に算出するレベル。

点の記：永久標識の所在地，地目，所有者，順路，スケッチ等，今後の測量に利用するための資料。

東京湾平均海面：明治6年～12年の6年間，東京湾霊岸島で観測された結果を基に定められた平均海面（ジオイド）。基本測量や公共測量の基準となる高さ。

等高線法：数値図化機により等高線を描画しながら一定の距離間隔（図上1mm）又は時間隔（0.3秒）でデータを取得する高さの表現方法。

渡海（河）水準測量：水準路線中に川や谷があって，前視と後視の視準距離を等しくできない場合の観測方法。

トータルステーション（TS）：セオドライトと光波測距儀を一体化したもので，水平角・鉛直角及び距離を一度の視準

235

で同時に測定できる。

ドット（dpi）：画像や印刷の解像度を表す最小単位の点。ディスプレイの場合は640×480ドット、プリンタの場合は1インチ当たりのドット数が解像度になる。

ナビゲーション：経路誘導システム。

二重位相差：干渉測位において、波数の観測値に含まれる衛星時計と受信機時計の誤差の影響を除去するため、2個の衛星と2個の受信機間での観測値の差を求めることをいう。

ネットワーク型RTK法：配信事業者のデータを利用して、GNSS測量機1台でRTK（リアルタイム・キネマティック）観測を行う方法。3～4級基準点測量に利用する。

倍角差：水平角観測において、2対回以上の対回観測を行ったとき、同一視準点に対する倍角の最大と最小の差。

配信事業者：国土地理院の電子基準点網の観測データ配信を受けている者、又は3点以上の電子基準点を基に測量に利用できる形式でデータを配信している者。

パスポイント：連続する3枚の空中写真の重複部に上、中、下の3点ずつ選んだ点で、コースとコースの重複部に1モデルに1点ずつ選んだタイポイントとで水平位置・標高を求めるための点をいう。

反射プリズム：光波測距儀（主局）の光波を反射する従局に設置するプリズムをいう。1素子反射プリズム、3素子反射プリズムなどがある。

搬送波：GNSS衛星から発信される通信用電波で、L_1帯（波長19cm）、L_2帯（波長24cm）の2種類が使用されている。搬送波を変調してC/Aコード、Pコード、航法メッセージをのせて発信し、距離及び軌道情報を提供する。

標高：ある地点の東京湾平均海面（ジオイド）を基準とした高さ。

標準大気モデル：GNSS測量において、解析機の中にセットされている大気情報。GNSS観測時には気候観測を行わないため、誤差は残る。

標準偏差：分散（残差の二乗和を自由度で割った値）の平方根で、測定値のバラツキ（誤差）の大きさを示す。

標定点：空中三角測量及び数値図化において空中写真の標定に必要な基準点又は水準点をいう。

フィックス（FIX）解：基線ベクトルを求めるための数値バイアス（通信用電波である搬送波位相）を最小二乗法で求め確定したときの解をいう。

復旧測量：公共測量によって設置した基準点及び水準点の機能を維持・保全するための測量。

平均図：新点の位置を選定する選定図に基づき、設置する基準点網の平均計算を行うための設計図である。測量計画機関の承認を得る必要がある。

平均計算：基準点測量において、最終結果（最確値）を求める計算で、観測値の標準偏差で判定する。厳密水平網平均計算、及び厳密高低網平均計算（1～2級基準点測量）、簡易水平網平均計算、簡易高低網平均計算（3～4級基準点測量）など各等級区分により定められる。

平均二乗誤差：標準偏差。観測値のバラツキの大きさを表す値。小さいほど、観測精度が高い。

平面距離：球面距離を平面直角座標上に投影したときの距離。平面距離は、球面距離に縮尺係数を掛けて求める。

平面直角座標系：横メルカトル図法を日

本に適用した平面座標。公共測量の測量成果は，ガウス・クリューゲルの投影法による平面直角座標で表す。準拠楕円体が世界測地系に変わった結果，各基準点の座標値（X・Y座標，真北方向角，縮尺係数）が変わった（測地成果2000）。

ベクタデータ：図形をX・Yの座標値として表す。図形の要素がすべて起点と終点の座標値とその間の方向性をもった点の並びとする。デジタイザーはこの方式である。この幾何要素の図形間の位置関係を表したものが位相（トポロジー）情報という。

辺：点と隣接する点を繋ぐ測線。

偏角測設法：円曲線の設置法の一つで，セオドライトで偏角を，巻尺で弧長を測って曲線を測設する方法。

編集図：既成図を基図として，編集により作成された地図。

偏心計算：観測器械あるいは測標の中心と標石の中心を通る鉛直線のズレをいい，これを補正することを偏心計算という。

方位：ある地点での子午線の北の方向。

方位角：観測点における真北方向（子午線）を基準として，右回りに測った角。

方向角：座標原点における子午線と平行な線X軸を基準として，右回りに測った角。

放射法：細部測量において，方向線とその距離により地物の位置を求める方法。

放送暦：衛星の楕円運動を決めるために必要なパラメータ（軌道要素）。

真北：ある位置を通る子午線の指す北の方向。コンパスが指す北は磁北。

真北方向角：ある地点での真北を，その地点での局部的な平面座標系の北の方向（子午線）を基準にして表した角度。X軸から右回りの方向を（＋），左回りを（－）とする。

マルチパス（多重経路）：GNSS衛星の電波が地物からの反射波により直接波に生じる誤差の原因となるもの。

メタデータ：各測量分野の空間データ（測量成果）について，その内容を説明したデータ。空間データのカタログ情報。誰でも閲覧できるようにクリアリングハウスに登録される。

メルカトル図法：投影面を円筒とし，地軸と円筒軸を一致させた正軸円筒図法に等角条件を加えた図法。

モザイク：隣接する正射投影画像をデジタル処理により結合させ，モザイク画像を作成する作業をいう。

用地測量：土地及び境界等について調査し，用地取得等に必要な資料及び図面を作成する測量。

横メルカトル図法：ガウス・クリューゲル図法。メルカトル図法を90°回転させたもので，地軸と円筒軸を直交させた円筒面内に投影した図法。

ラジアン単位：半径Rに対する弧の中心角をいう。角度を長さの比で表す。

ラスタデータ：画面全体に細かいメッシュ（格子）をかけ，その格子の一つひとつに白（0）か黒（1）かの階調（コントラスト）を持ったデータ。スキャナは，この方式で画素という概念に基づく。

リモート・センシング：遠隔計測。物質は温度状態に応じた波長の電磁波を光・赤外線・マイクロ波の形で放射している。この電磁波を利用して物体の種類や状態を調べる技術。

レイヤ管理：地図情報データ（位置情報と属性データ）のうち，地形・地物・注記及び自然・社会・経済の地理情報等

の項目別の属性データをレイヤという。位置情報にレイヤを重ね合せ，地理情報を管理する。

路線：既知点から交点，交点から次の交点，交点から既知点間の辺を順番に繋いでできる測線。

路線測量：道路・鉄道等の線状築造物の計画・設計及び実施のための測量。

路線長：既知点から交点まで，交点から次の交点まで，交点から既知点までの辺長の合計。

路線の辺数：既知点から交点，交点から次の交点まで，交点から既知点までの路線の中の辺数。

CCD：電荷結合素子。光を電気信号に変換する半導体。

GIS：Geographic Information System。地理情報システム。

GNSS観測：GNSS測量機を用いて，GNSS衛星からの電波を受信し，位相データ等を記録する作業をいう。

GNSS測量：Global Navigation Satellite Systems。汎地球航法衛星システム。人工衛星からの信号を用いて位置を決定する衛星測位システムの総称。GPS測量が代表的である。

GNSS測量機：GPS測量機又はGPS及びGLONASS対応の測量機をいう。

GPS：Global Positioning System。GNSS測量のうち，GPS衛星，制御局（DoD），利用者（GPS測量）の3つの分野から構成される汎地球測位システム。電波の送信点と受信点間の伝播時間から2点間の距離を求める。

GRS80楕円体：Geodetic Reference System 1980。国際測地協会が1979年に採択した地球の形状・重力定数・角速度等の地球の物理学的な定数が定められたもの。地球と最も近似している楕円体。

ITRF94座標系：International Terrestrial Reference Frame。国際地球基準座標系。地球中心を原点とし，地球回転軸をZ軸，グリニッジ天文台を通る子午線と赤道面の交点と地球の重心を結んだ軸をX軸，X軸とZ軸に直交する軸をY軸とする3次元直交座標系。

JPGIS：地理情報標準プロファイル。日本国内における地理情報分野に係るルールを規定したもので，国際規格（ISO 191），日本工業規格（JIS X 71）に準拠し，実利用に必要な内容を抽出・体系化した規格。

PCV補正：Phase Center Variation。電波の入射方向によってアンテナの位相中心が変動するのを補正する。

RTK：Real Time Kinematic。リアルタイムキネマティック。固定局側での衛星からの受信情報を移動局側に無線で送り，移動点側でリアルタイムに基線ベクトルを求める観測方法。

TS等観測：トータルステーション（TS），セオドライト，測距儀等の測量機器をTS等といい，これらを用いて，水平角・鉛直角・距離等を観測する作業をいう。

UTM図法：ユニバーサル横メルカトル図法。地球全体を6°の経度帯（Zone）に分けた座標系ごとにガウス・クリューゲル図法で投影した図法。

VLBI測量：超長基線電波干渉計。数億光年の星からの電波を電波望遠鏡で受信し，2地点の距離を求める測量。地殻変動など全地球規模の測量に利用される。

WGS-84座標系：World Geodetic System 1984。米国が構築している世界測地系。その値は，ITRF系とほとんど同一である。

付録4．測量のための数学公式

1．数と式の計算

(1) 計算公式

① 指数法則

$a^m a^n = a^{m+n}$　$a^{\frac{m}{n}} = \sqrt[n]{a^m}$　$(a>0)$

$(a^m)^n = a^{mn}$　$a^0 = 1$　$(a \neq 0)$

$(ab)^n = a^n b^n$

$a^m \div a^n = \begin{cases} a^{m-n} & (m>n) \\ 1 & (m=n) \\ a^{m-n} = a^{-(n-m)} \\ \dfrac{1}{a^{n-m}} & (m<n) \end{cases}$

② 恒等式

$(a+b)(c+d) = ac+ad+bc+bd$

$(a+b)(a-b) = a^2 - b^2$

$(a \pm b)^2 = a^2 \pm 2ab + b^2$

$(ax+b)(cx+d)$
$\quad = acx^2 + (ad+bc)x + bd$

$a^2 + b^2 = (a+b)^2 - 2ab$

$4ab = (a+b)^2 - (a-b)^2$

$(a+b+c)^2$
$\quad = a^2 + b^2 + c^2 + 2bc + 2ca + 2ab$

$a^3 \pm b^3 = (a \pm b)(a^2 \mp ab + b^2)$

(2) 分数式の性質

① $\dfrac{mA}{mB} = \dfrac{A}{B}$

$\dfrac{A}{B} \times \dfrac{C}{D} = \dfrac{AC}{BD}$

$\dfrac{A}{B} \div \dfrac{C}{D} = \dfrac{A}{B} \times \dfrac{D}{C} = \dfrac{AD}{BC}$

② $a>0$, $b>0$のとき，

$\sqrt{a}\sqrt{b} = \sqrt{ab}$　$\dfrac{\sqrt{a}}{\sqrt{b}} = \sqrt{\dfrac{a}{b}}$

$k>0$, $a>0$のとき　$\sqrt{k^2 a} = k\sqrt{a}$

③ 絶対値 $\begin{cases} a \geq 0 ならば & \sqrt{a^2} = |a| = a \\ a < 0 ならば & \sqrt{a^2} = |a| = -a \end{cases}$

(3) 比例式の性質

$\dfrac{a}{b} = \dfrac{c}{d}$, $a:b = c:d$ならば

① $ad = bc$　(内項の積＝外項の積)

② $\dfrac{a}{c} = \dfrac{b}{d}$, $\dfrac{d}{b} = \dfrac{c}{a}$　(交換の理)

③ $\dfrac{a \pm b}{b} = \dfrac{c \pm d}{d}$　(合比・除比の理)

④ $\dfrac{a+b}{a-b} = \dfrac{c+d}{c-d}$　(合除比の理)

(例) $a:b = 4:3$, $b:c = 5:7$のとき
$a:b:c$は，
　a : b 　＝ 4 : 3
　　　b : c ＝ 　　5 : 7
　a : b : c ＝ 20 : 15 : 21

(4) 整式の除法

① 除法の基本　$A(x) \div B(x)$の商を$Q(x)$，余りを$R(x)$とすると
$$A(x) = B(x)Q(x) + R(x)$$

② 因数定理　$P(x)$が$x-a$で割り切れる
$\Leftrightarrow P(a) = 0$

2．方程式・不等式

(1) 方程式の解法

① 等式の基本性質：

$a=b$ならば，$a+c = b+c$　$a-c = b-c$

$ma = mb$　特に，$m \neq 0$のとき $\dfrac{a}{m} = \dfrac{b}{m}$

② 1次方程式：　$ax = b$の解

$a \neq 0$のとき　$x = \dfrac{b}{a}$．

$a = 0$で $\begin{cases} b = 0 のとき & 全体集合 \\ b \neq 0 のとき & 解はない \end{cases}$

③ 連立2元1次方程式

2直線の交点の座標値(x, y)。元は未知数(x, y)の数，次はx, yの次数（1次）。

$\left. \begin{array}{l} a_1 x + b_1 y = c_1 \\ a_2 x + b_2 y = c_2 \end{array} \right\} \Leftrightarrow$

$x = \dfrac{c_1 b_2 - b_1 c_2}{a_1 b_2 - a_2 b_1}$　$y = \dfrac{a_1 c_2 - a_2 c_1}{a_1 b_2 - a_2 b_1}$

(2) 不等式の基本性質

① $a < b$, $b < c$ならば，$a < c$

② $a < b$ならば，$a+c < b+c$, $a-c < b-c$

$m > 0$のとき，$ma < mb$

$m < 0$のとき，$ma > mb$

③ $a<b$, $c<d$ のとき
$$a+c<b+d,\ a-d<b-c$$
$0<a<b$, $0<c<d$ のとき
$$ac<bd,\ \frac{a}{d}<\frac{b}{c}$$

(3) 不等式の解法
① 1次不等式：$ax>b$ の解

$a>0$ ならば，$x>\dfrac{b}{a}$，

$a<0$ ならば，$x<\dfrac{b}{a}$

$a=0$ で $\begin{cases} b<0\text{ならば} & \text{全体集合} \\ b\geqq 0\text{ならば} & \text{解はない} \end{cases}$

② 2次不等式：
$a(x-\alpha)(x-\beta)\geqq 0$ の形に整理する，
$(x-\alpha)(x-\beta)>0 \Leftrightarrow x<\alpha,\ \beta<x$
$(x-\alpha)(x-\beta)<0 \Leftrightarrow \alpha<x<\beta$
（但し，$\alpha<\beta$）

3．数と式の理論

(1) 解の解法
2次方程式　$ax^2+bx+c=0$,
$$f(x)=ax^2+bx+c\quad (a\neq 0)$$
係数は実数，$a\neq 0$, $D=b^2-4ac$, 2つの解を α, β とするとき，
① $D>0 \Leftrightarrow$ 異なる2実数解 $\Leftrightarrow$
$$f(x)=a(x-\alpha)(x-\beta)$$
② $D=0 \Leftrightarrow$ 重解(実数) $\Leftrightarrow$
$$f(x)=a\left(x+\frac{b}{2a}\right)^2$$
③ $D<0 \Leftrightarrow$ 共役虚数解 $\Leftrightarrow$
$$f(x)=a(x-p)^2+q\ (aq>0)$$
特に，$D\geqq 0 \Leftrightarrow$ 実数解

(2) 解と係数の関係
2次方程式 $ax^2+bx+c=0$
の2つの解を α, β とするとき，
① $\alpha+\beta=-\dfrac{b}{a}$,　$\alpha\beta=\dfrac{c}{a}$
② $ax^2+bx+c=a(x-\alpha)(x-\beta)$
③ α, β を解とする2次方程式は，
$(x-\alpha)(x-\beta)=0$
一般に，$a(x-\alpha)(x-\beta)=0\ (a\neq 0)$

4．関数とグラフ

(1) 1次関数　$y=ax+b$
傾き $a(\neq 0)$, y 切片 b の直線
（$a=0$ ならば y 軸に垂直）

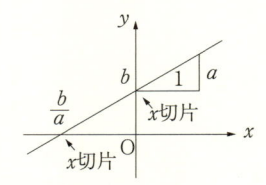

(2) 2次関数　$y=ax^2+bx+c$
① 基本形　$ax^2+bx+c=$
$$a\left(x+\frac{b}{2a}\right)^2-\frac{b^2-4ac}{4a}$$
放物線 $y=ax^2$ を平行移動したもの

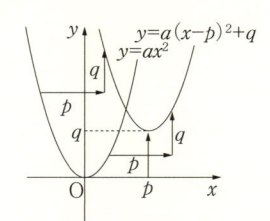

② $a>0$ なら　下に凸，$a<0$ なら上に凸
軸 $x=-\dfrac{b}{2a}$　頂点 $\left(-\dfrac{b}{2a},\ -\dfrac{b^2-4ac}{4a}\right)$

③ $\left.\begin{array}{l} a>0\text{のとき} \\ a<0\text{のとき} \end{array}\right\}$

$x=-\dfrac{b}{2a}$ で $\begin{cases} \text{最小値} \\ \text{最大値} \end{cases}$ $-\dfrac{b^2-4ac}{4a}$

④ 座標軸との共有点
y 軸　$(0, c)$
x 軸　$D>0 \Leftrightarrow$ 2点で交わる。
　　　　　　　x 座標は $=0$ の実解
　　　$D=0 \Leftrightarrow$ 1点で接する。
　　　　　　　x 座標は $=0$ の重解
　　　$D<0 \Leftrightarrow$ 共有点がない。
　　　　　　（$=0$ の解は虚解）

5. 三角比・三角関数

(1) 三角比

① 定義 P(x, y), OP=r, OPがx軸となす角がθのとき、三角形の辺の比は、次のとおり。

$\sin \theta = \dfrac{y}{r}$

$\cos \theta = \dfrac{x}{r}$

$\tan \theta = \dfrac{y}{x}$

（注）測量では南北（子午線）方向をx軸，東西方向をy軸とする。数字と座標軸が異なる。

（注）x軸を基準に，数学では反時計回りを正，測量では時計回りを正とする。象限も時計回りにとる。

② 三角比の主な値

	0°	30°	45°	60°	90°	120°	150°
$\sin \theta$	0	$\dfrac{1}{2}$	$\dfrac{1}{\sqrt{2}}$	$\dfrac{\sqrt{3}}{2}$	1	$\dfrac{\sqrt{3}}{2}$	$\dfrac{1}{2}$
$\cos \theta$	1	$\dfrac{\sqrt{3}}{2}$	$\dfrac{1}{\sqrt{2}}$	$\dfrac{1}{2}$	0	$-\dfrac{1}{2}$	$-\dfrac{\sqrt{3}}{2}$
$\tan \theta$	0	$\dfrac{1}{\sqrt{3}}$	1	$\sqrt{3}$	∞	$-\sqrt{3}$	$-\dfrac{1}{\sqrt{3}}$

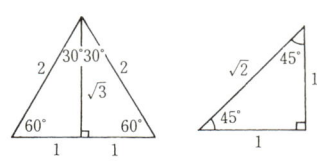

③ 三角比の相互関係：

$\tan \theta = \dfrac{\sin \theta}{\cos \theta}$

$\sin^2 \theta + \cos^2 \theta = 1$

$1 + \tan^2 \theta = \dfrac{1}{\cos^2 \theta}$

(2) 三角形と三角比

① 正弦定理：$\dfrac{a}{\sin A} = \dfrac{b}{\sin B} = \dfrac{c}{\sin C} = 2R$
（Rは外接円の半径）

② 余弦定理：$a^2 = b^2 + c^2 - 2bc \cos A$

$\cos A = \dfrac{b^2 + c^2 - a^2}{2bc}$

③ 面積：

2辺とそのはさむ角：$S = \dfrac{1}{2} bc \sin A$

ヘロンの公式：$S = \sqrt{s(s-a)(s-b)(s-c)}$
但し，$(2s = a + b + c)$

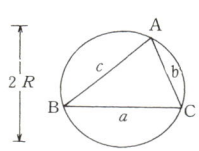

（例）3辺の長さが 25cm，17cm，12cmの三角形の面積は，
$2S = a + b + c = 54,\ s = 27$
$S = \sqrt{27(27-25)(27-17)(27-12)}$
$= 90 \text{cm}^2$

(3) 三角関数

① $-\theta$とθの関係（還元公式）
$\sin(-\theta) = -\sin \theta$
$\cos(-\theta) = \cos \theta$
$\tan(-\theta) = -\tan \theta$

② $\pi \pm \theta$の公式（$\pi = 180°$）（還元公式）
$\sin(180° \pm \theta) = \mp \sin \theta$
$\cos(180° \pm \theta) = -\cos \theta$
$\tan(180° \pm \theta) = \pm \tan \theta$

③ $90° \pm \theta$の公式（還元公式）
$\sin(90° + \theta) = \cos \theta$
$\sin(90° - \theta) = \cos \theta$
$\cos(90° + \theta) = -\sin \theta$
$\cos(90° - \theta) = \sin \theta$
$\tan(90° + \theta) = -\dfrac{1}{\tan \theta} = -\cot \theta$
$\tan(90° - \theta) = \dfrac{1}{\tan \theta} = \cot \theta$

④ $2n\pi + \theta$の公式
動径 OP のなす角θ(rad)

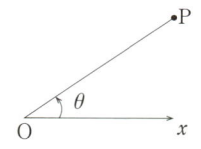

$2n\pi + \theta$ $(0 \leq \theta \leq 2\pi)$
$360°n + \alpha°$ $(0° \leq \alpha \leq 360°)$
$\sin(2n\pi + \theta) = \sin\theta$
$\cos(2n\pi + \theta) = \cos\theta$
$\tan(2n\pi + \theta) = \tan\theta$
 $(n = 0, \pm 1, \pm 2, \cdots)$

象限	1	2	3	4
$\sin\theta, \csc\theta$	+	+	−	−
$\cos\theta, \sec\theta$	+	−	−	+
$\tan\theta, \cot\theta$	+	−	+	−

(注) 試験で配布される関数表（P227）は90°までである。還元公式によって90°以下にする。

(例) $\sin 210° = \sin(180° + 30°)$
 $= -\sin 30° = -0.5$
 $\cos 210° = \cos(180° + 30°)$
 $= -\cos 30° = -\sqrt{3}/2$
 $\tan 210° = \tan(180° + 30°)$
 $= \tan 30° = 1/\sqrt{3}$
 $\sin 150° = \sin(180° - 30°)$
 $= \sin 30° = 0.5$
 $\cos 150° = \cos(180° - 30°)$
 $= -\cos 30° = -\sqrt{3}/2$

(4) 度数（60分）法と弧度法（ラジアン）
① 弧度法（ラジアン）は，円の弧と中心角で角を表す。
 $1\text{ラジアン} = \dfrac{180°}{\pi} = 57°\,17'\,45''$
 $= 206\,265'' = 2'' \times 10^5 = \rho''$
② $\alpha° = \theta$（ラジアン）とすると，
 $\alpha = \dfrac{180°}{\pi}\theta \quad \theta = \dfrac{\pi}{180°}\alpha$

(例) $20° = \dfrac{\pi}{180°} \times 20° = 0.349\text{rad}$
 $2\text{rad} = \dfrac{180°}{\pi} \times 2 = 114°\,35'\,30''$

③ 扇形の弧長と面積
 弧長　$\ell = r\theta$
 面積　$S = \dfrac{1}{2}r^2\theta$

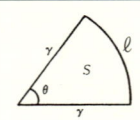

(例) 1km 先にある幅10cm をはさむ角度はいくらか。

$\theta \fallingdotseq \sin\theta \fallingdotseq \tan\theta = \dfrac{0.1\text{m}}{1\,000\text{m}}$
$= 10^{-4}\text{rad} = 10^{-4} \times 2'' \times 10^5 = 20''$
（1 rad は，$\rho'' = 2'' \times 10^5$秒と覚えておくこと。）

(5) 逆三角関数
 2辺の比より，θ を求める。
 $\theta = \sin^{-1}\dfrac{y}{r}$
 $\theta = \cos^{-1}\dfrac{x}{r}$
 $\theta = \tan^{-1}\dfrac{y}{x}$

(例) AB = 3.56m, OB = 5.62m のとき，高低角 θ はいくらか。

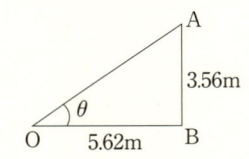

$\theta = \tan^{-1}\dfrac{3.56}{5.62} = \tan^{-1} 0.633$
関数表（P327）より，$\theta = 32°\,21'\,8''$

6. 加法定理

$\sin(\alpha \pm \beta) = \sin\alpha\cos\beta \pm \cos\alpha\sin\beta$

$\cos(\alpha \pm \beta) = \cos\alpha\cos\beta \mp \sin\alpha\sin\beta$

$\tan(\alpha \pm \beta) = \dfrac{\tan\alpha \pm \tan\beta}{1 \mp \tan\alpha\tan\beta}$

(例) $\sin 15° = \sin(45° - 30°)$
 $= \sin 45°\cos 30° - \cos 45°\sin 30°$
 $= \dfrac{1}{\sqrt{2}} \times \dfrac{\sqrt{3}}{2} - \dfrac{1}{\sqrt{2}} \times \dfrac{1}{2} = \dfrac{\sqrt{3}-1}{2\sqrt{2}}$

7．図形と方程式

(1) 図形の性質
① 平行線と角
  平行な2直線は1直線が交わるとき
  ・同位角は等しい。
  ・錯角は等しい。
  2直線が1直線に交わるとき
  ・同位角が等しければ，2直線は平行
  ・錯角が等しければ，2直線は平行
② 多角形の角（∠R＝90°）
  ・n角形の内角の和は，$(2n-4)\angle R$
  ・外角の和は，辺数に関係なく$4\angle R$

> （例） 8角形の内角の和が1079°52′のとき，その誤差は
> 誤差＝1079°52′−(2×8−4)×90°＝8′

③ 直角三角形（∠c＝90°）：
  $c^2=a^2+b^2$（ピタゴラスの定理）
④ 三角形の合同条件：
  ・対応する3組の辺が等しい。
  ・2組の辺ときょう角が等しい。
  ・1辺と両端角が等しい。
⑤ 三角形の相似条件：
  ・3組の辺の比が等しい。
  ・2組の辺の比ときょう角が等しい。
  ・2組の角が等しい。
⑥ 平行四辺形：
  ・対角は等しい。
  ・対辺は等しい。
  ・対角線は互に他を2等分する。

(2) 点・距離
  O(0, 0)，A(x_1, y_1)，B(x_2, y_2)，C(x_3, y_3)
  直線ℓ：$ax+by+c=0$とするとき
  距離　AB＝$\sqrt{(x_2-x_1)^2+(y_2-y_1)^2}$
  点Aと直線ℓの距離　$\dfrac{|ax_1+by_1+c|}{\sqrt{a^2+b^2}}$

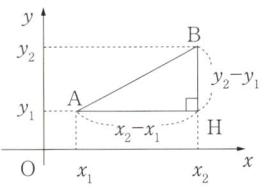

> （例） A(80.24m, 21.72m)
> B(172.36m, 257.02m)のとき
> AB＝$\sqrt{(172.36-80.24)^2-(257.02-21.72)^2}$
> ＝252.69m

(3) 直線の方程式
① 一般形　$ax+by+c=0$
  $b\neq 0$のとき　$y=-\dfrac{a}{b}x-\dfrac{c}{b}$
  $b=0$のとき　$x=-\dfrac{c}{a}$
② 点(x_1, y_1)を通り，傾きmの直線：
  $y-y_1=m(x-x_1)$
③ 2点(x_1, y_1)，(x_2, y_2)を通る直線：
  $(x_2-x_1)(y-y_1)=(y_2-y_1)(x-x_1)$
④ x切片a，y切片bの直線：$\dfrac{x}{a}+\dfrac{y}{b}=1$

(4) 2直線の関係
$$\begin{cases} y=m_1x+b_1 \\ y=m_2x+b_2 \end{cases}$$
① 交わる：$m_1\neq m_2$
② 平　行：$m_1=m_2$，$b_1\neq b_2$
③ 一　致：$m_1=m_2$，$b_1=b_2$
④ 垂　直：$m_1m_2=-1$

(5) 円の方程式
① 一般形：$x^2+y^2+ax+by+c=0$
  $(a^2+b^2-4c>0)$
② 中心$(0,0)$，半径r：$x^2+y^2=r^2$
  中心(a, b)，半径r：
  $(x-a)^2+(y-b)^2=r^2$

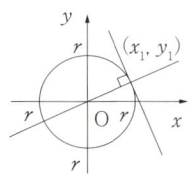

(6) 円と直線
① 接続：円$x^2+y^2=r^2$の周上の点
  (x_1, y_1)における接線は，$x_1x+y_1y=r^2$

② 位置関係：半径rの円の中心Oと直線ℓとの距離をdとすると，
  $0\leq d<r$（異なる2点で交わる）
  $d=r$（1点で接する）
  $r<d$（共有点をもたない）

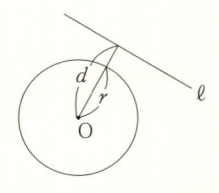

（例）　$R=100$m，中心角 $I=60°$ の接線長
TL は次のとおり

$TL = R\tan\dfrac{I}{2}$

$= 100\tan 30°$

$= \dfrac{100}{\sqrt{3}} = 57.80$m

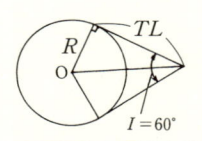

8．図形とベクトル

ベクトルは，大きさと向きをもつ量をいう。

① **ベクトルの和・差**：

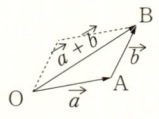

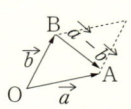

平行四辺形を作って作図する。

$\overrightarrow{OA} + \overrightarrow{AB} = \overrightarrow{OB}$ （加法）

$\overrightarrow{BA} = \overrightarrow{OA} - \overrightarrow{OB}$ （減法）

$\overrightarrow{BA} = -\overrightarrow{AB}$

② **定数倍**：伸長・縮小（実数との積）

$\vec{a} = \overrightarrow{OA}$, $k\vec{a} = \overrightarrow{OP}$ ならば $\overrightarrow{OP} = |k|\overrightarrow{OA}$

（向きは $k>0$ なら一致，$k<0$ なら逆）

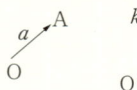

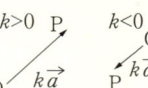

③ **ベクトルの演算**

〔1〕交換法則　：$\vec{a}+\vec{b} = \vec{b}+\vec{a}$

〔2〕結合法則　：$(\vec{a}+\vec{b})+\vec{c} = \vec{a}+(\vec{b}+\vec{c})$

〔3〕$\vec{0}$ の性質　：$\vec{a}+\vec{0} = \vec{0}+\vec{a} = \vec{a}$

〔4〕逆ベクトル：$\vec{a}+(-\vec{a}) = (-\vec{a})+\vec{a} = 0$

〔5〕h, k は実数 $h(k\vec{a}) = (hk)\vec{a}$

$(h+k)\vec{a} = h\vec{a}+k\vec{a}$

$h(\vec{a}+\vec{b}) = h\vec{a}+h\vec{b}$

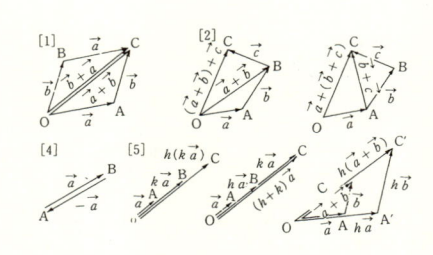

④ **ベクトルの成分**（平面ベクトル）

〔1〕ベクトルの成分と大きさ

$\vec{a} = (x, y)$ のとき，

$|\vec{a}| = \sqrt{x^2+y^2}$

〔2〕ベクトルの相等

$\vec{a} = (x_1, y_1)$, $\vec{b} = (x_2, y_2)$ のとき

$\vec{a} = \vec{b} \Leftrightarrow x_1=x_2,\ y_1=y_2$

〔3〕ベクトルの成分による計算

$\vec{a} = (x_1, y_1)$, $\vec{b} = (x_2, y_2)$, k：実数

$\vec{a} \pm \vec{b} = (x_1+x_2,\ y_1+y_2)$

$k\vec{a} = (kx_1,\ ky_1)$

〔4〕ベクトルの成分

$\overrightarrow{OA} = (x_1, y_1)$, $\overrightarrow{OB} = (x_2, y_2)$ のとき

$\overrightarrow{AB} = (x_2-x_1,\ y_2-y_1)$

（例）　2つのベクトル $\vec{a}$, $\vec{b}$ のなす角 $60°$，大きさ $|\vec{a}|=3$, $|\vec{b}|=5$ のとき，$\vec{c}$ の大きさと，$\vec{c}$, $\vec{b}$ のなす角 α はいくらか。

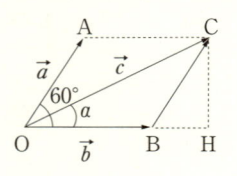

余弦定理より

$|\vec{c}| = \sqrt{|\vec{a}|^2 + |\vec{b}|^2 - 2|\vec{a}||\vec{b}|\cos 120°} = 7$

$\alpha = \tan^{-1}\dfrac{CH}{OH} = \tan^{-1} 0.400 \fallingdotseq 22°$

9. 行列と行列式

数字や文字を長方形上に並べたものを行列（マトリックス）という。行列はそれ自体（　）でくくったもので演算のルールをもたない。なお，1行又は1列しかない行列を行ベクトル，列ベクトルという。

(1) 行列

① 行列の加法，減法，実数倍

$$\begin{pmatrix} a & b \\ c & d \end{pmatrix} \pm \begin{pmatrix} p & q \\ r & s \end{pmatrix} = \begin{pmatrix} a\pm p & b\pm q \\ c\pm r & d\pm s \end{pmatrix}$$

$$k\begin{pmatrix} a & b \\ c & d \end{pmatrix} = \begin{pmatrix} ka & kb \\ kc & kd \end{pmatrix}$$

② 行列と列ベクトルの積

$$\begin{pmatrix} a & b \\ c & d \end{pmatrix}\begin{pmatrix} p \\ q \end{pmatrix} = \begin{pmatrix} ap & bq \\ cp & dq \end{pmatrix}$$

③ 行列と行列の積

$$\begin{pmatrix} a & b \\ c & d \end{pmatrix}\begin{pmatrix} p & q \\ r & s \end{pmatrix} = \begin{pmatrix} ap+br & aq+bs \\ cp+dr & cq+ds \end{pmatrix}$$

④ 逆行列

$A = \begin{pmatrix} a & b \\ c & d \end{pmatrix}$　$\Delta = ad-bc \neq 0$ のとき

逆行列 $A^{-1} = \dfrac{1}{\Delta}\begin{pmatrix} -d & b \\ c & -a \end{pmatrix}$

（例）　$3x+7y=1$
　　　　$x+2y=0$ の解 x, y はいくらか。

$\begin{pmatrix} 3 & 7 \\ 1 & 2 \end{pmatrix}\begin{pmatrix} x \\ y \end{pmatrix} = \begin{pmatrix} 1 \\ 0 \end{pmatrix}$

$A = \begin{pmatrix} 3 & 7 \\ 1 & 2 \end{pmatrix}$, $A^{-1} = \begin{pmatrix} -2 & 7 \\ 1 & -3 \end{pmatrix}$

$\begin{pmatrix} x \\ y \end{pmatrix} = A^{-1}\begin{pmatrix} 1 \\ 0 \end{pmatrix} = \begin{pmatrix} -2 & 7 \\ 1 & -3 \end{pmatrix}\begin{pmatrix} 1 \\ 0 \end{pmatrix} = \begin{pmatrix} -2 \\ 1 \end{pmatrix}$

$\therefore\ x=-2,\ y=1$

---

(2) 行列式

3次の行列 $\begin{pmatrix} a & b & c \\ d & e & f \\ g & h & i \end{pmatrix}$ を $\begin{vmatrix} a & b & c \\ d & e & f \\ g & h & i \end{vmatrix}$

と表したものを3次の行列式という。行列式の計算は次のとおり。

① (1,1)要素 ＋，(1,2)要素 －，……
　 (2,1)要素 －，(2,2)要素 ＋，……
　 と交互に ＋，－ を付ける。

② 2次行列式

$\begin{vmatrix} a^{(+)} & b^{(-)} \\ c^{(-)} & d^{(+)} \end{vmatrix} = ad-bc$

③ 3次行列式

(i, j)要素の属する行と列を取り除いた小型の行列式をつくる。

$\begin{vmatrix} a & b & c \\ d & e & f \\ g & h & i \end{vmatrix} = a\begin{vmatrix} e & f \\ h & i \end{vmatrix} - b\begin{vmatrix} d & f \\ g & i \end{vmatrix} + c\begin{vmatrix} d & e \\ g & k \end{vmatrix}$

$= a(ei-fh) - b(di-gf) + c(dk-eg)$

（例）　$\begin{vmatrix} 4 & -1 & 5 \\ -3 & 4 & 0 \\ 1 & 3 & 6 \end{vmatrix} = 4\begin{vmatrix} 4 & 0 \\ 3 & 6 \end{vmatrix} - (-1)\begin{vmatrix} -3 & 0 \\ 1 & 6 \end{vmatrix}$
　　　　　　　　　　$+ 5\begin{vmatrix} -3 & 4 \\ 1 & 3 \end{vmatrix}$

$= 4(24-0) + 1(-18+0) + 5(-9-4)$
$= 13$

（例）　$a_1 x + b_1 y = c_1$
　　　　$a_2 x + b_2 y = c_2$ の解は

$D = \begin{vmatrix} a_1 & b_1 \\ a_2 & b_2 \end{vmatrix} \neq 0$

$x = \dfrac{1}{D}\begin{vmatrix} c_1 & b_1 \\ c_2 & b_2 \end{vmatrix} = \dfrac{c_1 b_2 - b_1 c_2}{a_1 b_2 - a_2 b_1}$

$y = \dfrac{1}{D}\begin{vmatrix} a_1 & c_1 \\ a_2 & c_2 \end{vmatrix} = \dfrac{a_1 c_2 - a_2 c_1}{a_1 b_2 - a_2 b_1}$

（例）　$3x - 2y = 1$
　　　　$-4x + 5y = 8$ の解 x, y は

$D = \begin{vmatrix} 3 & -2 \\ -4 & 5 \end{vmatrix} = 15-8 = 7$

$x = \dfrac{1}{D}\begin{vmatrix} 1 & -2 \\ 8 & 5 \end{vmatrix} = \dfrac{1}{7}(5+16) = 3$

$y = \dfrac{1}{D}\begin{vmatrix} 3 & 1 \\ -4 & 8 \end{vmatrix} = \dfrac{1}{7}(24+4) = 4$

10. 確率・統計

(1) 二項定理（展開式）

二項定理 $(a+b)^n = \sum_{r=0}^{n} {}_n C_r a^{n-r} b^r$ の展開式の各項の係数 ${}_n C_r (r=0, 1, 2, \cdots\cdots n)$ を二項係数という。

付録4　数学公式

$$(1+x)^n = 1 + nx + \frac{n(n-1)}{1 \cdot 2}x^2 + \cdots\cdots$$
$$+ \frac{n(n-1)(n-2)\cdots(n-r+1)}{1 \cdot 2 \cdot 3 \cdots\cdots r}x^r$$
（但し，$-1 < x < 1$）

① $n = 2$ のとき，
$$(1+x)^2 = 1 + 2x + \frac{2(2-1)}{1 \cdot 2}x^2$$
$$= 1 + 2x + x^2$$

② $n = -1$ のとき，
$$(1+x)^{-1} = 1 - x + \frac{-1(-1-1)}{1 \cdot 2}x^2 - \cdots$$
$$= 1 - x + x^2 - \cdots\cdots$$

③ $n = \frac{1}{2}$ のとき，
$$(1 \pm x)^{\frac{1}{2}} = 1 \pm \frac{1}{2}x - \frac{1}{8}x^2 \pm \frac{1}{16}x^3 - \cdots$$

④ $n = -\frac{1}{2}$ のとき，
$$(1 \pm x)^{-\frac{1}{2}} = 1 \mp \frac{1}{2}x - \frac{3}{8}x^2 \mp \frac{5}{16}x^3 + \cdots$$

（例） 標高 $h = 500$m 地点の距離 $S = 1000$m の平均海面上の距離 s_0 は，
$$\frac{s_0}{S} = \frac{R}{R+h} = \frac{1}{\left(1 + \frac{h}{R}\right)}$$
$$s_0 = S\left(1 + \frac{h}{R}\right)^{-1}$$
$$\fallingdotseq S\left(1 - \frac{h}{R}\right)$$
$$= 1\,000\text{m}\left(1 - \frac{500\text{m}}{6\,370 \times 10^3\text{m}}\right)$$
$$= 999.922\text{m}$$

$R = 6\,370$km

（例） 傾斜補正 C_g を求めよ。
$$L = \sqrt{L_0^2 - H^2}$$
$$= L_0\left(1 - \frac{H^2}{L_0^2}\right)^{\frac{1}{2}}$$
$$= L_0\left(1 - \frac{H^2}{2L_0^2} - \frac{H^4}{8L_0^4}\cdots\cdots\right)$$
$$\fallingdotseq L_0 - \frac{H^2}{2L_0}$$
$$\therefore C_g = L_0 - L = \frac{H^2}{2L_0}$$

(2) 度数分布
度数 $x_1, x_2, x_3, \cdots\cdots x_4$ のとき，

① 平均 $\bar{x} = \dfrac{x_1 + x_2 + \cdots + x_n}{n} = \dfrac{\sum\limits_{i=1}^{n} x_i}{n}$

② 偏差 $x_i = x_i - \bar{x}$

③ 分散 $v = \sum\limits_{i=1}^{n}(x_i - \bar{x})^2 / n$

④ 標準偏差 $\delta = \sqrt{\dfrac{v}{n}} = \sqrt{\dfrac{\sum\limits_{i=1}^{n}(x_i - \bar{x})^2}{n}}$

（注） 測量では，平均を最確値 M，偏差を残差 v，標準偏差 δ を m で表す。

11. 微分法

関数 $F(x)$ の導関数を $F'(x) = \dfrac{dF(x)}{dx}$ で表す。

$\boxed{F'(x) = f(x)}$ ―（積分）→ $\boxed{F(x) = \int f(x)dx}$
　　　　　　　←（微分）―

微分は，関数 $F(x)$ の変化率を見る（微視的）
積分は，その結果を見る（巨視的）

例えば，速度 $f(t)$ を積分すると $\int f(t)dt$
$= F(t)$ より面積（位置）が求まる。$F(t)$ を微分すると $F'(t) = f(t)$ より速度が求まる。

(1) 微分の公式

① $y = u \pm v$ のとき，
$$\frac{dy}{dx} = \frac{du}{dx} \pm \frac{dv}{dx} = u' \pm v'$$

② $y = u \cdot v$ のとき，
$$\frac{dy}{dx} = \frac{du}{dx}v + u\frac{dv}{dx} = u'v \pm uv'$$

③ $y = \dfrac{u}{v}$ のとき，
$$\frac{dy}{dx} = \frac{\dfrac{du}{dx}v - u\dfrac{dv}{dx}}{v^2} = \frac{u'v - uv'}{v^2}$$

④ 合成関数：$z = g(y)$，$y = f(x)$ のとき，
$$\frac{dz}{dx} = \frac{dz}{dy} \cdot \frac{dy}{dx}$$

（例） $z = \sin y$，$y = 2x^2 + x$ のとき
$$\frac{dz}{dx} = \frac{dz}{dy} \cdot \frac{dy}{dx} = \cos y(6x^2 + 1)$$

(2) **関数の微分**
① xの累乗 $y=x^n$のとき, $y'=nx^{n-1}$
② 対数関数 $y=\log_e x$ $\quad y'=\dfrac{1}{x}$

$\quad\quad\quad\quad\quad y=\log_{10} x \quad y'=\log_{10} e \cdot \dfrac{1}{x}$

③ 指数関数 $y=e^x \quad y'=e^x$
④ 三角関数 $y=\sin x \quad y'=\cos x$

$\quad\quad\quad\quad\quad y=\cos x \quad y'=-\sin x$

$\quad\quad\quad\quad\quad y=\tan x \quad y'=\dfrac{1}{\cos^2 x}$

$\quad\quad\quad\quad\quad y=\cot x \quad y'=\dfrac{1}{\sin^2 x}$

(3) **マクローリンの展開式**（近似式）
① $(1+x)^k = 1+kx+\dfrac{k(k-1)}{1\cdot 2}x^2+\dfrac{k(k-1)(k-2)}{1\cdot 2\cdot 3}x^3+\cdots\cdots$

② $\dfrac{1}{1\pm x}=1\mp x+x^2\mp x^3+\cdots\cdots$

③ $\dfrac{1}{(1\pm x)^2}=1\mp 2x+3x^2\mp 4x^3+\cdots\cdots$

④ $(1\pm x)^{\frac{1}{2}}=1\pm\dfrac{1}{2}x-\dfrac{1}{8}x^2\pm\dfrac{1}{16}x^3-\cdots\cdots$

⑤ $\sin x = x-\dfrac{x^3}{3!}+\dfrac{x^5}{5!}-\cdots\cdots$

⑥ $\cos x = 1-\dfrac{x^2}{2!}+\dfrac{x^4}{4!}-\cdots\cdots$

⑦ $\tan x = x+\dfrac{x^3}{3}+\dfrac{2}{15}x^5+\cdots\cdots$

（例）半径Rの弧長cと弦長ℓの差は,

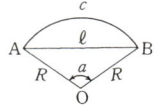

$\ell = 2R\sin\dfrac{\alpha}{2}$

$\sin\dfrac{\alpha}{2}=\dfrac{\alpha}{2}-\dfrac{1}{3!}\left(\dfrac{\alpha}{2}\right)^3+\dfrac{1}{5!}\left(\dfrac{\alpha}{2}\right)^5+\cdots$

$c=R\alpha$から $\alpha=\dfrac{c}{R}$

$\sin\dfrac{\alpha}{2}=\dfrac{c}{2R}-\dfrac{1}{6}\left(\dfrac{c}{2R}\right)^3+\cdots\cdots$

$\therefore \ell = 2R\left(\dfrac{c}{2R}-\dfrac{1}{6}\cdot\dfrac{c^3}{8R^3}+\cdots\right)$

$\quad \fallingdotseq c-\dfrac{c^3}{24R^2}$

$c-\ell = \dfrac{c^3}{24R^3}$

（例）xが微小のとき，次のとおり。
$\sin x \fallingdotseq x$
$\cos x \fallingdotseq 1$
$\tan x \fallingdotseq x$

---

12. 積分法

① $F'(x)=f(x)$とすれば
$\displaystyle\int_a^b f(x)dx = \Big[F(x)\Big]_a^b = F(b)-F(a)$

$\displaystyle\int_a^b x^r dx = \left[\dfrac{1}{r+1}x^{r+1}\right]_a^b$

② $x=g(t)$, $a=g(\alpha)$, $b=g(\beta)$のとき
$\displaystyle\int_a^b f(x)dx = \int_\alpha^\beta f(g(t))g'(t)dt$

（例）$\displaystyle\int_1^4 (x-2)(2x-1)dx$

$= \displaystyle\int_1^4 (2x^2-5x+2)dx$

$= 2\displaystyle\int_1^4 x^2 dx - 5\int_1^4 x\,dx + 2\int_1^4 dx$

$= 2\left[\dfrac{1}{3}x^3\right]_1^4 - 5\left[\dfrac{1}{2}x^2\right]_1^4 + 2\Big[x\Big]_1^4$

$= \dfrac{2}{3}(4^3-1^3) - \dfrac{5}{2}(4^2-1^2) + 2(4-1)$

$= 10.5$

（例）$\displaystyle\int_0^1 x(1-x)^5 dx$

$1-x=t$とおくと, $x=1-t$, $\dfrac{dx}{dt}=-1$

$t=1$のとき$x=0$, $t=0$のとき$x=1$

$\displaystyle\int_0^1 x(1-x)^5 dx = \int_1^0 (1-t)t^5(-1)dt$

$= \displaystyle\int_1^0 (t^6-t^5)dt = \left[\dfrac{1}{7}t^7-\dfrac{1}{6}t^6\right]_1^0 = \dfrac{1}{42}$

（例）$y=x^2+2x-3$とx軸とで囲まれた部分の面積は,
$x^2+2x-3=(x+3)(x-1)$から,
$x=-3, 1$

$S = \displaystyle\int_{-3}^1 \{-(x^2+2x-3)\}dx$

$= \left[-\dfrac{x^3}{3}-x^2+3x\right]_{-3}^1$

$= -\dfrac{5}{3}-(-9) = \dfrac{32}{3}$

索　引

あ

アーク	128
RTK	238
RTK 法	64
RTK 法測位	66
ITRF94 座標系	18,238
IP の設置	198
アナログデータ	229

い

緯距	60,229
緯線	166
位相構造化	229
位相差測定（分解能）誤差	44
位相（トポロジー）情報	128
1 観測の標準偏差	48
一括下請負の禁止	24
1 級水準測量	82,92
1 対回	229
一般図	178,229
緯度	166,190
移動局	231
陰影	162
引照点	229

え

永久標識	229
衛星測位	28,229
エポック	229
円曲線	202
円形気泡管の調整	84,86
円錐図法	168
鉛直角	50
鉛直角観測	36
鉛直軸誤差	38
鉛直写真	136
鉛直点 n	136

円筒図法	168

お

応用測量	198,229
オーバーラップ	229
オフライン方式	106
オリジナルデータ	122,160,229
音響測深機	222
オンザフライ法（OTF）	229
オンライン方式	106

か

外心誤差	38
解析図化機	154
外線長	202
階調（トーン）	162
海浜測量	218,222
ガウス・クリューゲル図法	229
画角	136
較差	46
河川測量	218,229
画素	142,143,229
合致式	88
画面距離	140
画面の大きさ	136
カラー写真	162
仮 BM 設置	198
環	100
関係法令等の遵守等	26
干渉測位法	229
干渉測位方式	64
間接観測法	112
観測	34
観測差	46,229
観測図	34
観測の実施	34
観測方程式	229
環閉合差	100,102
緩和曲線	229

き

器械定数誤差	44
記号道路	184
気差	52,92,230
基準点	32,230
基準点成果表	76,230
基準点測量	32,230
基準点等	188
基準点の設置	106
気象補正	42
既成図数値化	156,230
基線解析	230
基線ベクトル	64,72,230
既知点	32,230
軌道情報	68
キネマティック法	64,230
基盤地図情報	28,126,130,192,230
基盤地図情報の項目	130
気泡管の感度	90
基本測量	14,22,230
基本測量及び公共測量以外の測量	14
きめ（テクスチャー）	162
球差	52,92,230
球面距離	230
球面座標系	230
境界確認	210
境界線の整正	214
境界測量	210,230
境界点間測量	210
曲線長	202
距離測定	36
距離標	220,230
距離標設置測量	218,230

く

杭打ち調整	84

杭打ち調整法	88,230	固定局	231	視差差	148
偶然誤差	230	弧度法	54	視準距離	82,232
空中三角測量	134,150,230	1/5万地形図	176	視準軸誤差	38
空中写真測量	134	コンペンセータ	86	刺針	134,232
グラウンドデータ				視通	232
	122,124,160,230	**さ**		実施体制	26
クリアリングハウス				実測図	178,232
	126,192,230	最確値	48,231	自動（オート）レベル	84,232
グリッド	124	最確値の平均偏差	48	写真縮尺	140
グリッドデータ		サイクルスリップ	231	写真地図	158,232
	122,124,160,231	最小二乗法	231	写真判読	232
		サイドラップ	144	シャッター間隔	144
け		細部測量	106	修正測量	156,232
		作業規程	22	縦断面図データファイル	200
経距	60,231	作業規程の準則	3,22,26,231	重量	231
経線	166	作業計画	26,34,106,134,210	主気泡管	88
軽重率	48,96,231	作図データ	114	縮尺係数	74,170,232
経度	166,190	撮影	134	取捨選択	180
系統的誤差	231	撮影間隔	144	主題図	178,232
結合多角方式	60,231	撮影基線長	144	主点 p	136
結合トラバース	60,231	撮影高度	140	主点基線長	144
弦角弦長法	206	撮影条件	162	準拠楕円体	232
現地測量	104,231	座標系変換	231	障害物の除去	22
現地調査	134	座標読取装置付アナログ図化機		条件方程式	232
弦長	202		154	上盤気泡管の調整	40
		残差	48,231	資料調査	210
こ		3次元計測データ	122,160	真位置データ	114
		三次元直交座標	16	心射図法	168
公共基準点	231			深浅測量	218,222,232
公共測量	14,22,231	**し**		新点	32,232
公共測量の基準	22			真幅道路	184
公共測量の表示等	22	CCD	238	真北	237
航空カメラ	136	GRS80 回転楕円体	16	真北方向角	74,237
航空レーザ測量	122,160,231	GRS80 楕円体	238		
航空レーザ測量システム	122	GIS	28,126,192,234,238	**す**	
後視	80	GNSS	32		
格子（グリッド）	124	GNSS 観測	34,36,238	水準環	100,232
高層建築街	186	GNSS 測量	32,62,238	水準基標	220,232
高低角	50	GNSS 測量機	34,62,238	水準基標測量	218
交点	61,100,231	GPS	238	水準測量	32,80
高度定数	50	JPGIS	28,238	水準点	32
光波測距儀	42,231	ジオイド	18,80,231	水準網	100,232
コース間隔	144	ジオイド高	18,70,231	水準路線	80,232
国際図	176	ジオイド測量	231	垂直写真	136
国土基本図	231	色調	162	水部ポリゴンデータ	162
弧長	202	子午線	166	水平角観測	36
国家基準点	231	視差	148,232	水平軸誤差	38

索引

249

数値図化	134, 154, 232	
数値地形図データ	104, 232	
数値地形測量	104, 114, 232	
数値地形モデル法	114	
数値地図	194	
数値標高モデル	122, 124, 160, 232	
数値編集	106	
図化機	157	
スキャナ	156, 233	
図式	178, 233	
図式記号	182	
スタティック測位	66	
スタティック法	64, 233	
ステレオモデル	233	

せ

正角（等角）図法	166
成果表	76
正距（等距離）図法	166
正弦定理	55
正射図法	168
正射投影	233
整数値バイアス	36, 62, 66, 233
正積（等積）図法	166
静的測位方式	62
正標高	233
セオドライト	38, 233
世界測地系	16, 18, 233
赤外カラー	162
赤外線	162
赤道	166
赤道面	166
セッション	233
セッション計画	36
接線支距法	206
接線長	202
接続標定	150
節点	61, 233
線形決定	198, 233
前視	80
選定	34
選点図	34, 233
前方交角法	206

そ

相互標定	150, 152, 233
相互標定要素	152
総描（総合指示）	180
総描建物	186
測地学的測量	233
測地基準系	233
測地成果2000	18, 233
測量	14, 24
測量計画機関	14, 233
測量作業機関	14, 233
測量士	24
測量士及び測量士補の登録	24
測量士の設置	24
測量士補	24
測量成果	233
測量成果及び測量記録	14
測量成果等の提出	26
測量成果の使用	22
測量の基準	16, 26
測量の計画	26
測量標	14, 234
測量標の使用	22
測量標の設置	34
測量標の保全	22
測量法	14
測量法の遵守等	26

た

対空標識	138, 234
対空標識の設置	134, 138
タイポイント	152
対流圏	70
楕円体高	18, 70, 234
楕円補正	234
多角測量	234
多重経路	237
建物記号	186
建物等	186
WGS-84座標系	238
短縮スタティック法	64
単点観測法	106, 112, 234
単独測位	234
単路線方式	60, 234

ち

チェイン	128, 130
チェインの位相構造	128
地形図の図郭	176
地形測量	104
地上画素寸法	142
致心誤差	44
地心直交座標系	17, 234
地図情報レベル	104, 234
地図投影法	234
地図編集	178, 234
地勢図	176
地性線	234
中央縦距	202
中央縦距法	206, 209
中間点	80
中心線測量	198, 234
中心投影	234
長弦	202
地理学的経緯度	18, 166, 234
地理空間情報	28, 126, 130, 192, 234
地理空間情報活用推進基本法	28
地理情報システム	28, 126, 192, 234
地理情報標準	192, 235
チルチング（気泡管）レベル	84, 235

て

DEM	232
DTM	114
dpi	143, 236
TS	235
TS点	106
TS等	36
TS等観測	34, 238
定期横断測量	218, 220
定期縦断測量	218, 220
定誤差	231
汀線測量	218, 222
デジタイザ	156, 235
デジタル航空カメラ	136, 142, 235

索引

デジタル写真測量	154,235	
デジタル図化機等	150	
デジタルステレオ図化機		
	136,154,235	
デジタルデータ	235	
鉄道記号	184	
転位	180	
点高法	216	
電子基準点	235	
電子国土	194	
電子国土基本図	194	
電子国土ポータル	194,235	
電子地図	235	
電子平板	108,235	
電子レベル	84,235	
天頂角	50	
点の記	235	
電離層	70	

と

等角点 j	136
東京湾平均海面	235
等高線	188
等高線データ	122,160
等高線法	114,235
等深線	188
動的測位方式	62
トータルステーション	235
渡海（河）水準測量	235
特殊3点	136
読定単位	82
独立建物	186
土地の立入及び通知	22
ドット	236
トポロジー情報	128

な

内挿補間法	124
内部標定	150
ナビゲーション	236

に

1/2.5万地形図	176
二重位相差	236

2周波数観測	64
日本経緯度原点	20
日本水準原点	20

ね

ネットワーク型RTK観測法	104
ネットワーク型RTK法	
	64,66,236

の

ノード	128,130
ノードの位相構造	128
法線測量	218,222

は

倍角	46
倍角差	46,236
配信事業者	236
パスポイント	152,236
パターン（模様）	162
パララックス	232
パンクロマチック	162
反射鏡定数	44
反射プリズム	236
搬送波	64,236

ひ

PCV補正	238
ピクセル	143,229
比高	148
飛行高度	140
ひずみ量	146
左手親指の法則	40
標高	18,22,70,236
標尺補正	92
標準大気モデル	70,236
標準偏差	236
標定	150
標定点	134,326
標定点の設置	134

ふ

VLBI測量	238
フィックス（FIX）解	236
フィルム航空カメラ	136,142
復元測量	210
復旧測量	236
不定誤差	230
分散	48

へ

平均計画図	34
平均計算	236
平均図	34,236
平均二乗誤差	236
平均流速公式	224
平行圏	166
閉合誤差	60
閉合差	60,100
閉合比	60
平面距離	236
平面直角座標	74,170
平面直角座標系	172,174,236
ベクタデータ	118,194,237
辺	237
偏角	202,204
偏角弦長法	204,206
偏角測設法	237
編集	180
編集図	178,237
偏心角	56
偏心距離	56
偏心計算	56,237
偏心誤差	38
変調周波数	44

ほ

方位	237
方位角	20,74,237
方位図法	168
方向角	20,60,74,237
方向観測法	36,46
放射法	237
放送暦	237

251

補備測量 106	目標物記号 188	**り**
ポリゴン 128,130	モザイク 237	
ポリゴンの位相構造 128	もりかえ点 80	リアルタイムキネマティック法 64
ま	**ゆ**	リモート・センシング 237
マップデジタイズ 156	UTM図法 170,172,174,238	両差 52,92,230
マルチパス 237	**よ**	**れ**
め	用地測量 210,237	レイヤ管理 237
メタデータ 28,126,192,237	余弦定理 55	**ろ**
目盛誤差 38	横メルカトル図法 170,237	路線 61,100,238
メルカトル図法 168,237	**ら**	路線測量 198,238
面積計算 210	ラジアン単位 54,237	路線長 238
も	ラスタ・ベクタ変換 118	路線の辺数 238
目的 14	ラスタデータ 118,194,237	路線変更計画 206

<著者略歴>

國澤 正和
（くに ざわ まさ かず）

1969年　立命館大学理工学部土木工学科卒業
　　　　大阪市立都島工業高等学校（都市工学科）教諭を経て，2008年
　　　　大阪市立泉尾工業高等学校長を退職．
現在　　大阪産業大学講師

主な著書　全訂版　これだけはマスター　ザ・測量士補（弘文社・共著）
　　　　　全訂版　合格用テキスト測量士補受験の基礎（弘文社・共著）
　　　　　はじめて学ぶ　測量士補受験テキストQ&A（弘文社）
　　　　　新版　これだけはマスター1級土木施工管理（弘文社）
　　　　　新版　これだけはマスター2級土木施工管理（弘文社）
　　　　　新版　4週間でマスター1級土木施工管理・学科試験（弘文社）
　　　　　新版　4週間でマスター1級土木施工管理・実地試験（弘文社）
　　　　　新版　4週間でマスター2級土木施工管理（弘文社）
　　　　　4週間でマスター　2級土木施工管理・実地試験（弘文社）
　　　　　よくわかる　2級土木施工管理 学科 （弘文社・共著）
　　　　　よくわかる　2級土木施工管理 実地 （弘文社・共著）
　　　　　よくわかる　1級土木施工管理 学科 （弘文社・共著）
　　　　　よくわかる　1級土木施工管理 実地 （弘文社・共著）
　　　　　はじめて学ぶ　土木施工管理技術検定Q&A（弘文社・共著）

ご注意
(1) 本書は内容について万全を期して作成いたしましたが，万一ご不審な点や誤り，記載もれなどお気づきのことがありましたら，当社編集部まで書面にてお問い合わせください。その際は，具体的なお問い合わせ内容と，ご氏名，ご住所，お電話番号を明記の上，FAX，電子メール（henshu1@kobunsha.org）または郵送にてお送りください。
(2) 本書の内容に関して適用した結果の影響については，上項にかかわらず責任を負いかねる場合がありますので予めご了承ください。

直前突破！
測量士補 問題集

編　　著	國澤　正和
印刷・製本	亜細亜印刷株式会社

発 行 所	株式会社 弘文社	〒546-0012 大阪市東住吉区中野2丁目1番27号 ☎ (06) 6797-7441 FAX(06) 6702-4732 振替口座　00940-2-43630 東住吉郵便局私書箱1号
代 表 者	岡崎　　達	

落丁・乱丁本はお取り替えいたします。